西北旱区生态水利学术著作丛书

陕北农牧交错带沙地农业与水资源调控

汪　妮　刘思源　解建仓　著

科学出版社

北　京

内 容 简 介

本书系统梳理陕北农牧交错带沙地治理与农业发展现状，明确沙地农业发展与水资源开发利用及生态保护间存在的矛盾。以节水为前提，结合砒砂岩与沙复配成土工程节水、灌溉节水和保护性耕作节水，构建沙地农业利用节水技术体系，充分挖掘水资源利用效率；以优先满足现有产业发展为前提，以水资源管理控制指标为限制，以沙地农业利用剩余水资源可利用量为约束，优化沙地利用规模与结构，优化配置水资源，使沙地农业利用的规模和结构得到水资源的有效承载，并产生相应的环境效应；从宏观层面提出水土资源与生态环境协调发展的应对策略。

本书可作为高等院校和科研院所研究生和科研人员的参考书，也可为从事水资源管理、土地资源开发利用及沙漠化区域生态保护的技术人员提供参考。

审图号：陕 S（2018）034 号

图书在版编目（CIP）数据

陕北农牧交错带沙地农业与水资源调控 / 汪妮，刘思源，解建仓著. —北京：科学出版社，2019.6

（西北旱区生态水利学术著作丛书）

ISBN 978-7-03-060023-3

Ⅰ. ①陕… Ⅱ. ①汪… ②刘… ③解… Ⅲ. ①农牧交错带-沙漠-农田水利-水资源-调控措施-陕西 Ⅳ. ①S288②S279.241

中国版本图书馆 CIP 数据核字（2018）第 284298 号

责任编辑：祝 洁 徐世钊 / 责任校对：郭瑞芝

责任印制：张 伟 / 封面设计：谜底书装

科学出版社 出版

北京东黄城根北街 16 号

邮政编码：100717

http://www.sciencep.com

北京中石油彩色印刷有限责任公司 印刷

科学出版社发行 各地新华书店经销

*

2019 年 6 月第 一 版 开本：720×1000 B5

2019 年 6 月第一次印刷 印张：18

字数：343 000

定价：135.00 元

（如有印装质量问题，我社负责调换）

总 序 一

水资源作为人类社会赖以延续发展的重要要素之一，主要来源于以河流、湖库为主的淡水生态系统。这个占据着少于1%地球表面的重要系统虽仅容纳了地球上全部水量的0.01%，但却给全球社会经济发展提供了十分重要的生态服务，尤其是在全球气候变化的背景下，健康的河湖及其完善的生态系统过程是适应气候变化的重要基础，也是人类赖以生存和发展的必要条件。人类在开发利用水资源的同时，对河流上下游的物理性质和生态环境特征均会产生较大影响，从而打乱了维持生态循环的水流过程，改变了河湖及其周边区域的生态环境。如何维持水利工程开发建设与生态环境保护之间的友好互动，构建生态友好的水利工程技术体系，成为传统水利工程发展与突破的关键。

构建生态友好的水利工程技术体系，强调的是水利工程与生态工程之间的交叉融合，由此生态水利工程的概念应运而生，这一概念的提出是新时期社会经济可持续发展对传统水利工程的必然要求，是水利工程发展史上的一次飞跃。作为我国水利科学的国家级科研平台，西北旱区生态水利工程省部共建国家重点实验室培育基地(西安理工大学)是以生态水利为研究主旨的科研平台。该平台立足我国西北旱区，开展旱区生态水利工程领域内基础问题与应用基础研究，解决若干旱区生态水利领域内的关键科学技术问题，已成为我国西北地区生态水利工程领域高水平研究人才聚集和高层次人才培养的重要基地。

《西北旱区生态水利学术著作丛书》作为重点实验室相关研究人员近年来在生态水利研究领域内代表性成果的凝炼集成，广泛深入地探讨了西北旱区水利工程建设与生态环境保护之间的关系与作用机理，丰富了生态水利工程学科理论体系，具有较强的学术性和实用性，是生态水利工程领域内重要的学术文献。丛书的编纂出版，既是对重点实验室研究成果的总结，又对今后西北旱区生态水利工程的建设、科学管理和高效利用具有重要的指导意义，为西北旱区生态环境保护、水资源开发利用及社会经济可持续发展中亟待解决的技术及政策制定提供了重要的科技支撑。

中国科学院院士 王光谦

2016年9月

总 序 二

近50年来全球气候变化及人类活动的加剧，影响了水循环诸要素的时空分布特征，增加了极端水文事件发生的概率，引发了一系列社会-环境-生态问题，如洪涝、干旱灾害频繁，水土流失加剧，生态环境恶化等。这些问题对于我国生态本底本就脆弱的西北地区而言更为严重，干旱缺水(水少)、洪涝灾害(水多)、水环境恶化(水脏)等严重影响着西部地区的区域发展，制约着西部地区作为“一带一路”桥头堡作用的发挥。

西部大开发水利要先行，开展以水为核心的水资源-水环境-水生态演变的多过程研究，揭示水利工程开发对区域生态环境影响的作用机理，提出水利工程开发的生态约束阈值及减缓措施，发展适用于我国西北旱区河流、湖库生态环境保护的理论与技术体系，确保区域生态系统健康及生态安全，既是水资源开发利用与环境规划管理范畴内的核心问题，又是实现我国西部地区社会经济、资源与环境协调发展的现实需求，同时也是对“把生态文明建设放在突出地位”重要指导思路的响应。

在此背景下，作为我国西部地区水利学科的重要科研基地，西北旱区生态水利工程省部共建国家重点实验室培育基地(西安理工大学)依托其在水利及生态环境保护方面的学科优势，汇集近年来主要研究成果，组织编纂了《西北旱区生态水利学术著作丛书》。该丛书兼顾理论基础研究与工程实际应用，对相关领域专业技术人员的工作起到了启发和引领作用，对丰富生态水利工程学科内涵、推动生态水利工程领域的科技创新具有重要指导意义。

在发展水利事业的同时，保护好生态环境，是历史赋予我们的重任。生态水利工程作为一个新的交叉学科，相关研究尚处于起步阶段，期望以此丛书的出版为契机，促使更多的年轻学者发挥其聪明才智，为生态水利工程学科的完善、提升做出自己应有的贡献。

中国工程院院士
2016年9月

总 序 三

我国西北干旱地区地域辽阔、自然条件复杂、气候条件差异显著、地貌类型多样，是生态环境最为脆弱的区域。20世纪80年代以来，随着经济的快速发展，生态环境承载负荷加大，遭受的破坏亦日趋严重，由此导致各类自然灾害呈现分布渐广、频次显增、危害趋重的发展态势。生态环境问题已成为制约西北旱区社会经济可持续发展的主要因素之一。

水是生态环境存在与发展的基础，以水为核心的生态问题是环境变化的主要原因。西北干旱生态脆弱区由于地理条件特殊，资源性缺水及其时空分布不均的问题同时存在，加之水土流失严重导致水体含沙量高，对种类繁多的污染物具有显著的吸附作用。多重矛盾的叠加，使得西北旱区面临的水问题更为突出，急需在相关理论、方法及技术上有所突破。

长期以来，在解决如上述水问题方面，通常是从传统水利工程的逻辑出发，以人类自身的需求为中心，忽略甚至破坏了原有生态系统的固有服务功能，对环境造成了不可逆的损伤。老子曰“人法地，地法天，天法道，道法自然”，水利工程的发展绝不应仅是工程理论及技术的突破与创新，而应调整以人为中心的思维与态度，遵循顺其自然而成其所以然之规律，实现由传统水利向以生态水利为代表的现代水利、可持续发展水利的转变。

西北旱区生态水利工程省部共建国家重点实验室培育基地(西安理工大学)从其自身建设实践出发，立足于西北旱区，围绕旱区生态水文、旱区水土资源利用、旱区环境水利及旱区生态水工程四个主旨研究方向，历时两年筹备，组织编纂了《西北旱区生态水利学术著作丛书》。

该丛书面向推进生态文明建设和构筑生态安全屏障、保障生态安全的国家需求，瞄准生态水利工程学科前沿，集成了重点实验室相关研究人员近年来在生态水利研究领域内取得的主要成果。这些成果既关注科学问题的辨识、机理的阐述，又不失在工程实践应用中的推广，对推动我国生态水利工程领域的科技创新，服务区域社会经济与生态环境保护协调发展具有重要的意义。

中国工程院院士

2016年9月

前　言

陕北农牧交错带是北方农牧交错带的重要组成部分，位于陕西省北部毛乌素沙地东南缘与黄土高原的过渡地区，属毛乌素沙地向东南移动的最活跃地段，是农业与畜牧业交错发展的区域。该区域日照充足，太阳辐射强度大，总辐射量多，虽然缺乏地表径流，但地下水资源较为丰富，是生产经营方式的过渡带，也是生态环境的过渡带。多种过渡特性的叠加决定了该区生态环境的多样性、复杂性和脆弱性，生态问题历来比较突出，干旱、风沙、水土流失等脆弱的生态环境条件已成为制约区域可持续发展的瓶颈。协调陕北地区生态建设与农村经济发展对该区域生态建设与经济发展及实现可持续发展具有一定的借鉴意义。

本书以国家自然科学基金面上项目“陕北农牧交错带沙地利用的水资源调控及生态响应”（41471451）、“服务于最严格水资源管理考核制度的规制及系统集成研究”（51679188）和国土资源部公益性行业科研专项课题“砒砂岩与沙复配成土的储水性能研究及水资源支持力评价”（201411008-2）取得的成果为依托，分析陕北农牧交错带 6 县（市、区）在水土资源利用方面存在的问题，开展陕北农牧交错带沙地农业利用相关研究，并结合对前期研究的总结与思考，实现基于水资源调控的陕北农牧交错带沙地农业利用，以适应性的开发规模维系水土资源的可持续支持与生态环境的可持续发展。

本书分为 9 章。第 1～2 章阐明陕北农牧交错带概况及其区位的特殊性，表明研究目的与意义，说明研究思路与方法；第 3～4 章为节水部分，通过田间试验及节水灌溉制度，结合前期砒砂岩与沙复配成土所得的复配工程节水以及农业耕作节水，构建砒砂岩与沙复配成土农业利用的节水技术体系；第 5～6 章以有限的水资源供给为约束，以各类作物种植面积为变量，构建多目标优化模型，对沙地农业开发的适应性规模以及农业种植结构进行优选；第 7～9 章通过沙地农业耕作中土壤的肥力发展水平与趋势评价，沙地农业耕作的生态效应分析，生态服务价值的转变，揭示水资源调控下沙地农业利用模式的机理，并对后续研究做出展望。

本书由汪妮、刘思源、解建仓主笔，参与撰写的人员还有博士生杨柳、修源、杨小雨，硕士生刘伟、纪传通、王鸽、郝龙刚、闫小斌、薛耀东等。同时，感谢西安理工大学朱记伟教授、罗军刚教授、李鹏教授、姜仁贵副教授、吴军虎副教授、徐国策副教授，陕西省土地工程建设集团总经理韩霁昌，陕西地建土地工程技术研究院副院长张扬、总工程师王欢元、杜宜春博士、孙婴婴博士，中国科学院地理科学与资源研究所刘彦随教授、李裕瑞教授，中国地质调查局西安地质调查中心高级工程师常亮等在项目研究过程中给予的帮助以及在关键科学问题上给予的建议与意见；特别感谢陕西省土地工程建设集团为本书研究提供实验小区、实验室等条件。

同时，在本书研究课题立项、咨询、中期检查、内部验收到课题验收的系列过程中，得到水利与国土资源部门专家、学者的耐心指导，他们提出的宝贵意见和建议促进了课题研究的不断进步，在此，谨向他们表示最诚挚的感谢。

由于作者水平有限，书中难免存在疏漏与不足之处，敬请广大读者指正。

目　　录

第 1 章　陕北农牧交错带概况

1.1　农牧交错带相关概念

1.1.1　农牧交错带的概念

农牧交错带，又称农牧交错区或农牧过渡区，从产业发展来讲，它是我国传统农业区域与畜牧业区域交汇和过渡的地带，是一个独特而重要的狭窄产业界面或地带。在这一过渡带内，种植业和草地畜牧业在空间上交错分布，时间上相互重叠。过渡带的一侧向另一侧存在着一种生产经营方式逐步被另一种生产经营方式替代的递变。关于农牧交错带的概念，早期文献中没有明确提及，但 Clements 在 1905 年提出了生态领域的交错带，即“ecotone”这一术语。随后的学者将其进一步完善为“两个或两个以上不同群落之间的过渡带”[1-3]。1985 年，生态交错带的概念延伸到景观生态学，认为“ecotone”是生态系统内不同物质、能量、结构和功能体系之间形成的生态界面。1987 年在法国巴黎召开的国际科学联合会环境问题科学委员会（Scientific Committee on Problems of the Environment，SCOPE）会议认为，农牧交错带是生态交错带的组成部分[4]。

国外对交错带的研究主要集中在干旱和半干旱区自然地貌、土地利用变化与区域可持续发展等相关内容上。我国生态学专家也认为，农牧交错带是指相邻生态系统的过渡地带或区域，该区域具有一定宽度且同时兼有两个或多个相邻生态系统的特征。因此，从生态学领域来讲，农牧交错带也是生态交错带空间类型中的一种。

我国农牧交错带分布广泛，在北方地区、西南地区、西北地区均有分布，其中北方农牧交错带是我国面积最广、空间尺度最大的农牧交错带，是世界四大农牧交错带之一，其生态问题也最突出[5]。北方农牧交错带斜贯我国东北～西南，是生态环境、经济活动、农业发展和区域规划等多个领域的重要分界线[6]。交错带东南环境条件较优，是我国主体农业区和经济发达区，西北则集中分布着我国主要的沙漠、高原和山地，地形复杂且生态脆弱。北方农牧交错带作为我国种植业和畜牧业两大农业生产系统的过渡界面，不仅蕴含着巨大的生产潜力，而且是遏制荒漠化、沙漠东移和沙漠化南下的生态屏障。因此，积极开展农牧交错带生态、地理、农业、经济等领域的研究，促进农牧交错带生态保护和社会经济持续发展，对保障国家粮食安全、生态安全及经济的协调发展均具有重要的战略意义。

1.1.2 北方农牧交错带的界线

我国学者早期对北方农牧交错带这一名词的统一认识为我国面积最大、空间跨度最长、农牧交错特征最典型、生态环境脆弱的狭长区域。近年来，关于北方农牧交错带的范围，不同领域的学者从不同角度，针对不同研究目标，采用不同方法对其地理位置与边界进行了界定。迄今为止，对北方农牧交错带的界线虽然没有完全统一的认知，但按照研究角度并结合研究方法的差异，该界线的研究总体来说可分为以下几个阶段。

1. 早期基于统计调查手段的定性表达

赵松乔[7]在进行河北省张家口市、内蒙古自治区察哈尔盟和锡林郭勒盟部分地区（总面积 208500km^2）的经济地理调查时提出了农区和牧区的划分，并首次提出农牧过渡地带的概念，即集约农业地带向游牧业区的过渡带，认为从长城以南的集约农业地带向北递变为粗放农业区、定牧区、定牧游牧过渡区和游牧区，并强调该区域不仅是自然条件和农业生产的过渡带，也是汉族和兄弟民族交错居住的地区。周立三[8]依据自然、经济、农业发展、历史和民族条件等，对甘肃和青海地区进行了以农业区划为目标的野外调查，在专著《甘青农牧交错地区农业区划的初步研究》中将“农牧过渡地带”正式定义为“农牧交错带”，认为我国存在东西方向过渡的农牧交错带，包括内蒙古南部、长城沿线、晋陕甘黄土丘陵、陇中青东丘陵。王莘夫[9]基于生态学家的研究指出，我国北方自大兴安岭东侧南下，抵燕山北麓，沿长城西行至鄂尔多斯高原西南有一条宽阔的农牧交错带。王铮等[10]对胡焕庸线以及葛全胜在 1990 年提出的中国生态环境过渡带进行对比分析，认为过渡带与胡焕庸线最大的区别在于更好地说明了土壤、植被、灾害、气候、水文等生态环境要素的过渡或变异性。刘良梧等[11]认为半干旱农牧交错带北起大兴安岭西麓的呼伦贝尔，向西南延伸，经内蒙古东南、冀北、晋北直至鄂尔多斯、陕北，是季风气候与大陆性气候、湿润区与干旱区、农区与牧区的过渡地带。

这一阶段对北方农牧交错带的概念和界线研究的特点主要表现在，从气候、经济、地理、生态、农业区划等方面众多专家学者普遍认可在我国存在着一条由东北向西南延伸的过渡地带，但因研究方法多为调查、走访或资料对比与分析，对该地带界线的划分缺乏科学的手段和定量的依据，多以定性描述为主。

2. 基于农业气候指标的定量表达

朱震达等[12,13]在研究我国北方沙漠化问题时指出，以年降水量 250～500mm、年降水变率 25%～50%、7～8 级大风日数 30～80d 为分界，东起嫩江下游，西至宁夏东南的农牧交错区，共包含 81 个县（旗、市、区）和 0.67 亿亩①耕地。陈一鹗[14]认为从气候来看，在我国半干旱的草原分布区内，年平均降水量一般在 250～450mm，水分常常不足，但光照和热量条件一般能够满足农作物和牧草生长发育的需要。从东北到西南有一条过渡特征明显的农牧交错地带，辖 81 个县（旗、市、区），面积约 26.7 万 km^2。余优森[15]确定以年降水量 400mm 等值线及其 80%和 20%保证率，或≥0℃积温达 1800℃及其 80%和 20%保证率，分别作为半干旱或高寒湿润地区农牧过渡气候界线划分指标，划分出甘肃省农牧过渡气候界线和过渡带资源。李世奎等[16, 17]以农牧业适生条件为基础，提出内蒙古东部、东北西部、黄土高原北部（年降水量 250～400mm 地带）处于农牧交错地带，并以年降水量＞400mm 出现频率 20%～50%为主要指标，以起沙风日数 20～50d 为辅助指标，准确划定了过渡带的界线，即其东南界由呼伦贝尔高原东部沿大兴安岭西麓丘陵平原，向南至大兴安岭东南山前丘陵平原，经乌兰浩特、通辽、张家口坝上、榆林、固原北部至兰州南部；西北界线沿海拉尔偏西、锡林郭勒盟东部的奴乃庙偏东、包头偏东、盐池偏东、宁夏中部偏南，直至兰州北部。过渡带东宽西窄，最宽处达 350km，最窄处只有 50km。赵哈林等[18, 19]参考我国气候区划、种植业区划、沙漠化防治区划等，将我国北方农牧交错带界定于降水量 300～450mm、年降水变率 15%～30%、干燥度 1.0～2.0，北起大兴安岭西麓的内蒙古呼伦贝尔市，向南至内蒙古通辽市和赤峰市，再沿长城经河北北部、山西北部和内蒙古中南部向西南延展，直至陕西北部、甘肃东北部和宁夏南部交接地带的长约 2000km、宽 200～300km 的特殊地带。何文清等[20]指出北方农牧交错带是指我国北方半湿润农区向干旱半干旱牧区过渡的地带，又称半农半牧区，大致沿年降水量 400mm 等值线两侧分布，包括内蒙古、辽宁、河北、山西和陕西等省（自治区）的 205 个县（旗、市、区），土地面积 72.58 万 km^2。刘军会等[21]用 1961～2005 年的平均农业气候指标重新界定了北方农牧交错带的地理位置，以年降水量 400mm 等值线为中心，以年降水变率 15%～30%、干燥度指数 0.2～0.5 以及多年平均降水量 300mm 和 450mm 等值线修订了前人研究中界定的西北界和东南界，减弱以行政区划分带来的负面作用。郑圆圆等[22]总结前人研究，选取年降水量、年湿润度指数、年降水量变化率、大风日数和干燥度指数等作为划分指标，认为虽然指标阈值有所差异，但大致与北方年降水量 400mm 等值线走向基本一致，并受气候变化的影响，其界线可称为气候界线。并确定现今北方农牧交错带大致位于东经 103°～126°、北纬 35°～52°，以带状分布，从东北向西南延伸。北起内蒙古呼伦贝尔高原，沿着大兴安岭向南，经过吉林西部，沿内蒙古中南部、河北北部、山

① 1 亩≈667m^2。

西北部、陕西北部向西南延伸，经过宁夏中南部、甘肃中部，延伸到青海省东北角。东北较宽，向西南推移，带宽变窄，总面积约 53.81 万 km^2。

从以上研究可以看出，以农业气候为依据的定量化北方农牧交错带界线研究的主要目标是为农业生产服务，选择与农业生产条件相关的主要指标，如年降水量、大风日或起沙风日、年降水变率、干燥度、积温、降水概率等，对其进行认识以及研究。虽然对北方农牧交错带的分布和面积尚有不同认识，但对于大体位置的认识基本是一致的，即我国北方农牧交错带大致沿北方 400mm 降水等值线走向，主要分布于内蒙古、辽宁、吉林、河北、陕西、山西、宁夏等省份内。

3. 基于生态和地理视角的定量表达

除了基于农业气象气候指标的表达外，不同学者还从各自的研究角度进行了生态、地理学、经济地理学等方面多样化的表达，其中基于生态视角和地理视角的表达较为突出。

（1）生态视角。王静爱等[23]结合前人研究，认为年平均降水量 250～500mm 的半干旱地区是将我国东北、华北农区与天然草地牧区分隔的过渡区，是一个生态过渡带，跨越内蒙古、辽宁、河北、山西、陕西、甘肃、宁夏、青海 8 个省（自治区），包括 177 个县（旗）、4 个县级市、20 个市辖区，总面积约 69 万 km^2。史德宽[24]综合考虑气候、地理、农业产业结构、生态、经济、文化、社会等方面的特殊地位，认为北方农牧交错带大致以 400mm 降水等值线为中轴，分别向两侧扩展到 300mm 和 550mm 降水等值线，即从东北大兴安岭起经白城、通辽、赤峰、张家口、大同、榆林、兰州、西宁、玉树直至拉萨。它既是牧区向农区的过渡带，又是干旱区向湿润区的过渡带，也是高原区与平原和盆地地区的过渡带。程序[25]认为农牧交错带的生态实质是农业和牧业两个区域生态系统相互过渡过程中，系统主体行为和结构特征发生“突发转换”的空间域。周涌等[26]指出农牧交错带是指以草地（或林地）和农田等大面积交错出现为典型景观特征的自然群落与人工群落相互镶嵌的生态复合体，是并存着以农业、草业、林业和畜牧业生产力主体的多种生产方式，带有强烈人为干扰痕迹的自然体。高旺盛[27]认为农牧交错带通常是指北方“半农半牧”区，一般年降水量在 250～500mm，大体集中在长城沿线至黄土高原的区域，该区域是东部集约平原农林区与北部典型草原区的农业生态经济过渡带，具有复杂、边缘、融合、脆弱等典型的生态交错带的基本特征。苏伟等[28]认为北方农牧交错带是指年降水量在 250～500mm 的干旱半干旱地区，是我国农业生产条件比较严酷、农业生产力比较低的部分，是将我国东北、华北农区与天然草地牧区分割的生态过渡带，其核心范围是温带风沙草原与暖温带黄土高原区。

（2）地理视角。周道纬等[29]认为北方农牧交错带是国土面积约 30%的农区和约30%的牧区的迥异生产生活方式的冲撞融合，是我国胡焕庸线贯穿的人口频繁迁移活动区，区域环境受到两方面的强烈冲击。侯琼等[30]认为北方农牧交错带是长期历史演变所形成的特殊民族经济地理区域，其地理位置大致从大兴安岭东麓经辽河上游、阴山山脉、鄂尔多斯高原、祁连山东段至青藏高原东南缘，是一个弧形的狭长地带，跨越12个省（自治区）的160个县（旗、市、区），总面积约116.74万km^2，其中草地面积约57.47万km^2，耕地面积约5.19万km^2。韩茂莉[31]提出我国北方农牧交错带不仅是农、牧两种生产方式的交错分布区，在自然地带上是半湿润与半干旱、暖温带与温带的邻界带，在地理学中这一环境地带属于生态敏感带。

4. 基于土地利用与空间分析的定量表达

基于土地利用视角，郭绍礼[32]提出我国北方地区随着农业生产的发展，自北向南形成了牧业、半农半牧业和农业三个不同的农业生产地带，其中半农半牧带就是指农牧交错带，它的范围大体包括宁夏南部，内蒙古中部、东部，吉林白城子地区和黑龙江阿荣旗西南部等，总面积约40万km^2。吴传钧等[33]以年降水量300～600mm，耕地、草地、林地面积比为1∶0.5∶1.5作为界线指标，确定其范围为内蒙古东南部、辽西、冀北、晋陕北部和宁夏中部。苏志珠等[34]提出我国农业生产大体以年降水量400mm等值线（即从大兴安岭、通辽、张北、榆林、兰州、玉树至拉萨附近）为界，以东和以南是种植业为主的农区，以西和以北是畜牧业为主的牧区，两大区之间存在一条沿东北西南向展布，空间上农牧并存、时间上农牧交替的农牧过渡带或农牧交错带。刘军会等[35]总结认为，以土地利用空间分布特征（如耕地、草地比例）作为划分指标或界定指标，以年降水量400mm等值线为中心划分的界线，因受人类活动影响较大，可称为土地利用界线。郝强等[36]在综合1949年后相关学者研究的基础上，认为农牧交错带分为狭义与广义两个范畴。狭义的农牧交错带是气候起决定性作用，且易受人类活动影响的生态脆弱地带，年降水量200～500mm，兼具农牧业生产条件的过渡地带；广义的农牧交错带指农业与畜牧业景观共存、镶嵌汇合的区域。

基于土地利用视角的界线划分早期多为定性研究，主要采用实地考察、统计资料分析等传统方法，在界线划分上并没有统一的认识，但不同时期所划分的界线通常以400mm降水等值线为中值，并以农牧业发展及土地利用形式作为划分依据，土地利用受人类活动影响强烈，因此该类界线划分趋同性差。随着信息技术的发展，遥感技术、地理信息系统、模型分析逐渐成为农牧交错带范围的重要研究方法。刘纪远等[37]采用美国陆地卫星Landsat TM数字影像及中国资源一号卫星（CBERS-1）的CCD数据实现全国范围内遥感影像的完整覆盖，进行了土地利用动态区域划分，提出东北大小兴安岭林草-耕地转换区、东北东部林草-耕地转换区、华北黄土高原农牧交错带草地-耕地转换区、西北农田开垦与撂荒交错区等土地利用类型。邹亚荣等[38]以 TM 影像为数据源，以 GIS 为手段，结合野外调查，定量地计算出我国的农牧交错区，并以内蒙古为例分析了耕地和草地的空间动态。陈全功等[39, 40]利用 GIS 技术对农牧交错带进行空间计算，认为我国农牧交错带分布是沿胡焕庸所提出的人口分界线走向的一条狭长地带，涉及黑龙江、吉林、内蒙古、辽宁、河北、山西、陕西、宁夏、甘肃、青海、四川、云南、西藏 13 个省（自治区）的 234 个县级行政区；基于 GIS 平台预测性地绘制了 2035 年的农牧交错带，涉及 15 个省（自治区）的 435 个县级行政区，面积为 109 万 km^2，表明农牧交错带农区存在正在向“南移东进”的趋势。

综上所述，运用 GIS 技术对中国北方农牧交错带的地理分布进行定量化计算和模拟，在早期定性和定量研究的基础之上，开创了农牧交错带界线与范围研究的新方向，与前期研究相比更有说服力，但仍存在进一步完善的空间，主要表现在以下三个方向：①近年来，气候变化带来的影响十分明显，把气候因子的影响加载到空间分析中，对于准确界定北方农牧交错带的界线具有重要意义；②不断完善的数据库和计算模型，使北方农牧交错带的 GIS 表述更加准确和实用。③界定范围时合理选择生态、气象和土地利用指标因子，实地调查并适当添加人文因子，实现学科间的综合和集成具有迫切的需求。

5. 基于界线变动性的表达

史培军[41]提出我国北方农牧交错地带是东部季风环境区与西北干旱环境区之间的暖温带半干旱地理环境区，呈东北-西南方向延伸，存在由东南向西北的更替，是我国陆地地理环境演变最敏感的区域。随着气候变化，农业所依赖的气候要素具有明显的周期性波动，与之相应的地理环境区域界线也应该是模糊的，精确界线的划分在某种程度上是不客观、甚至是错误的。李华章[42]认为北方农牧交错带是环境变化的敏感地区，主要包括大兴安岭西麓的呼伦贝尔，经内蒙古东南、冀北、晋北直至鄂尔多斯高原东南和陕北地区。这一广阔地带属季风尾闾区，季风环流的强弱变化，对本区环境产生深刻的影响。陈友民等[43]通过黄土高原农牧交错带上 30 个站点的降雨总量与牧业值的分析表明二者之间存在明显的负相关关系，为农牧交错带界线变动提供了佐证。张兰生等[44]认为北方农牧交错带是我国境内对全球变化反应敏感的生态系统过渡带，主体部分位于长城沿线的内蒙古东南部，河北、山西、陕西北部和鄂尔多斯地区，是从半干旱区向干旱区过渡的地带，区内年降水量 400mm 保证率为 20%～50%，年均温为 2～8℃，降水量稍有增减，干草原的界线在本地带范围内发生摆动。裘国旺等[45]根据我国北方 63 个代表站点 1961～1995 年的气候资料，在分析该地区气候变化现状的基础上，得出了未来气候情景模式下北方农牧交错带界线及其生产力的可能变化。

李栋梁等[46]以 1961～2000 年两种极端气候状态反映了农牧交错带位置南北可能的最大摆动，得出我国农牧交错带位于年降水量 200～400mm、大陆性气候与季风性气候的过渡区，受大陆性气候与季风性气候的共同影响，南北摆动幅度大。苏志珠等[34]认为，现代农牧交错带大致相当于长城沿线地带，尽管学者们对该地带定义的降水量等值线边缘有不同看法，但该界线受亚洲季风形成时间、停留时间、强度大小的影响而产生摆动，并受农、牧业活动的叠加影响是客观存在的。刘军会等[35]基于气象和土地利用数据，利用遥感、GIS 技术和景观生态学方法，界定了北方农牧交错带及界线变迁区的地理位置，并依据 1961～2005 年的气象要素变化给出了农牧交错带的界线缓冲区。李秋月等[47]以 400mm 年降水量保证率 20%～50%为界限指标，确定了北方农牧交错界的边界，认为这一成果与已有研究成果基本一致，并在全球气候变化背景下分析了受降水量影响下的农牧交错带边界的变动趋势。史文娇等[5]利用 1970 年以来长时间序列的国家气象站点数据和土地利用遥感解译数据，提取了四个时期的北方农牧交错带界线并分析了气候对界线变化的贡献率，认为存在着典型的区域气候明显驱动农牧交错带变化的现象。

1.1.3　陕北农牧交错带的概念与界线

陕北农牧交错带是北方农牧交错带的重要组成部分，位于毛乌素沙漠的东南部边缘，属于毛乌素沙地向东南移动的最活跃地段，是农业与畜牧业交错发展的区域，也是毛乌素沙地与黄土高原的过渡地带，西邻甘肃、宁夏，北连内蒙古，东与山西隔黄河相望。区位的特殊性决定这里是生产经营方式的过渡带，是生态环境的过渡带，也是人文社会和自然资源的过渡带。

陕北农牧交错带内日照丰富，太阳辐射强度大，总辐射量多，有利于植物的营养物质积累，天然能源储量丰富。区内地势起伏平缓，沙丘沙地连绵，滩地、湖泊星罗棋布，风蚀作用明显，洪水性水蚀严重，生态环境脆弱。该区域是典型的能源超采、经济贫困、生态脆弱等多种问题耦合的区域，其发展关系到国家能源安全、区域生态稳定以及当地人民脱贫致富等诸多问题。同时，陕北农牧交错带在地貌、气候、植被、景观格局以及经济活动上具有明显的过渡性，正是多种过渡特性的叠加，决定了该区生态环境的多样性、复杂性和脆弱性，生态问题历来比较突出，干旱、风沙、水土流失等脆弱的生态环境条件已成为制约区域可持续发展的瓶颈。协调陕北地区生态建设与农村经济发展对该区域生态建设与经济发展及实现可持续发展具有一定的借鉴意义。

长期以来，针对陕北农牧交错带的界线，经过大量学者的研究总结，主要形成了以下两种类型的认知。

1. 以 6 县（市、区）为研究范围的行政区界

赵哈林等[19]详细总结了我国北方农牧交错带的界线范围后，认为北方农牧交错带西段内陕西北部包括 6 县（市、区），即榆阳区、神木市、府谷县、横山区、靖边县、定边县，共计 33992km²。常庆瑞等[48]、孟庆香等[49]、张俊华等[50]认为位于陕西省北部的农牧交错带，包括榆林市的定边县、靖边县、横山区、榆阳区、神木市和府谷县等县（市、区），是毛乌素沙漠与黄土高原的过渡地区。焦彩霞等[51]、侯刚等[52]认为陕北农牧交错带位于陕西省北部，地处北纬 36°57′～39°35′，东经 107°16′～111°15′，包括榆阳区、神木市、府谷县、横山区、靖边县、定边县，共计 3371641.3hm²。文琦[53]、丁金梅等[54]认为陕北农牧交错区位于北纬 36°57′～39°34′，东经 107°28′～111°15′，地处陕西北部，毗邻甘肃、宁夏，北连内蒙古，东与山西隔黄河相望，处于毛乌素沙漠南缘、陕北黄土高原北端，海拔为 900～1400m。行政区划上包括榆阳区、神木市、府谷县、横山区、靖边县、定边县，总面积 3.37 万 km²，区域农村发展以农业经济为主，且种植业占据中心地位。由于自然条件恶劣，特别是不合理地利用土地、滥垦滥伐，大量植被和草原遭到严重破坏，全区风蚀沙化十分严重，生态环境逐渐恶化。胡兵辉等[55]将陕北农牧交错区定义为地理位置为北纬 36°50'～39°36'、东经 107°28'～111°15'，行政范围大致包括榆阳区、神木市、府谷县、横山区、靖边县和定边县，总面积 1.79 万 km²。

2. 以 7 县（市、区）为研究范围的行政区界

孟庆香等[56, 57]认为陕西省北部毛乌素沙地与黄土丘陵沟壑的过渡地区，东经 107°35′～111°29′，北纬 37°35′～39°02′，是典型的农牧交错带，其范围包括榆阳区、神木市、府谷县、横山区、靖边县、定边县、佳县，共 174 个乡镇，总面积 357.59 万 hm²。常庆瑞等[58]认为陕北农牧交错带位于陕西省北部，东经 107°35′～111°29′，北纬 37°35′～39°02′，土地总面积为 356.44 万 hm²，其范围包括榆阳区、神木市、府谷县、横山区、靖边县、定边县、佳县，共 174 个乡镇，总人口 212.99 万人，其中农业人口 178.71 万人，人口密度 58.7 人/km²。种植业和养殖业占据农业的主导地位，是典型的农牧交错带。杨云贵等[59]认为陕北农牧交错带地处陕西省北部，位于东经 107°35′～111°29′，北纬 37°35′～39°02′，西临甘肃、宁夏，北连内蒙古，东与山西隔黄河相望，南与延安接壤，处于毛乌素沙漠南缘、陕北黄土高原北端，是典型的风蚀、水蚀交互作用区，包括榆阳区、神木市、府谷县、横山区、靖边县、定边县、佳县，共 174 个乡镇，土地总面积 36109km²。齐雁冰等[60]采用位于东经 107°35′～111°29′，北纬 37°35′～39°02′，地处陕西省北部，包括榆阳区、神木市、府谷县、横山区、靖边县、定边县和佳

县的区域作为陕北农牧交错带的研究范围，土地总面积为 361.36 万 hm^2。

通过对照区域地形地貌及沙区分布，以近年的研究为基础，本书认为佳县西北部分布着少量成片的风沙土地，虽然也存在农业和牧业两种农业产业类型接壤交错，但系统主体行为和结构特征发生突变的特性不明显，因此本书将陕北农牧交错带的范围定为包括榆阳区、神木市、府谷县、横山区、定边县、靖边县的 6 个县（区、市），并在本书统一称为陕北农牧交错带，其地理坐标为北纬 36°57′～39°34′，东经 107°28′～111°15′，总面积 33992km^2，地理位置及行政区划详见图 1.1。

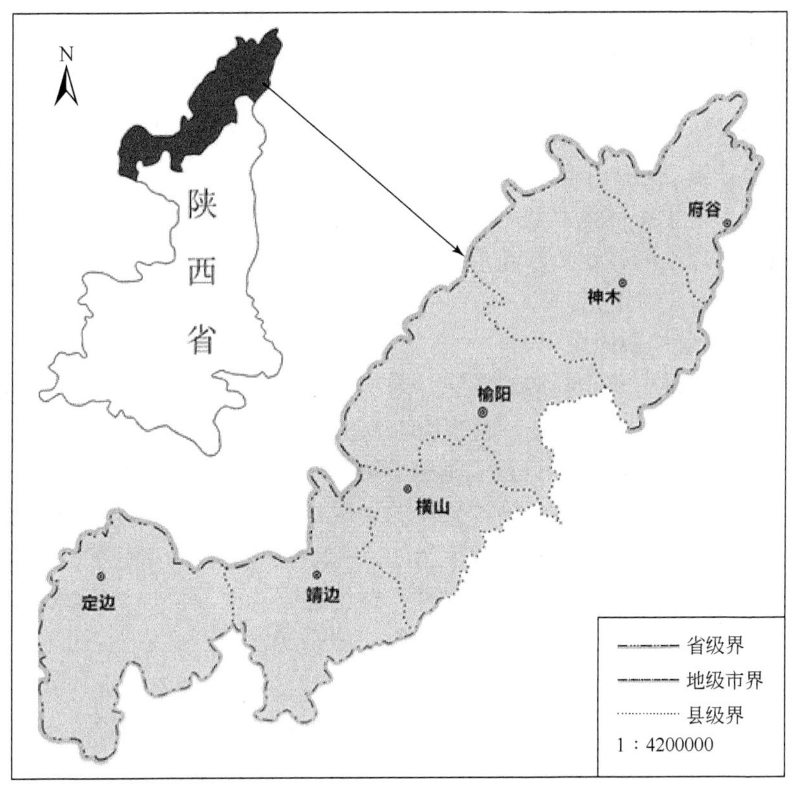

图 1.1　陕北农牧业交错带地理位置图

1.2　自然与社会经济状况

1.2.1　自然状况

1. 地形地貌

陕北农牧交错带在大地构造单元上属华北地台的鄂尔多斯台斜、陕北台凹的中北部，地势由西部向东南倾斜，西南部平均海拔 1600～1800m，其他各地平均海拔 1000～1200m。该区域位于陕北地区，黄河中游，受黄河上游的冲刷和多年黄土沉积，大部分地区均有黄土覆盖。受风沙作用和黄土堆积作用，形成的地貌分为风沙滩区、黄土丘陵沟壑区两大类。

1）风沙滩区

风沙滩区大致位于长城沿线以北、毛乌素沙漠南缘一带，西部连接宁夏沙区，东至窟野河，东西长近 400km，南北宽 80km，面积约为 18303km^2。区内地势平坦，风积沙丘绵延起伏，96.8%的土地已经沙化，65%的地区被风沙覆盖。根据地貌形态和地面物质组成，可将风沙滩区划分为三类不同的风沙地貌单元，即流动沙丘、沙丘链区，滩地及固定沙丘区，盖沙黄土梁岗区。

风沙滩区地势无较大的高低起伏，但是区内风比较大，将沙石堆成一个个沙丘，这些沙丘组成了一个绵延不断的大沙带，且沙丘高度不等，低的有的几米，高的有几十米，生态环境非常恶劣。相对而言，活动沙丘多而密集的地区还有无定河一线的北部地区，这里沙丘星罗棋布，最高的沙丘达到几十米，通常单个的沙丘面积一般是 1～3km^2。

2）黄土丘陵沟壑区

长城沿线以南为黄土丘陵沟壑区，包括榆阳区、横山区、定边县、靖边县的南部，神木市与府谷县的东部，面积约 15689km^2。区内梁峁起伏，沟壑发育，地形破碎，沟壑密度为 4～8km/km^2。地表为更新统黄土层覆盖，厚度为 50～100m。基岩为中生界砂页岩。黄土丘陵沟壑区的中段是横山区山地，地势西高东低，一般海拔 1200～1400m，相对切割深度为 100～200m。区内山梁起伏，梁涧交错，沟谷纵横，为水土流失提供了地形条件，黄土直立特性使沟岸易于坍塌，因此水土流失极为严重。黄土丘陵沟壑区的东段，窟野河以东，又称土石山区，一般海拔在 800～1300m，地势西北高、东南低，是皇甫川、清水川、孤山川、石马川等沿黄一级小支流的发源地和主要分布区，离黄河越近地面土层越薄。西部是黄土梁峁分布的宽谷区，河流阶地宽阔低平，东部黄河沿岸峡谷河床切入基岩，岸高谷深，相对高差 200m 以上。

2. 土壤植被

区域内土壤主要有风沙土和黄绵土、黑垆土、新积土、盐渍土等。风沙土主要分布于风沙滩区，土质疏松，透水性强，持水力差，易风蚀。黄绵土主要分布于黄土丘陵区梁峁的沟坡和风沙滩区的土质梁岗上，土层深厚，熟土层薄，土质疏松易耕，通气透水性好，又有较好的蓄水保墒能力。黑垆土主要分布在黄土丘陵区梁峁的鞍部、沟台地、涧掌地，土层深厚，疏松易耕，通气透水性好，持水保墒能力强，表层具有腐殖质层，潜在肥力高。新积土主要分布在较大河流两侧滩地及坝地上，是在冲积层母质上耕种熟化形成的土壤，土壤熟化层厚、肥力高，是重要的农作土地。盐渍土主要分布于地势低洼、地下水埋深较浅、排水不畅的盐池附近、湖盆滩地、丘间洼地、河沟阶地等处，多呈沼泽、荒滩，潜在利用价值较高，但利用不当则有进一步沙化和盐渍化的危险。

现今的陕北农牧交错带在历史上曾是水草丰美的地方，但由于垦伐、放牧及樵柴过度，森林草原严重破坏，土地沙漠化，水土流失严重。1949 年后，历届各级政府都十分重视造林种草恢复植被，大规模地治理风蚀沙化和水土流失，取得了较为显著的成就，植被盖度和种类均在数量上有明显增长。目前，区域内共有高等植物约 527 种，分属于 87 科，其中野生植物 403 种，以草本为主，占到 87%。这些植物中有药用价值的 21 种，主要是甘草、麻草、枸杞、黄芪、柴胡、茵陈、远志、酸枣等，林木覆盖率达 25%。

3. 气象水文

1）气象

陕北农牧交错带地处中纬度地带的中温带区，冬季受干燥而寒冷的多变性极地大陆性气团控制，形成低温、寒冷、降水稀少的气候特点；夏季受高温湿润的热带海洋性气团的影响，降水增多，同时不时有极地冷空气的活动，与太平洋暖湿的东南气流相遇，易产生暴雨和冰雹等极端天气；春季易出现寒潮大风、扬沙、沙尘暴等天气；秋季降温明显，属大陆性季风气候与干旱半干旱气候的过渡带。区内降水量较少，多年平均降水量 401mm；在时间分配上，降雨主要集中在每年 6～9 月，占全年总降水量的 75%，多为雷阵雨或局部暴雨；在空间分布上，降雨表现为由东南向西北递减的趋势。区域内蒸发强烈，多年平均蒸发量为 2000mm，干旱指数为 3.0，蒸发量的最小值在 12 月至次年 1 月，4～9 月蒸发量占全年 50%以上。

区内年平均气温 8.5℃左右，自南向北、自东向西逐渐降低。冬季寒冷，平均气温-7.8～4.1℃，极端最低气温-32.7℃；夏季高温炎热，各月平均温度均在 20℃以上，日最高气温≥30℃的日数为 22～68d，极端最高气温于吴堡县曾达 40.8℃。寒潮首见于 9 月，终于次年 5 月。无霜期短，为 134～169d，最短仅 102d，年日照时数 2593.5～2914.2h，2015 年辐射总量 128.8～144.3kcal/cm^{2}①，是我国的辐射高值区。初霜期一般在 9 月 28 日～10 月 12 日，最早曾在 9 月 14 日出现（定边县）；终霜期一般在 4 月 25 日～5 月 16 日，最迟可到 6 月 9 日。气温日较差大，榆林市平均日较差为 11.4～13.9℃，在作物生长季节最大可达 20℃。年平均风速为 2.0～3.2m/s，北部风沙区的大风往往形成沙尘暴，危害农业生产、破坏生态环境。

---

① 1kcal=4.186kJ。

2）河流水系

区域内河流主要为黄河水系和陕西省唯一的内陆水系。黄河为晋陕界河，在本区域内从府谷县入境，流经府谷县与神木市，区内长度共 207km。区域内主要的黄河支流有无定河、秃尾河、窟野河、佳芦河及黄甫川、清水川、石马川、孤山川等“四河四川”，由西北流向东南在榆林市境内汇入黄河。陕北农牧交错带水系图如图 1.2 所示。

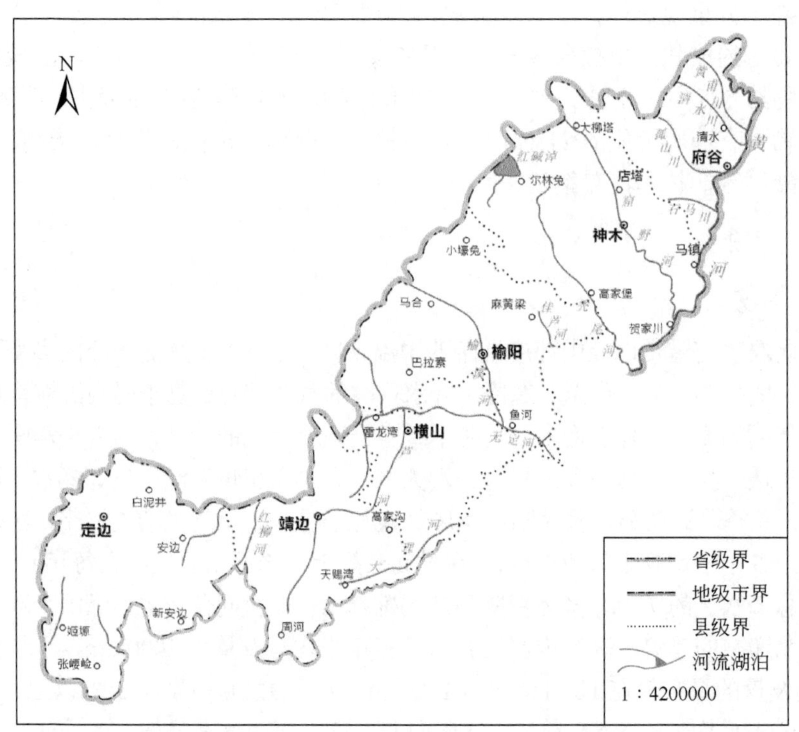

图 1.2　陕北农牧交错带水系图

陕北农牧交错带内河流水系分布呈现如下特点：

（1）流程短、流域面积小。本区河流流程超过 100km^2 的只有无定河、窟野河、秃尾河、海流兔河、芦河、榆溪河六条，其中只有无定河流域面积超过了 2 万 km^2。

（2）河网稀疏，地域分布很不平衡。本地区是陕西省河流数量最少、河网密度最小的地区，且地域分布上极不平衡。长城以南较密，长城以北较稀；靖边县以东河流较多，靖边县以西则很少，且有大片无河流区域。

（3）除内流河外，主要河流均属黄河水系，呈树枝状，流向皆由西北至东南。中上游宽阔平缓，下游曲流发育且切入基岩，多发育于白于山和风沙区，一般流经黄土地貌区，注入黄河。

无定河是黄河较大的一级支流，是榆林市境内最大的河流，发源于定边县长春梁，向北流经内蒙古毛乌素沙漠流入榆林市境内，流经定边县、靖边县、横山区、榆阳区、米脂县、绥德县、清涧县，于清涧县河口村汇入黄河，干流全长 491km，陕西省内长 385km，全流域面积 3.026 万 km^2，其中陕西省内 2.19 万 km^2。较大的支流有大理河、淮宁河、榆溪河、芦河。流域内半为风沙区、半为黄土丘陵沟壑区，植被稀少，风沙和水土流失严重，生态环境脆弱。

秃尾河发源于神木市风沙区宫泊海子，由西北向东南流入黄河。干流长 133.9km，流域面积 3294km^2。中上游位于沙漠滩地区，水量相对丰富，年际年内变化不大。

佳芦河是位于无定河与秃尾河之间的一条小河，发源于榆阳区，在佳县附近汇入黄河。

窟野河、石马川、皇甫川、清水川、孤山川均位于榆林东北部，部分面积位于黄土丘陵沟壑区，部分面积位于沙漠区，流域属于极强侵蚀带，年输沙模数在 2 万 t/km^2 以上，是黄河主要粗沙来源区，水量不丰且丰枯流量变化大。

内陆河系分布在神木市、定边县北部的沙漠闭流区，主要有定边县的八里河和神木市以红碱淖为中心的蟒盖兔河、尔林兔河等，区内面积 4647km^2。北部风沙区还分布有大小不等的湖泊 200 多个，水面达 120km^2，最大的湖泊红碱淖水面面积为 54km^2，平均水深 8.2m，最大水深达 14.0m。

4. 自然资源

陕北农牧交错带 6 县（市、区）土地面积为 33992km^2，2015 年耕地总资源 $74.34\times10^4hm^2$，林地面积 $11124\times10^4hm^2$，草地面积 $114.02\times10^4hm^2$，退化、沙化、盐渍化“三化”面积达 $7.49\times10^4hm^2$。区内蕴藏着丰富的矿产资源，现已探明 8 大类、48 种，其中 20 多种已探明储量，尤其以煤炭、石油、天然气、岩盐最为著名。其中，煤炭资源最为丰富，预计蕴藏总量 8600×10^8t，已探明储量为 1660×10^8t。神府煤田是世界八大煤田之一，煤质优良，属特低灰、特低硫、特低磷、中高发热量的长焰优质动力煤、环保煤和化工用煤。区内天然气预测储量 $80000\times10^8m^3$，探明储量 $7500\times10^8m^3$，是目前我国已探明的陆上最大的整装气田。石油预测储量 5×10^8t，探明储量 1.9×10^8t，是陕甘宁油气田的重要组成部分。岩盐预测储量 60000×10^8t，探明储量 51×10^8t；湖盐预测储量 6000×10^4t，探明储量 3292×10^4t。这四大资源富集于一地，组合配置条件好，具有大规模综合开发的潜力，在国内外均属罕见，是建设能源重化工基地的理想之地。

1.2.2　社会经济状况

陕北农牧交错带范围包括榆阳区、横山区、神木市及府谷县、靖边县、定边县 3 个县，106 个乡（镇、街道），122 个社区和 1382 个村。至 2015 年底，交错带内共有人口 232.39 万人，其中农村人口 168.45 万人，占总人口的 72.5%，见表 1.1。

表 1.1 陕北农牧交错带 2015 年社会经济指标

行政分区	人口/万人			国内生产总值/亿元					
	城镇	农村	合计	第一产业	第二产业			第三产业	合计
					工业	建筑业	合计		
榆阳区	19.86	37.14	57.00	25.07	274.98	36.01	310.99	207.04	543.10
神木市	18.53	25.17	43.70	11.99	548.74	6.43	555.17	250.25	817.41
府谷县	8.30	16.48	24.78	5.84	275.23	2.14	277.37	100.55	383.76
横山区	7.31	30.20	37.51	14.25	60.21	5.04	65.25	37.01	116.51
靖边县	4.76	29.94	34.70	19.74	178.31	2.48	180.79	66.31	266.84
定边县	5.18	29.52	34.70	17.90	181.83	0.59	182.42	57.31	257.63
合计	63.94	168.45	232.39	94.79	1519.30	52.69	1571.99	718.47	2385.25

2015 年，交错带内全年农作物播种面积 41.01 万 hm^2，其中粮食作物播种面积 33.20 万 hm^2，占 81.0%，主要以小麦、玉米、薯类、大豆、稻谷等夏秋粮为主；经济作物 5.57 万 hm^2，占 13.6%，主要以油料、蔬菜、瓜类为主；其他作物 2.24 万 hm^2，占 5.4%。交错带内畜禽存栏总量 669.76 万头（只）。2015 年交错带内粮食总产量 102.00 万 t，肉类总产量 15.56 万 t，奶产量 5.88 万 t。经过多年发展，农业基础地位进一步增强，主导产业不断发展壮大。

依托丰富的能源资源，榆林市在 1998 年被正式批准为我国能源重化工基地，由此带动榆林市（包括农牧交错带）经济快速发展。2015 年，农牧交错带工业总增加值比上年增长 3.3%。自 1998 年榆林市被正式确定为国家级能源化工基地后，交错带内各县（市、区）经过多年努力，已形成规模生产能力，煤炭、电力、油气、化工四大支柱产业增加值占榆林市工业增加值的 85%以上，能源化工产业已成为榆林市经济总量和财政收入的主要支撑力量。2015 年，农牧交错带年产原煤 36446.93×10^4t，原盐 134.90×10^4t，原油 1181.66×10^4t，天然气 $128.99\times10^8m^3$，液化石油气 31.53×10^4t，发电 612.09×10^8kW·h，其他规模以上产品还包括汽油、柴油、精甲醇、焦炭、电石、平板玻璃、氮肥、水泥、铁合金等。

1.3 荒漠化现状与土地利用

1.3.1 区域荒漠化现状

1994 年，《联合国关于在发生严重干旱和/或荒漠化的国家特别是在非洲防治荒漠化的公约》提出的“荒漠化”一词是指包括气候变异和人类活动在内的各种因素造成的干旱、半干旱和亚湿润地区的土地退化。这个定义下的土地退化其实质是一种营力或数种营力结合致使干旱、半干旱地区的土地、草场、牧场、森林、林地的生物或经济生产力和复杂性下降甚至功能丧失，是区域生态和土地类型的逆向演替。通常表现为风蚀和水蚀致使土壤物质流失，土壤的物理、化学和生物特性或经济性退化以及自然植被长期丧失三类情况。

陕北农牧交错带属于农业与牧业过渡地带，与毛乌素沙地部分重叠。该区域土地贫瘠，但在历史上曾经是果香草丰的景观[59]，后来为满足人口剧增而不断增长的粮食需求，垦草种粮、不断发展与扩大农业面积，恶劣的自然条件、广种薄收的粗放经营方式对土地形成强烈的人为扰动和过度压力致使土地生态系统逐渐失衡。强烈的水蚀与风蚀作用，使正常发育的土壤表层以黏粒和粉粒为主的细粒物质不易累积且逐渐遭受侵蚀退化，数量越来越少，粗粒物质（如砂粒）则相对富集，土壤肥力难以持续。并且，在外来沙源充足的条件下，风积作用使土壤表层逐步被流沙覆盖，生态系统逆向演替，地表形成连绵起伏的沙丘，植被退化为由旱生和沙生植物组成的灌木、半灌木群落，覆盖度很低，呈现出荒漠景观的特征。该过程中正常的成土与风沙沉积和物理风化交替发生或以风沙沉积与物理风化占据主导地位，土壤颗粒粒径变大、质地不断粗化、有机质及养分含量持续减少，致使土壤保水保肥性能衰退，直至土地正常生产能力丧失。水蚀与风蚀等自然因子和社会系统人为扰动的双重作用对生态系统形成的正反馈作用导致陕北农牧交错带成为我国土地退化最为严重的地区之一。随着西部大开发和陕北能源重化工基地的建设，土地荒漠化已经成为制约该地区经济持续增长和国民经济可持续发展的重要因素之一。

北方农牧交错带是我国沙漠化土地集中分布区，也是沙化最为严重的地区，约占我国沙漠化土地总面积的90%以上，其中已经沙漠化的土地面积为 16 万 km^2，潜在沙化土地面积为 15 万 km^2。也就是说，陕北农牧交错带位于北方农牧交错带的沙漠化严重区域，荒漠化土地主要分布在长城以北地区，特别是无定河鱼河镇以上流域、榆溪河及秃尾河两岸，荒漠化土地集中连片，面积辽阔，是严重荒漠化土地分布的主要地带。高会军等[61]的研究表明，陕北长城沿线沙质荒漠化土地面积为 15018km^2，其中极重度沙质荒漠化土地面积 1883.31km^2，占沙质荒漠化土地面积的 12.54%；重度沙质荒漠化土地面积 3468.99km^2，占 23.10%；中度沙质荒漠化土地面积 4072.56km^2，占 27.12%；轻度沙质荒漠化土地面积 3702.06km^2，占 24.65%；潜在沙质荒漠化土地面积 1891.16km^2，占 12.59%。

1.3.2 荒漠化的动态演进

荒漠化是一个动态的环境退化过程。1949 年以来的 70 年中，陕北农牧交错带的荒漠化以沙漠化为主，在不同时段表现出沙漠化扩张与收缩交替出现的波动状况，但总体趋势是向好的。沙漠化的动态过程按照时间的发展顺序可分为以下四个阶段。

1. 20 世纪 50～70 年代沙漠化扩张阶段

高亚军[62]指出，20 世纪 50～70 年代，我国沙漠化土地平均每年扩大 1560km^2，70 年代中期土地沙漠化面积为 11 万 km^2；80 年代平均每年扩张 2100km^2，到 80 年代中期发展到 12.7 万 km^2，由占土地总面积的 45.3%增加到 52.8%，年增长率为 1.39%；进入 90 年代，沙漠化土地则以每年 2460km^2 的速度发展，年增长率为 2%～3%。其中陕北农牧交错带 6 个县（市、区）1976 年与 1958 年相比，沙漠化面积增幅达 0.8%～4.9%[63]。

这一阶段，农牧交错带沙漠化土地的形式以半干旱区沙质草原风蚀砾化和固定沙丘活化为主，人口的增长增大了对粮食、水源、燃料及能源等的需求，而在有限的土地上要满足过度发展的人口生存的基本需求，必将加大对土地资源的利用程度。与此同时，农民为了摆脱贫困的经济面貌，也不得不依赖有限的土地，形成具有破坏力的开发；同时，社会投资增大带动工、矿企业蓬勃发展，加大了对土地资源的开发和自然资源的过度开采，造成地表植被破坏，林草覆盖度降低。这些行为使区域本来脆弱的生态环境进一步恶化，在干旱的气候条件下，助长了土地荒漠化的发生，导致荒漠化扩张。这个时期沙漠化土地发展的过程在旱地农业地区表现为土壤风蚀、粗化发展到灌丛沙堆、片状流沙及密集流动沙丘；在固定沙地地区一般从沙丘迎风坡风蚀窝的形成发展开始，逐渐导致流沙面积扩大，形成流动沙丘与固定、半固定沙丘相互交错分布的景观。

2. 20 世纪 80～90 年代末沙漠化逆转阶段

薛娴等[63]研究表明，陕北农牧交错带 5 个县（市、区）（调查数据不包括府谷县）沙漠化土地面积由 20 世纪 70 年代的 15110km^2 下降到 90 年代末的 11860km^2。常庆瑞等[57]研究指出，1986 年以来交错带荒漠化土地面积均在 9000km^2 以上，占研究区土地总面积的 1/4，土地荒漠化状况比较严重。1986 年至 2000 年严重荒漠化土地不断缩小，15 年间面积减少了 26.84%，多度指数和重要度指数逐渐变小，空间分布范围收缩，对区域环境的支配能力下降。姜琦刚等[64]研究表明，20 世纪 70 年代至 2000 年陕北农牧交错带极重度沙化土地与重度沙化土地面积减少了 854km^2，但中、轻度沙化土地和潜在沙化土地面积增加了 658.8km^2。在区域气候趋于干旱的情况下，中度、轻度沙漠化土地仍面临着严重、重度沙漠化的潜在危险，土地沙漠化的形势仍旧较严峻。齐雁冰等[59]研究认为，1986～2003 年，陕北农牧交错带荒漠化土地向东南方向扩展，但荒漠化总面积减少了 2066km^2，其中 938km^2 荒漠化土地得到控制，其余沙地转变为农田、林地或草地。

综上所述，20 世纪 80 年代以来，气候存在不断干旱化趋势，但沙漠化程度却有所好转，主要原因是实施了一系列积极的人为措施和政策。例如，1998 年开始，我国西部实施“退耕还林（草）”，将不适宜于农业耕种的农田转变为林地或草地，降低人为耕种对地表的强烈扰动，从而更有利于荒漠化土壤的逆转。以陕北农牧交错带为例，多年来坚持不懈地开展了沙漠化防治和整治工作，具体措施有：限制放牧、鼓励圈养、减少山羊数量、增加优良品种；退耕还林、还草；建设三北防护林；飞播造林、植草，节水灌溉等，这些措施对 20 世纪 80 年代末以来土地沙漠化进程的减缓产生了积极影响。表明在遵循自然规律、保护生态环境的基础上，合理的、适当的人类活动和积极的人为干预可以达到控制土地沙漠化发展和实现本区可持续发展的目的。

3. 2000～2013 年沙漠化面积稳步减缓阶段

刘越峰[65]提出，2000～2009 年沙漠化土地面积减小了 545.75km^2，年均减小率为 4%，比 1990～2000 年的平均减少率高。王涛等[66]研究表明，陕北农牧交错带沙漠化在 2000～2013 年呈现出两种类型的变化过程：①重度沙漠化面积呈持续减少过程，并且减少幅度较大，其中 2000～2002 年减少幅度最大，2002～2013 年呈缓慢减少过程；②中度、轻度沙漠化和潜在沙漠化面积均呈波动减少趋势，减少幅度较小，2000～2005 年为波动阶段，2005～2013 年为缓慢减少阶段。上述数据反映出退耕还林还草等生态建设工程的实施，有力地推动了该区域植被生态环境的改善，出现了逆沙漠化过程。

4. 2013～2015 年沙漠化面积波动阶段

王涛等[66]研究发现，2013 年后重度沙漠化和中轻度沙漠化面积又有了增大趋势。通过提取沙漠化空间分布数据可知，2015 年陕北农牧交错带内沙漠化面积增加，出现了严重的沙漠化趋势，2010 年的轻度和潜在沙漠化区域在 2015 年转化为重度和中度沙漠化区域，主要分布在府谷县、横山区、靖边县和定边县等境内。这一情况表明，作为干旱半干旱地区的陕北农牧交错带，沙漠化过程不仅受气候变化影响，而且随着国家能源化工基地建设，土地整理开垦、农业政策实施的影响，呈现出气候变化与人类活动双重驱动过程，对于沙漠化的动态过程，应予以充分重视。

1.3.3　区域水土流失现状

研究区地处毛乌素沙漠和黄土高原过渡地带，水土流失和风蚀沙化均为该区严重的灾害性过程，是黄河中上游水土流失最严重的地区之一，是国家“三北”防护建设和重点流域治理区、全国生态环境建设和国家退耕还林还草重点地区。陕北农牧交错带面积 33992km^2，水土流失面积 25248km^2，占区域总面积的 74%，截至 2015 年累计治理水土流失面积 10415.6km^2，治理程度 41%。陕北农牧交错带水土流失在地域上差异较大，详见图 1.3 农牧交错带土壤侵蚀模数图。

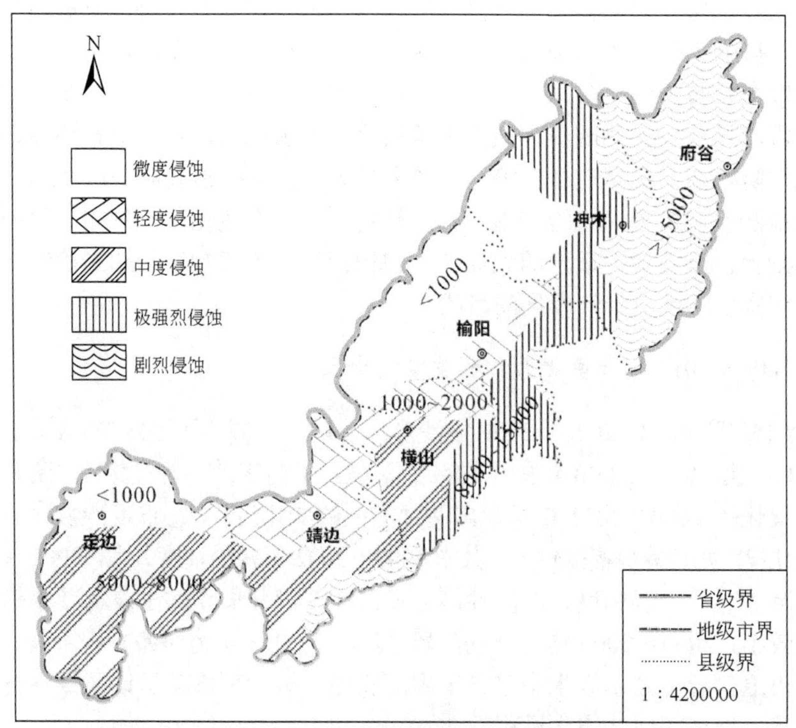

图 1.3　农牧交错带土壤侵蚀模数图［单位：t /（km^2 • a)］

由图 1.3 可知，榆阳区西北部、神木市西部与定边县北部侵蚀模数小于 1000t /（km^2 • a），为微度侵蚀区；榆阳区东中部、靖边县与横山区西北部侵蚀模数为 1000～2000t /（km^2 • a），为轻度侵蚀区；定边县南部、靖边县东南部与横山区中部侵蚀模数为 5000～8000t /（km^2 • a），为中度侵蚀区；神木市中部、榆阳区东南部及横山区东部侵蚀模数 8000～15000t /（km^2 • a），为极强烈侵蚀区；府谷县全部和神木市东部为主要的剧烈侵蚀区，侵蚀模数大于 15000t /（km^2 • a）。

1.3.4　土地利用及耕地补充需求

1. 区域土地利用现状

陕北农牧交错带有史以来一直是一个农牧兼存、交错过渡的地区，在脆弱的生态环境背景下，农牧业的消长变化很大程度上与荒漠化过程密切相关。目前区域以农业经营为主，但畜牧业在整个农业经济结构中也占有较大比重。过渡地带总土地面积 33992km^2，主要的用地类型包括耕地、园地、林地、草地、城镇村及工矿用地、交通运输用地、水域及水利设施用地和其他用地共 8 类，2015 年的土地利用结构见图 1.4。

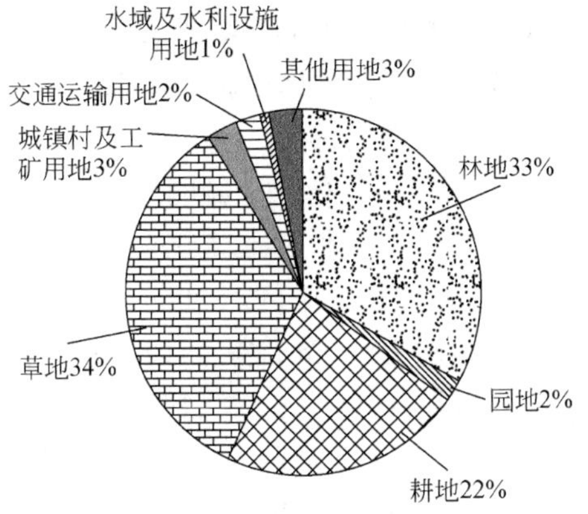

图 1.4　农牧交错带土地利用结构

用地类型中，耕地与园地面积 7948km^2，占总面积的 24%，林地与草地面积共 22526km^2，占总面积的 67%，城镇村及工矿用地、水域及水利设施用地、交通运输用地共 1997km^2，占总面积的 6%，其他用地共 1093km^2，占总面积的 3%。交错带内定边县、靖边县、横山区和神木市是榆林市主要的耕地分布区，按现有人口 232.39 万人计，交错带内人均耕地面积为 4.80 亩，高于榆林市人均耕地面积的 4.30 亩，远高于全省人均耕地面积的 1.65 亩。

2. 区域耕地面积变化趋势

1950～2015 年农牧交错带耕地面积变化趋势详见图 1.5。图 1.5 表明，1950～2005 年农牧交错带耕地面积整体处于持续下降的趋势，2005 年以后为快速增长时期。1950 年末实有耕地面积为 687.9 万亩，到 2005 年耕地面积减少到 510.6 万亩，共减少耕地面积 177.3 万亩，年均减少 3.17 万亩，其中耕地面积最大的年份为 1955 年，为 760.35 万亩，最小年份为 2005 年，为 510.6 万亩。

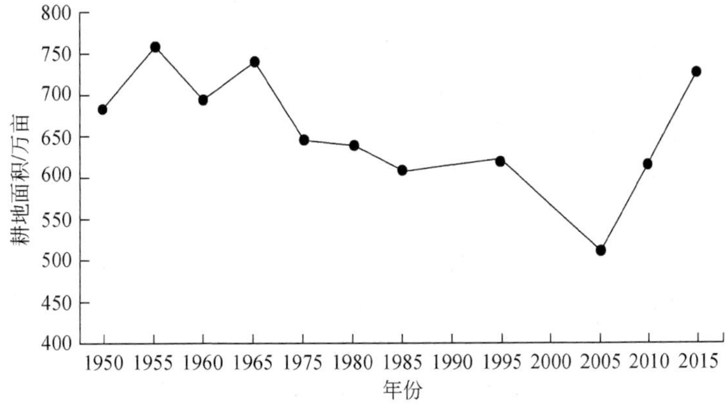

图 1.5　农牧交错带耕地面积变化趋势

由图 1.5 可知，1950～1965 年耕地面积处于波动时期，这与当时人口迅速增加、连续数年自然灾害导致的前期耕地面积减少，以及后期为了解决人口吃饭问题，加快开垦荒山使得耕地面积增加有关，到 1965 年耕地面积形成一个高峰。1965～2005 年是交错带耕地面积逐年稳定递减的时期，主要原因是随着经济的发展，基建规模、城乡规模扩大，大量非农建筑占地的增加抵消了农民新垦增加耕地的面积，导致耕地面积总体呈现稳定下降。2005 年以后，国土资源部下发了《城乡建设用地增减挂钩试点管理办法》（国土资发〔2008〕138 号）、《关于进一步加强土地整理复垦开发工作的通知》（国土资发〔2008〕176 号）、《关于划定基本农田实行永久保护的通知》（国土资发〔2009〕167 号）、《关于加强占补平衡补充耕地质量建设与管理的通知》（国土资发〔2009〕168 号）、《关于切实加强耕地占补平衡监督管理的通知》（国土资发〔2010〕6 号）等一系列政策法规，随着土地整治法律建设的不断完善，相关文件相继出台，交错带内土地整治项目相继开展，有效地增加了耕地面积，同时也逐步提高了耕地质量。

3. 土地利用存在的问题

由土地利用与耕地面积变化来看，农牧交错带内土地利用结构基本合理，耕地面积近年来呈现出有效回升的态势，但从全省范围来看仍然面临以下有待解决的问题。

（1）全省耕地持续减少，人地矛盾突出。随着国民经济建设的快速发展和农业结构的调整，陕西省耕地面积持续减少。据统计，全省耕地从 2005 年的 408.9 万 hm^2（6133.35 万亩）减少到 2009 年的 399.7 万 hm^2（5995.50 万亩），全省减少了 9.2 万 hm^2（137.85 万亩），年均减少 6127hm^2（9.19 万亩）。在以后相当长一段时期内，随着人口不断增长，城市与农村争地、工业与农业争地、生态建设与经济发展争地现象仍将持续，耕地减少不可避免，人地矛盾日趋突出。

（2）建设用地需求压力大，土地低效利用依然存在。随着西部大开发的深入推进和建设西部强省战略的实施，陕西省社会经济发展对建设用地的需求增长迅速。“十二五”期间，全省建设用地以每年平均 1000hm^2（1.5 万亩）的速度增长；“十三五”期间，建设用地增长的幅度还将继续扩大。全省建设用地的节约集约利用水平总体上在逐年提高，但一些行业、地区浪费和粗放用地现象依然存在。城镇建设轻挖潜、重扩张、各类开发区内“圈而不建、建而不用”的现象时有发生；另外，农村居民点普遍规模小、布局零散、规划不足，使土地利用率低下。新农村建设虽然在近来蓬勃发展，但也普遍存在片面追求建设新村、荒芜废弃老宅基地的现象。

（3）土地利用布局不尽合理，区域统筹不够协调。陕西省三大自然经济分区内土地资源分布及土地利用情况十分不均衡。陕南、陕北地区土地面积占全省的 73.04%，但人口仅占全省总人口的 39.96%；关中地区土地面积占全省的 26.96%，却聚集了全省 60.04%的人口。关中人口密度高，城镇密集，用地供求矛盾十分突出；陕南、陕北人口密度低，城镇分布稀疏，土地利用率低，区域土地利用协调不够，空间互补性差，用地结构不尽合理。

（4）耕地后备资源不足，耕地补充潜力有限。据调查，陕西省近年来通过土地整治补充耕地的后备资源 300 多万亩，且多分布于陕南、陕北生态脆弱地区，不仅开发利用成本高，而且与生态环境建设存在矛盾，耕地补充的潜力十分有限。

（5）水土流失严重，生态环境脆弱。陕西省是全国水土流失最严重的省份之一，全省约有 80%的耕地和 70%的人口分布于水土流失区，水土流失面积 9.6 万 km^2，占全省土地总面积的 46.6%。全省年均水土流失量约 9.2 亿吨，占全国水土流失量的五分之一，因水土流失损失的氮磷钾每年达 341 万 t。然而，陕北农牧交错带内水土流失与陕北长城沿线土地沙化面积仍在继续扩大，土壤盐碱化和“三废”污染在局部地区也较为严重，使本就生态脆弱的陕北农牧错带生态问题十分敏感。

4. 耕地补充需求

2014 年 6 月 24 日，陕西省国土资源厅公布第二次全省土地调查成果数据，与第一次调查成果相比，陕西省耕地面积减少 114.3 万 hm^2。时任陕西省国土资源厅副厅长燕崇楼表示，陕西省耕地保护形势仍十分严峻，必须坚持最严格的耕地保护制度和节约用地制度，守住耕地保护红线和粮食安全底线。

从陕西省 1991～2009 年耕地资源动态来看，耕地总面积和人均耕地面积经历了“缓慢减少-急速减少-相对稳定并略有上升”的变化过程，但是总体呈现下降趋势。耕地面积 1991 年为 352.113 万 m^2，2009 年为 286.004 万 m^2，减少了 66.109 万 m^2。人均耕地从 1991 年的 1.05hm^2减少到 2009 年的 0.758hm^2，而在这期间人口增长了 409 万人，耕地和人口的逆向发展，加大了人口对耕地的压力[67]。从 2000 年起耕地面积急速减少，这是由于 1999 年开始实施退耕还林政策，出现耕地锐减的势头，到 2003 年退耕还林政策发生变化，退耕还林面积的指标大幅度减少，使得陕西省耕地面积保持相对稳定。

以 2009 年 12 月 31 日为标准时点，陕西省耕地面积 399.7 万 hm^2，不到全国耕地面积的 3%，耕地保护任务十分艰巨。其中，水田 16.5 万 hm^2、水浇地 107.2 万 hm^2、旱地 276.0 万 hm^2；园地 85.0 万 hm^2；林地 1123.2 万 hm^2；草地 288.8 万 hm^2；城镇村及工矿用地 71.8 万 hm^2；交通运输用地 23.4 万 hm^2；水域及水利设施用地 31.0 万 hm^2，其他土地面积 33.3 万 hm^2。从耕地质量看，陕西省耕地中旱地 276.0 万 hm^2，占耕地总面积的 69.1%；25° 以上耕地 93.9 万 hm^2，占耕地总面积的 23.5%；水田、水浇地合计 123.7 万 hm^2，占耕地总面积的 30.9%；耕地质量总体水平不高。从人均耕地面积看，陕西省人均耕地面积由 1996 年第一次调查的 2.15 亩下降到 2009 年第二次调查的 1.59 亩，不到世界平均水平的一半。

综上所述，陕西省耕地保护形势仍十分严峻，人均耕地少、耕地质量总体不高、耕地后备资源不足的基本省情并未改变，因此需毫不动摇地坚持最严格的耕地保护制度和节约用地制度。要严格落实“十分珍惜和合理利用土地，切实保护耕地”的基本国策；严格落实地方政府耕地保护主体责任；严格落实规划和用途管制；严格控制非农建设占用耕地规模；严格实行以补定占、先补后占、占优补优的耕地占补平衡制度，确保陕西省耕地数量基本稳定，质量不降低，坚决守住耕地保护红线和粮食安全底线。

5. 耕地补充的可行性

陕西省耕地面积分布极不均衡。关中地区土地面积占全省土地总面积的26.96%，却集中了全省近52.73%的耕地，区内地势平坦，土壤肥沃，水利条件好，有效灌溉的耕地面积占全省 80%以上。陕南土地面积占全省土地总面积的34.10%，全区由山区、丘陵盆地区等组成，耕地主要分布于川平坝区，并且以中低产田为主。陕北地区土地面积占全省土地总面积的38.94%，人稀耕地少，区内丘陵沟壑面积大，水土流失严重，耕地贫瘠，作物复种指数低。

陕北农牧交错带地域辽阔，土地资源丰富，自北而南地貌类型依次为风沙滩地、丘陵沟壑，区内沟壑面积大，气候干旱多风，植被稀少，森林覆盖率低，水土流失严重，土地生态环境脆弱；耕地瘠薄，农作物复种指数低，耕作方式粗放，土地生产水平较低；交通水利设施相对滞后，经济发展受到一定制约。

2015 年交错带内人均土地面积 21.9 亩，是全省平均水平（8.14 亩）的 2.69 倍；人均耕地面积 4.80 亩，是全省 1.65 亩的 2.91 倍。交错带内其他土地面积 109294.03hm^2，其中盐碱地面积 10177.43hm^2，沼泽面积 468.07hm^2，沙地及其他裸地面积 67907.93hm^2，分别占其他土地面积的 9.31%、0.43%和 62.13%。数据表明，交错带内耕地后备资源较为充足，特别是长城沿线风沙滩区和北部的黄土丘陵沟壑区，是目前国内少有的优质后备耕地资源。应坚持抓好农田基本建设和小流域综合治理，改造中低产田，提高耕地质量，建设生态农业；积极开发荒沙荒坡，增加农用地面积；推广行之有效的“淤地坝”造地方式，增加耕地面积；重点建设“三北”防护林，大力营造水土保持林，绿化荒坡荒山，防风固沙，保持水土，改善生态环境；大力推进草场建设，提高草地质量，发展畜牧业，建设全省畜牧业生产基地；推广先进技术，扩大园地优生区规模，提高果品质量；保障煤、油、气、盐等矿产资源开发用地，加快建设能源化工基地；增加交通水利用地，促进工业化、城镇化健康发展。

1.4　区位的特殊性及研究意义

陕北农牧交错带是北方农牧交错带的重要组成部分，位于晋陕蒙交汇地带，是我国自然大区的分界线，是东部季风区与西北干旱半干旱区的分界线，也是 400mm 降水等值线经过的区域，区位上极具特殊性。

1.4.1 交错与过渡特性

陕北农牧交错带在自然区划、生态位、气候、植被、地貌、产业经济等方面均具有显著的过渡性特征，存在着 6 个过渡，这些过渡特征体现了农牧交错带所特有的边缘、交叉、融合等特征。

1. 自然区划的过渡性

我国自然地理学所划分的三大自然区为东部季风区、西北干旱半干旱区和青藏高寒区。东部季风区与西北干旱半干旱区的界线为 400mm 降水等值线，即从大兴安岭向西南，经张家口、兰州、拉萨附近，到喜马拉雅山南麓；东部季风区与青藏高寒区的界线为 3000m 等高线；西北干旱半干旱区与青藏高寒区的界线为昆仑山—阿尔金山—祁连山一线。陕北农牧交错带位于东部季风区与西北干旱半干旱区两大自然区的交错过渡区，随着气候与人类活动的变化，动态地呈现出两大自然区的地理特性。

2. 生态位的过渡性

从生态位来看，陕北农牧交错带所属的北方农牧交错带地处分割我国东南部农区和西北部牧区的狭长带状区域，是东部农区天然的生态屏障和水源涵养地，起着防风固沙的作用，北方主要的江河大多发源于此或从此经过。同时它也是遏制荒漠化、沙化东移和南下的最后一道绿色屏障，是西部牧区经济发展的后盾，补充其冬春饲草料的不足，减少雪灾旱灾的损失，减缓西部牧区过载、过牧对草地造成退化、沙化的压力，在我国生态学上具有举足轻重的作用和意义。

3. 气候的过渡性

陕北农牧交错带处于东部季风气候与西北干旱半干旱气候的过渡地带，是暖温带与中温带气候的过渡带，是半干旱与半湿润气候的过渡地带。陕北农牧交错带位于东南季风明显减弱的边缘地带，因而降水由东南向西北迅速减少，年降水量由神木市东南部的 440mm 急剧减少至定边县西北部的 320mm 以下，陕北农牧交错带多年平均降水量等值线见图 1.6；蒸发量自南向北逐渐由 1800mm 增加至 2500mm 以上；以年蒸发能力和年降水量比值定义的干旱指数 r 是反映某个地区的气候干旱程度的指标，也是我国水分带划分的主要依据。一般干旱指数 1.0～3.0 为半湿润带，3.0～7.0 为半干旱带，该区域干旱指数在 2.0～4.0[68]，即由半湿润气候区向半干旱气候区的过渡带，详见陕北农牧交错带多年平均干旱指数等值线图（图 1.7）。

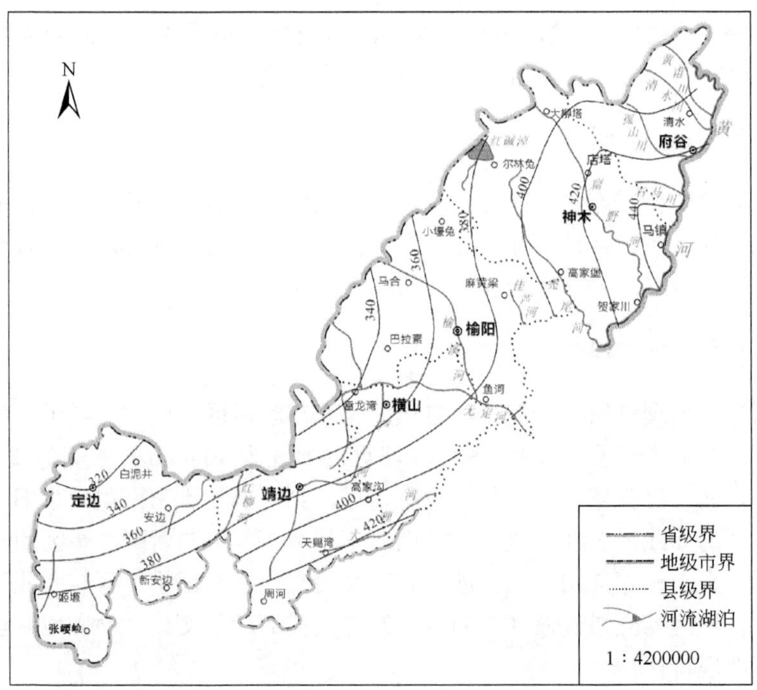

图 1.6　陕北农牧交错带多年平均降水量等值线图（单位：mm）

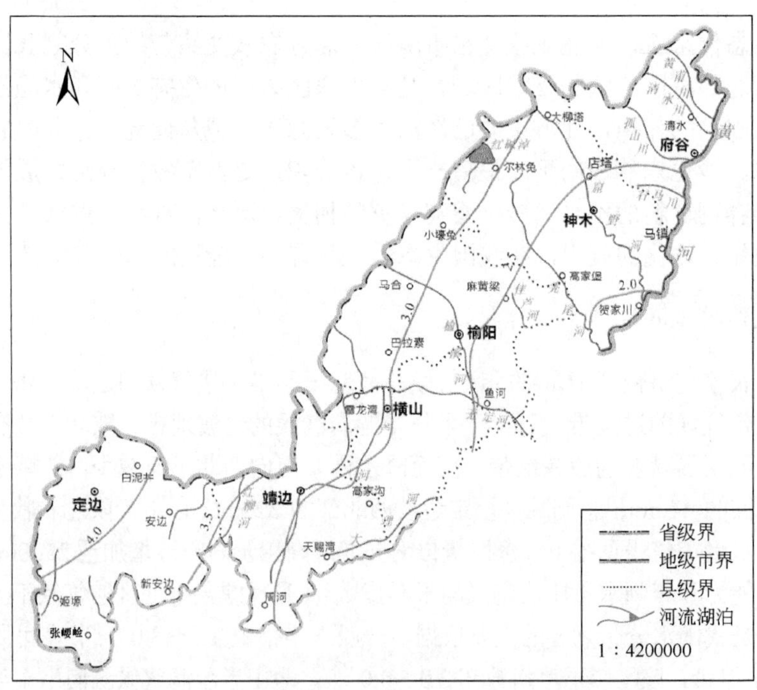

图 1.7　陕北农牧交错带多年平均干旱指数等值线图

4. 地貌的过渡性

交错带地表呈现出由毛乌素风沙地区向陕北黄土丘陵区的过渡，地貌以风沙地貌为主。依据地表形态及主要特征，交错带可分为风沙地貌和黄土丘陵地貌两大类。

陕北农牧交错带北部是毛乌素沙漠东南缘，地势起伏平缓，沙丘绵延不断，滩地、湖泊散布其间。风力侵蚀是风沙地貌形成的主要成因，也是现代地貌作用过程的主要动力；风沙地貌区内水系分布稀疏，地面相对高差不超过 50m，起伏较小；地表组成物主要是第四系沙粒，有少部分沙黄土，基岩很少裸露；地表形态以沙丘、沙梁、滩地、湖盆为主。

陕北农牧交错带的西南部是黄土覆盖的低山丘陵区，地面坡度较大，但切割相对较弱，径流系数较小，为黄土丘陵沟壑地貌。该地貌主要特征是基底为白垩系砂页岩，第四系黄土广泛覆盖于一切老岩层之上，厚度为 50～200m，由西到东逐渐变薄；海拔 800～1800m，由西到东逐渐降低；地表支离破碎、沟谷纵横，沟壑密度一般为 5～8km/km^2，且由西向东递增；相对切割深度 150～400m，由西向东递减；西部地貌组合以长梁、涧地、残塬、沟壑为主，东部以短梁、圆峁、河川及破碎沟壑为主；现代地貌的作用过程以流水侵蚀为主，潜蚀、溶蚀、重力侵蚀为辅，由西向东逐渐加强。

5. 产业经济的过渡性

在干旱半干旱地区，干旱缺水是限制旱作农业产量，促使农牧过渡的主导因子。陕北农牧交错带是我国东南季风农业区与西北干旱牧业区之间交错过渡区域的重要组成部分。东南部随着东南季风的增强，降水量增多，气候变湿，农业自然条件较为优越；西北部则因东南季风明显减弱，降水量随之迅速减少，气候变干，虽具有丰富的光能资源，却因干旱气候限制了种植业，使得依赖于自然降水的旱作农业和林业变得极不稳定，代替出现的是干旱牧业和灌溉农业。

农牧交错带是农业和牧业两个产业发生转换的空间。气候从东南部暖温带半湿润大陆性季风气候向西北逐渐过渡到中温带半干旱大陆性气候，多年平均降水量由多到少，多年平均蒸发能力由小到大，多年平均气温由高到低，无霜期由长至短，日照时数由少到多，农作物由一年两熟-两年三熟向一年一熟过渡，并逐渐由农业区过渡到牧业区。此外，陕北农牧交错带也是集煤、油、气、盐四大类资源于一地的重要能源矿产资源富集区。

6. 植被与土壤的过渡性

受地貌、降水和气温变化的影响，研究区土壤与植被由东南向西北呈现规律性的过渡特征，植物群落优势种由半旱生植物逐渐过渡到西北部的沙生植物。从植被类型上由森林草原—干草原—荒漠草原实现了过渡，长城以南温带落叶阔叶林向干草原过渡，在水热条件好的地段可以看到残存有针叶林、落叶阔叶灌丛，如黄蔷薇、沙棘、柠条、北京丁香、胡枝子和虎榛子等；而在长城以北黄土丘陵的梁顶多为长芒草、百里香、冷篙等，阴坡、半阴坡为铁杆篙，阳坡、半阳坡为长芒草、白羊草、甘草等，以北为典型干草原地带，以西为盐碱荒漠化草原。

土壤的形成与植被、气候密切相关，气候和植被的过渡性必然形成土壤的过渡性。带内土壤类型由东南部的褐土、黄绵土向西北逐渐过渡成栗钙土与风沙土。

1.4.2　水土资源紧缺特性

1. 水资源的紧缺性

由于气候因素及地形地貌条件限制，陕北农牧交错带地表水系不发达，属于资源型缺水地区。本区域位于黄土高原北部，由于海拔高，水资源封闭运行，区域水资源很难得到客水补给，同时也存在由于开发难度大及水利工程建设滞后造成的工程型缺水。水资源的缺乏严重制约了当地社会经济的发展。陕北农牧交错带所在的黄土高原地处干旱半干旱地区，降水量少且季节分配极不均匀。暴雨降水强度大，不但降低了水分利用率，还造成强烈侵蚀。陕北农牧交错带是我国水土流失和土地荒漠化较为严重的区域之一，同时也是陕西省乃至全国能源重点开发和建设的区域。水资源的开发利用，直接影响着区域社会经济的可持续发展和生态环境的良性循环。

2. 土地资源的紧缺性

陕北农牧交错带地处陕、蒙、晋、甘、宁接壤区腹地，光照充分、雨热同季、昼夜温差大、农业气候条件适宜，是传统的农牧区。

交错带的土地资源从数量上来说并不十分紧缺，人均耕地面积 4.80 亩，高于榆林市人均耕地面积的 4.30 亩，远高于全省人均耕地面积的 1.65 亩。但由于当地风沙土土壤质地较差，且多年来农业基础条件差，设施配套水平低，土地综合利用水平低，缺乏科学合理的经营管理制度，加上干旱及水资源供给严重不足，大量的农业用地闲置撂荒。2009 年第二次土地全面调查数据汇总结果显示，陕北农牧业交错带所在的榆林市共有未利用沙荒地约 530 万亩，占未利用地总面积的 91.65%，造成土地资源极大浪费和紧缺的现状。而且，长期粗放的用水方式，使水资源开发利用过度，区域性地下水位下降、内陆湖泊干涸，进而引起土壤干旱、植被枯死、土地退化甚至于沙漠化等许多生态环境问题，直接威胁着当地耕地安全、生态安全与经济的可持续发展。

1.4.3　生态环境脆弱特性

所谓生态环境脆弱性是指生态系统的稳定性差，生物组成和生产力波动大，对人类活动及突发性灾害反应敏感，易于向不利于人类利用方向演替[58]。过渡带生态系统的自然环境过渡性与其脆弱性密切相关，陕北农牧交错带分布于湿润地带与干旱半干旱地带之间，不仅有资源和环境上的过渡性特征，而且因过渡性表现出环境上的脆弱性和敏感性特征。环境要素一旦出现变化，就会引起连锁反应，系统的稳定态就不可能维持，生产能力下降，影响环境和经济的协调发展。具体表现为每当出现环境波动时，气温、降水等要素的改变首先发生在自然带的边缘，这些要素会引起植被、土壤等发生相应变化，进而推动整个地区从一种自然带属性向另一种自然带属性转变[69]。

陕北农牧交错带生态环境脆弱性主要表现在资源、经济和社会条件三个方面。

1. 资源条件的脆弱性

陕北农牧交错带是我国东部季风气候与西北干旱半干旱气候的过渡地带，是暖温带与中温带气候的过渡带，也是半干旱与半湿润气候的过渡地带，这些气候上的过渡性特征决定了水资源与土地资源的过渡性及脆弱性。

（1）水资源条件。气候的长期变化、季风年际以及年内的周期性变化，使降水存在着年内周期性的交替和年际间的规律性与突变性变化，这种降水量的周期性及非周期性变化，直接影响着径流，即地表水资源的周期性、趋势性和突变性等特点。陕北农牧交错带年降水量为 250～500mm，而且降水变率大，年内分配极其不均匀。地面组成物质大部分以植被盖度低的疏松沙物质为主，一般厚度为 80～170m，较薄的也有 5～25m。特别是大风季节一般与干旱季节相吻合（春季），多年平均 7～8 级大风日数 3～80d，为土地退化及生态失衡的发生提供了强大的外动力[9]。气候因子的时空异质性与多变性在本区域表现为降水分配不均、多暴雨，易发生干旱及风蚀。

（2）土地资源条件。降雨、蒸发和风等气候要素，以及全球大气环流作用形成的西风带构成了研究区内土地荒漠化过程的外营力；气候要素年际间变化形成的干湿更替以及风力强弱变化造成区域水土流失强烈；干旱缺水、风沙危害等恶劣的自然资源特征和自然条件，在区域分布上风与流水共同作用、相互促进，从而产生错综复杂的荒漠化过程，并通过其变化动态地控制着脆弱的形势和强度，形成土壤水分与养分的流失、土壤基质的不稳定性与贫瘠性。陕北农牧交错带地貌主要表现出地表组成物质由黄土向风沙土过渡，地貌类型由黄土丘陵沟壑向风沙地貌过渡。由于水热条件的影响，在温带草原景观的背景下，植被呈现出自东向西从草原化森林草原向典型干草原，再向荒漠化草原地带过渡；土质表现为结构疏松，易遭受风蚀和水蚀破坏，生产力水平低。

（3）植被土壤条件。植被的非均质性与波动性明显，表现为植被类型单一，景观单调；植被易受外界因子的干扰，波动性较大。根据侵蚀残存的地带性土壤的分布和成土条件分析，过渡地带土壤与植被地带性相对应，草原土壤地带以定边县安边镇为界分西部荒漠草原条件下淡灰钙土、东部干草原条件下淡粟钙土（草原化森林草原土壤为草原沙黑沪土）。区域土壤分布中，岩成土分布主要受地貌制约，受成土母质的差异影响，在草原土壤地带出现风沙土，高处有黄绵土，过渡地带东北的风沙黄土梁地，黄绵土与风沙土相间分布；受河流影响河川地土壤分布规律为从河床到高川地依次分布河川沼泽土、较少草甸沼泽土～湿潮土～盐化潮土河流中段分布水稻土、局部地段出现盐土～潮土～耕灌（耕种）风沙土～半固定（流动）风沙土～新积土～黄绵土，沙化明显，质地较轻；过渡地带西南段从白于山沙黄绵土向滩地新积土过渡，东西方向沙化淤土与低梁地流动（半固定）风沙土相间分布。

脆弱性是荒漠化的内因，而荒漠化又加强了生态系统的脆弱性。地质历史时期的构造运动为陕北农牧交错带土地沙化与荒漠化奠定了特殊的地貌格局和脆弱的地表物质基础，受东亚季风影响的气候条件是本区土地荒漠化（以沙化为主）的自然驱动力。现代荒漠化过程中外营力的过渡性特征表现为风水相互交错、相互渗透和共同作用，陕北农牧交错带构成了生态环境先天脆弱性的基础，致使该地区成为全国重要的区域生态脆弱带的重要组成部分。

自然要素的脆弱性决定了陕北农牧交错带对外界环境扰动的敏感性强、承载能力小，因此在人类活动破坏植被、土地开垦或过度放牧造成地表疏松及表层结皮破碎等情况下，风力作用既使沙尘物质吹扬和搬运发生风沙活动，又使有机物及营养元素丧失，造成土地生产潜力下降、大面积的土地退化，进而成为生态平衡失调的一个关键点。

2. 经济条件的脆弱性

经济基础的薄弱性和社会经济结构的不协调性表现为工、农、牧业基础落后，产业结构与资源环境承载力不相适应。文化相对落后、教育水平较低等都是该地区社会经济发展的阻力。经济落后是土地荒漠化的强大驱动力，贫困使农民很少有能力对土地进行有效的投入，只能沿用传统的粗放式经营方式；较低的财力使地方政府无法大规模地实施生态环境改善工程。农业基础设施落后，降低了对自然灾害的防御能力，更迫使人们对土地资源掠夺式开发和不合理利用，滥垦、过牧、伐薪、采药等都是导致土地退化的经济行为。

环境的脆弱性、不合理的经营活动以及土地沙漠化共同作用使广大沙地地区逐步陷入“贫困及人口增加→过度开发→土地沙化→生产力低下→经济贫困”的恶性循环，即生态系统正反馈作用中。受长期形成的农业文化影响以及“重生产、轻生态”的实践观影响，区域内生产方式粗放，人口的增长、人类活动加剧（如西部开发和陕北能源重化工基地的建设）及气候变化等多种条件的变化，使农牧交错带生态系统的退化现象更加严重。其中，最为明显的特征就是土壤肥力下降及其直接导致的植被退化与土壤侵蚀加剧，反过来又加剧了土壤肥力下降，使荒漠化的形势更为严峻，由此形成了生态环境的恶性循环。人为沙漠化过程较自然沙漠化过程快 3 倍左右。在人类经济活动中，过度放牧是草地退化的最重要原因，此外，樵采、挖药、滥猎、鼠害等也加速了草地退化。

3. 社会条件的脆弱性

脆弱的社会因素是土地荒漠化的潜在驱动力，自 10 世纪以来，陕北农牧交错带经历的人口负担沉重、战乱频繁等问题，都加剧了生态环境恶化和土地荒漠化的发展。

交错带内历史上草原辽阔，具有发展牧业的优越条件，理应发展牧业或农牧结合，但历史原因以及农民为了生存进行毁林开荒、开垦草地，使土地荒漠化的发生成为必然。历史上因宋朝与西夏常年在此处用兵，人马的践踏和过度放牧，大规模破坏了植被和草场，恶化了环境，助长了荒漠化的形成。明代以后战乱更为频繁，农业未能稳定经营下去，长城沿线出现大片撂荒农田。由于缺乏长时间植被恢复的稳定期限，沙质地表在风力作用下发展成为了荒漠化土地。

同时，深受汉民族农耕文化和经济方式的长期影响，农牧交错带的农耕方式偏向广种薄收、粗放经营。特别是随着近代人口激增，滥垦、滥牧、滥伐成为主要的资源利用方式，造成水土流失和土地荒漠化、生态系统退化、生产水平低下及当地农民生活贫困，如今已是荒漠化威胁最严重地区。当地人民一直在努力寻求既能提高农业生产力、保障粮食供需基本平衡，又能实现生态环境安全、实施可持续发展的可行途径。但是，该地区生态、经济、社会效益总体上并未得到根本改善。人口增长速度过快，沉重的人口负担加大了环境和土地的压力，为了生产更多的粮食，农民把目光投向草原、荒山，不得不毁林开荒。同时，粗放式的农业经营和保守的农业产业发展等都限制了对自然资源的合理开发利用。

综上所述，陕北农牧交错带土地荒漠化是脆弱的自然、经济和社会条件综合作用的结果，脆弱的自然条件为土地荒漠化奠定了物质基础，不合理的人类经济活动是荒漠化的直接推动力，不利的社会因素加快了荒漠化的进程。

1.4.4　研究意义

陕北农牧交错带的交错过渡性、水土资源紧缺性和生态环境脆弱性三个特征表明陕北农牧交错带是典型的资源短缺与生态脆弱的耦合区域，该区域在地貌、气候、植被、景观格局以及经济活动上具有明显的地带过渡性。陕北农牧交错带是陕西省遏制土地沙漠化东移和南下的最后一道生态屏障，起着防风固沙的作用，又是西部牧区经济发展的后盾，补充了冬春饲草料的不足，减少了雪灾旱灾的损失，减缓了西部牧区过载过牧对草地造成退化沙化的压力[70]。从经济上讲，农牧交错带作为西部牧区的家畜育肥带和畜产品集散基地，可以通过建设高效的人工草场和发展规模化设施养殖，向东部农区和大城市地区稳定输送畜牧产品。

陕北农牧交错带的多种过渡性相叠加的特征，决定该区生态环境的多样性、复杂性和脆弱性，生态问题历来比较突出，干旱、风沙、水土流失等脆弱的生态环境条件已成为制约区域可持续发展的瓶颈，甚至对整个黄土高原乃至黄河中下游地区的发展都产生了影响。任何不合理的资源开发，均会严重破坏植被和草原，进而引发更加强烈的风蚀沙化，直接影响着区域社会经济的可持续发展和生态环境的良性循环。陕北农牧交错带资源开发及发展农业的生态风险性极大，但迫于人口增长和农村经济的压力，为维持耕地保护的需要和经济发展的需要，加上近多年来煤炭资源开发和大规模工矿建设，需要协调平衡好资源开发与环境保护间的关系，将区域生态环境的保护与治理作为首要目标，进而研究如何协调区内资源开发与生态保护间的关系对于实现地区农业经济的可持续发展具有决定意义。

1.5　小　　结

为确定陕北农牧交错带的概念与界线范围，本章首先对前人研究成果进行总结，对陕北农牧交错带所属的北方农牧交错带的概念与范围进行了梳理，通过以统计调查为手段的定性表达、基于农业气候指标的定量表达、基于生态与地理等视角的定量表达、基于土地利用与空间分析的定量表达和基于界线变动性的界线表达五个方面完整地综述了北方农牧交错带的范围与界线，为陕北农牧交错带这一概念的提出与本书研究界线的确定提供了基础。

2000 年以来，关于陕北农牧交错带研究积累了很多成果，总体来讲陕北农牧交错带的研究范围可分为包括榆阳区、神木市、府谷县、横山区、定边县、靖边县、佳县 7 县（市、区）和包括榆阳区、神木市、府谷县、横山区、定边县、靖边县 6 县（市、区）两种类型。2015 年佳县范围内已少有成片未利用沙地，本书以沙地的适度农业开发为主要手段，因此在研究中以榆阳区、神木市、府谷县、横山区、定边县、靖边县 6 县（市、区）作为陕北农牧交错带的研究范围，地理坐标为北纬 36°57′～39°34′，东经 107°28′～111°15′，总土地面积 33992km^2。

本章对陕北农牧交错带自然概况和社会经济状况进行了简要介绍，分析了区域的荒漠化、土地利用及耕地补充的迫切需求，同时从交错过渡性、水土资源紧缺性以及生态环境脆弱性三个方面阐述了陕北农牧交错带在陕西省经济发展和环境保护中的重要地位，其作为北方农牧交错带的重要组成部分，在全国生态环境保护中也具有重要意义。

参 考 文 献

[1] MALYSHEV L, NIMIS P L. Climatic dependence of the ecotone between alpine and forest orobiomes in southern Siberia[J]. Flora, 1997, 192(2): 109-120.

[2] DUGGIN J A, GENTLE C B. Experimental evidence on the importance of disturbance intensity for invasion of Lantana camara L. in dry rainforest–open forest ecotones in north-eastern NSW, Australia[J]. Forest Ecology and Management, 1998, 109(1-3): 279-292.

[3] CAMARERO J J, GUTIÉRREZ E, FORTIN M J. Spatial pattern of subalpine forest-alpine grassland ecotones in the Spanish Central Pyrenees[J]. Forest Ecology and Management, 2000, 134(1): 1-16.

[4] ICSU. The Global Biogeochemical Sulphur Cycle[C]. Paris: SCOPE, 1987.

[5] 史文娇, 刘奕婷, 石晓丽. 气候变化对北方农牧交错带界线变迁影响的定量探测方法研究[J]. 地理学报, 2017, 72(3): 407-419.

[6] 吴贵蜀. 农牧交错带的研究现状及进展[J]. 四川师范大学学报(自然科学版), 2003, 26(1): 108-110.

[7] 赵松乔. 察北、察盟及锡盟——一个农牧过渡地区的经济地理调查[J]. 地理学报, 1953, (1): 43-60.

[8] 周立三. 甘青农牧交错地区农业区划初步研究[M]. 北京: 科学出版社, 1958.

[9] 王苹夫. 浅析农牧交错东部地区草原沙漠化及其整治——以科尔沁南部及毗邻地区为例[J]. 中国草原与牧草, 1984, (1): 3-7, 13.

[10] 王铮, 张丕远, 刘啸雷, 等. 中国生态环境过渡的一个重要地带[J]. 生态学报, 1995, 15(3): 319-326.

[11] 刘良梧, 周建民, 刘多森, 等. 农牧交错带不同利用方式下草原土壤的变化[J]. 土壤, 1998, 30(5): 225-229.

[12] 朱震达, 刘恕. 中国北方农牧交错沙漠化地区农业发展战略问题的研究(摘要)[J]. 中国沙漠, 1982, 2(4): 1-5.

[13] 朱震达, 刘恕, 杨有林. 试论中国北方农牧交错地区沙漠化土地整治的可能性和现实性[J]. 地理科学, 1984, (3): 3-12, 100-101.

[14] 陈一鹗. 从盐池县谈农牧交错地带草场资源的管护问题[J]. 干旱地区农业研究, 1985, (4): 64-70.

[15] 余优森. 甘肃省农牧过渡气候界线的探讨[J]. 干旱地区农业研究, 1987, (1): 11-20.

[16] 李世奎. 我国北部农牧过渡带沙漠化发生的气候原因及其防治对策[J]. 农业现代化研究, 1987, 8(1): 24-26.

[17] 侯乐锋. 中国北部半干旱地区农牧气候界线及其动态变化研究[D]. 北京: 北京师范大学, 1991.

[18] 赵哈林, 赵学勇, 张铜会. 我国北方农牧交错带沙漠化的成因、过程和防治对策[J]. 中国沙漠, 2000, 20(S1): 23-29.

[19] 赵哈林, 赵学勇, 张铜会, 等. 北方农牧交错带的地理界定及其生态问题[J]. 地球科学进展, 2002, 17(5): 739-747.

[20] 何文清, 赵彩霞, 隋鹏, 等. 农牧交错带地区发展保护性耕作的意义与前景[J]. 干旱地区农业研究, 2006, 24(4): 119-122.

[21] 刘军会, 高吉喜. 北方农牧交错带界线变迁区的土地利用与景观格局变化[J]. 农业工程学报, 2008, 24(11): 76-82.

[22] 郑圆圆, 郭思彤, 苏筠. 我国北方农牧交错带的气候界线及其变迁[J]. 中国农业资源与区划, 2014, 35(3): 6-13.

[23] 王静爱, 徐霞, 刘培芳. 中国北方农牧交错带土地利用与人口负荷研究[J]. 资源科学, 1999, 21(5): 19-24.

[24] 史德宽. 农牧交错带在持续发展战略中的特殊地位[J]. 草地学报, 1999, 7(1): 17-21.

[25] 程序. 农牧交错带研究中的现代生态学前沿问题[J]. 资源科学, 1999, 21(5): 1-8.

[26] 周涌, 汪德水. 中国农牧交错带现状分析[J]. 农业科研经济管理, 1999, (1): 18-20.

[27] 高旺盛. 北方农牧交错带农业系统生产力研究方法分析[J]. 土壤与作物, 2002, 18(4): 279-282.

[28] 苏伟, 陈云浩, 武永峰, 等. 生态安全条件下的土地利用格局优化模拟研究——以中国北方农牧交错带为例[J]. 自然科学进展, 2006, 16(2): 207-214.
[29] 周道纬, 卢文喜, 夏丽华, 等. 北方农牧交错带东段草地退化与水土流失[J]. 资源科学, 1999, 21(5): 57-61.
[30] 侯琼, 张秀峰. 农牧交错区农业可持续发展与政策调整[J]. 中国农业资源与区划, 2005, (3): 56-59.
[31] 韩茂莉. 中国北方农牧交错带的形成与气候变迁[J]. 考古, 2005, (10): 57-67.
[32] 郭绍礼, 杨辅勋. 试论我国北方农牧交错带的生产建设方针[J]. 农业经济问题, 1980, (3): 40-41.
[33] 吴传钧. 中国土地利用[M]. 北京: 科学出版社, 1994.
[34] 苏志珠, 马义娟, 刘梅. 中国北方农牧交错带形成之探讨[J]. 山西大学学报(自然科学版), 2003, 26(3): 269-273.
[35] 刘军会, 高吉喜. 基于土地利用和气候变化的北方农牧交错带界线变迁[J]. 中国环境科学, 2008, 28(3): 203-209.
[36] 郝强, 乌兰图雅. 北方农牧交错带变迁与范围判定研究[J]. 长江大学学报(社会科学版), 2014, (4): 66-69.
[37] 刘纪远, 张增祥, 庄大方, 等. 20 世纪 90 年代中国土地利用变化时空特征及其成因分析[J]. 地理研究, 2003, 22(1): 1-12.
[38] 邹亚荣, 张增祥, 周全斌, 等. 中国农牧交错区土地利用变化空间格局与驱动力分析[J]. 自然资源学报, 2003, 18(2): 222-227.
[39] 陈全功, 张剑, 杨丽娜. 基于 GIS 的中国农牧交错带的计算和模拟[J]. 兰州大学学报(自科版), 2007, 43(5): 24-28.
[40] 陈全功. “南北分界”与“农牧交错”一席谈[J]. 科学中国人, 2010, 27(7): 6-12.
[41] 史培军. 中国北方农牧交错地带的降水变化与“波动农牧业”[J]. 干旱区资源与环境, 1989, (3): 3-9.
[42] 李华章. 中国北方农牧交错带全新世环境演变的若干特征[J]. 北京师范大学学报(自然科学版), 1991, (1): 103-110.
[43] 陈友民, 王勤学. 黄土高原农牧交错带降水量的波动, 预测及应有的对策[J]. 鲁东大学学报(自然科学版), 1992, (Z1): 74-80.
[44] 张兰生, 方修琦, 任国玉, 等. 我国北方农牧交错带的环境演变[J]. 地学前缘, 1997, (1): 127-136.
[45] 裘国旺, 赵艳霞, 王石立. 气候变化对我国北方农牧交错带及其气候生产力的影响[J]. 干旱区研究, 2001, 18(1): 23-28.
[46] 李栋梁, 吕兰芝. 中国农牧交错带的气候特征与演变[J]. 中国沙漠, 2002, 22(5): 483-488.
[47] 李秋月, 潘学标. 气候变化对我国北方农牧交错带空间位移的影响[J]. 干旱区资源与环境, 2012, 26(10): 1-6.
[48] 常庆瑞, 安韶山, 刘京, 等. 陕北农牧交错带土地荒漠化本质特性研究[J]. 土壤学报, 2003, 40(4): 518-523.
[49] 孟庆香, 常庆瑞, 张俊华, 等. 陕北农牧交错带土地承载力及提高途径探讨[J]. 干旱地区农业研究, 2003, 21(1): 108-111.
[50] 张俊华, 孟庆香, 马向峰, 等. 陕北农牧交错带土地生产潜力研究[J]. 西北农林科技大学学报(社会科学版), 2003, 3(4): 121-126.
[51] 焦彩霞, 黄家柱. 陕北农牧交错带土地利用动态变化研究[J]. 干旱区地理, 2006, 29(3): 393-397.
[52] 侯刚, 杨改河, 罗诗峰. 陕北农牧交错区水资源开发利用现状评价与对策研究[J]. 西北农林科技大学学报(自然科学版), 2006, 34(8): 62-66.
[53] 文琦. 陕北农牧交错区生态环境影响因素评价[J]. 干旱地区农业研究, 2009, 27(1): 206-211.
[54] 丁金梅, 文琦. 陕北农牧交错区生态环境与经济协调发展评价[J]. 干旱区地理, 2010, 33(1): 136-143.
[55] 胡兵辉, 刘沛松, 李艳梅, 等. 陕北农牧交错带草地畜牧业系统气候功能定量及评价[J]. 平顶山学院学报, 2012, 27(2): 77-81.
[56] 孟庆香, 常庆瑞, 李云平, 等. 陕北农牧交错带耕地变化及驱动因子分析[J]. 西北农林科技大学学报(自然科学版), 2003, 31(3): 131-135.
[57] 孟庆香, 刘国彬, 常庆瑞, 等. 陕北黄土高原农牧交错带土地生产潜力及人口承载力[J]. 西北农林科技大学学报(自然科学版), 2006, 34(12): 135-141.
[58] 常庆瑞, 贾科利, 刘京, 等. 陕北农牧交错带土地荒漠化动态变化研究[J]. 西北农林科技大学学报(自然科学版), 2005, 33(2): 74-78.

[59] 杨云贵, 常庆瑞, 陈涛, 等. 陕北农牧交错带土地资源质量评价[J]. 干旱地区农业研究, 2006, 24(3): 121-125.

[60] 齐雁冰, 常庆瑞, 刘梦云, 等. 陕北农牧交错带 50 年来土地沙漠化的自然和人为成因定量分析[J]. 中国水土保持科学, 2011, 09(5): 104-109.

[61] 高会军, 姜琦刚, 霍晓斌. 陕北长城沿线沙质荒漠化遥感研究[J]. 自然资源学报, 2005, 20(3): 471-475.

[62] 高亚军. 陕北农牧交错带土地荒漠化演化机制及土壤质量评价研究[D]. 杨凌: 西北农林科技大学, 2003.

[63] 薛娴, 王涛, 吴薇, 等. 中国北方农牧交错区沙漠化发展过程及其成因分析[J]. 中国沙漠, 2005, 25(3): 320-328. .

[64] 姜琦刚, 高会军. 近 30 年来北方农牧交错带沙质荒漠化动态变化[J]. 世界地质, 2005, 24(4): 373-377.

[65] 刘越峰. 基于 3S 的陕北长城沿线地区土地沙漠化研究[D]. 银川: 宁夏大学, 2012.

[66] 王涛, 杨梅焕, 徐澜. 陕西榆林地区植被退化与沙漠化趋势分析[J]. 西北师范大学学报(自然科学版), 2017, 53(2): 104-111.

[67] 李雪. 陕西省耕地资源安全预警研究[D]. 西安: 西北大学, 2013.

[68] 张茂省, 党学亚. 干旱半干旱地区水资源及其环境问题: 陕北榆林能源化工基地例析[M]. 北京: 科学出版社, 2014.

[69] 屈佳. 陕北农牧交错带荒漠化动态变化研究[D]. 杨凌: 西北农林科技大学, 2010.

[70] 郭丽英. 陕北农牧交错区土地利用景观动态与优化途径研究[D]. 西安: 陕西师范大学, 2008.

第 2 章　沙地生态治理与开发利用研究

2.1　我国沙地生态治理与开发利用研究进展

2.1.1　沙地生态治理研究进展

1. 沙地生态治理思路

我国对沙漠的治理起步较早，从 20 世纪 40 年代起已经开始。1950 年，国务院成立治沙领导小组，同年在陕西省榆林市成立陕北防沙林场，直属西北林业局，并在河北、豫东、东北西部、西北等地着手建设大型防护林[1]。

早期的沙地研究主要限于沙漠化的治理及生态环境的保护。朱震达等[2]分析农牧交错带沙漠化土地的类型及发展程度，提出天然封育及营造防护林，建立牧林农有机结合的土地利用结构。马玉霞[3]、廖允成等[4]分析了我国北方农牧交错带土地沙漠化的成因，提出了沙地植被恢复与固沙技术、农牧业集约化技术和区域农业优势资源开发与沙产业技术等防治沙漠化的技术体系。白巴特尔等[5]以防风固沙为目的，提出沙区土壤改良技术、灌草新品种及其植造新技术、节水灌溉技术、防风林网建设、防风固沙技术的复合与优化等可能的防风固沙治理应用技术；牛兰兰等[6]分析了毛乌素沙地生态修复中存在的问题，提出了理论对策建议；刘建秋[7]在调查分析沙化土地现状及危害的基础上，针对毛乌素沙地提出了一些重点的治理对策。

早期沙地治理通常以追求生态效应为目标，难以兼顾经济效益，民众参与的积极性不高，生态治理难以大规模地持续发展是本阶段存在的主要问题。蒋志军等[8]根据嫩江沙地风沙危害现状及治理经验，提出四种生态经济型治理模式进行推广应用，并阐明了四种治理模式的树种选择、整地方式、栽培技术等一系列技术措施。郑兴伟等[9]建立了嫩江沙地生态经济型沙地治理模式，并通过林农间种、以耕带抚育措施促进林木生长，取得了较好的经济效益和生态效益。于海伟等[10]通过采用封沙与人工造林相结合的方式建立了乔灌草、造封管结合的生态经济型防护林体系。王启龙[11]选取地理位置、气候、水文等条件具有代表性的榆林市小纪汗乡大纪汗村区域作为工程示范项目点，在基于砒砂岩和沙复配成土技术基础上，综合运用工程和耕作管理措施，形成一套兼顾生态和经济效益的开发性治理新模式。

2. 治沙手段研究

陕北农牧交错带土地荒漠化生态环境的恢复，实际上是沙地生态系统的恢复或重新组建。土地的沙化、退化和盐渍化是人类破坏了植被、生态平衡所造成的结果。因此，治沙手段主要从生物群落和生境改造两大方面来考虑。依据国内外多年的治沙实践，总结前人经验，目前常用的是以生物措施为主，生物措施与工程措施相结合的系列治沙办法。

1）植物治沙

植物治沙主要是人工造林种草，封沙育林育草。在总的布局上，建设大型阻沙林带，实行带、片、网结合，形成对沙漠夹攻之势。对不同类型的沙丘采取多种固定沙丘的造林方法。20 世纪 70 年代中期以前营造乔木防风固沙林，之后营造灌木防风固沙林，创造了许多沙障固沙技术[12]。田秀英等[13]提到生物措施与工程措施相结合才能治本，白刺、沙冬青、沙竹等沙生植物是治沙固沙的主力军。2000 年以来，在实施了一系列防护工程后，沙区植被得到大面积恢复。其中，“三北”防护林体系建设四期工程覆盖 590 多个县（市、区、旗），其中沙化危害严重县多达 240 个，主要对沙化最为严重的半干旱农牧交错区、绿洲外围、水库周围和毛乌素、科尔沁和呼伦贝尔三大沙地沙化土地进行了治理[14-16]。

2）水力治沙

水力治沙主要是引水拉沙、引洪漫地、引水灌沙和扩大水面。在实践中，根据沙丘形状、大小和水位高低等条件，采取多种办法，用水流的自然冲力拉平沙丘，然后经过人工或机械平整，按照先绿化、种草，然后再种庄稼，变沙漠为良田和绿洲。在水位较低和水源不足的地方，打机井或人工蓄水，发展水利，保护农田和牧场，防止沙漠化、盐渍化和牧场退化。在与沙漠几十年的“斗争”中，20 世纪 70 年代中期陕西省靖边县杨桥畔大队摸索出了一套比较完整的引水拉沙、淤地造田的经验[17]。焦居仁[18]在水土保持综合治理有关研究中指出“防沙治沙成功的关键是水”，而水利治沙造田是水土保持综合防治的一项创举。

3）飞播固沙

飞播固沙是一种投资少、见效快、速度规模相当可观的现代化治沙手段。目前为止，飞播成功面积已超过 8.7 万 hm^2，对治沙起到推动作用。李滨生[19]分析了榆林市适宜飞播的植物物种、播量播期、种子处理技术等对固沙效果的影响并提出建议。张广军[20]在群体结构与飞播固沙成效研究中指出，适宜的苗木密度及混交组合对减轻风蚀危害、提高苗木保存率起到一定作用。刘玉平[21]在毛乌素沙地的飞播固沙成效研究中发现，飞播 12～25 年植被覆盖度从 2%～3%提高到 30.3%～47.4%，沙地土壤颗粒变细，流动沙丘变成固定沙丘，固沙效果显著。乔艳荣等[22]提到在飞播治沙过程中，要加强科技推广，并列举了 6 项飞播造林技术，提出了未来发展思路。

4）突出重点，综合治理

陕北农牧交错带沙漠化土地分布广，而且水土流失十分严重，因此根据沙化土地逆转及生态环境情况，采取生物措施和工程措施相结合的办法，以治理土地沙化和水土流失为重点，把种草种树与科学管理结合起来，使沙化土地及水土流失得到治理，破坏的环境得到恢复，逐步建立起以农、林、草、粮、果、畜、禽、药材为主要内容的治理系统是一种重要的手段。杨文斌等[23]研究北方地区农牧复合轮作系统治沙模式的原理和效益，提出固沙造林必须遵守的原则。顾新庆[24]整理了防沙治沙综合技术措施的主要情况和实施过程。金旻等[25]在对浑善达克沙地防沙治沙中通过各种技术相结合，形成了农牧交错带具有特色的沙地治理和生态农牧业可持续发展模式，取得了显著的生态、社会和经济效益。

2.1.2 沙地农业利用研究进展

1. 注重经济、社会、生态效益的综合模式阶段

经过不懈的努力，防沙治沙取得了成果，局部出现沙漠化逆转。新方法、新技术、新模式的不断出现，将沙地治理拓展到更广阔的范围，对沙区资源的开发利用已扩大到多个领域，如在沙地建立樟子松用材林基地[26]、在新疆沙漠中开发利用红柳大芸[27]、沙漠瑰宝梭梭的开发利用[28]、沙柳资源的开发利用[29]、泥炭资源的开发利用[30]、沙区石油及天然气的开采[31]等都初具规模，并显示出良好的前景。

但由于治理的同时，破坏也十分严重，土地沙化“局部好转，整体扩大”的趋势仍未改变。而单纯的以治沙为目的，不兼顾沙地固定后的开发利用的治沙工作，治理后的沙地利用价值不高，很难吸引社会资金投入到沙地治理工作中来，从而限制了治沙工作的推广应用[32]。20 世纪 80 年代以来，我国对沙地的研究逐渐开始走向综合化和多样化，目的是寻求一种既能达到治沙目的，又能取得一定经济效益的治沙新模式，以期能够在社会、生态、经济效益方面都取得良好成绩。

早在 1994 年，杨泰运等[33]在分析沙漠化土地整治主要技术的基础上，提出沙漠化整治的本身是一个沙漠化土地利用的过程，切忌单纯为整治而整治，整治的本身应该既有生态效益又有经济效益。李取生等[34]认为沙地合理开发的关键是采用沙地生态工程技术、沙地农业工程技术和沙地水利工程技术相结合。肖洪浪等[35]将我国沙地开发的关键技术和成功模式进行总结，分别对 5 种不同区域类型、不同发展行业的代表性沙地开发模式进行分析，认为沙地农业在 21 世纪的粮食供应中发挥重要作用。赵廷宁等[36]总结国内防沙治沙的主要模式，并分析各个模式的特点，对主要模式进行分类，指出该种模式的适宜区域。肖生春等[37]

采用多层次模糊综合评判法，以经济和生态效益为决策目标，针对 5 种干旱区沙地资源农业利用模式进行优先排序。陈平平[38]通过总结浑善达克沙地的 3 种主要治理模式，认为应该把保护和合理有效利用水资源放在荒漠化防治突出的位置。薛娴等[39]通过对 1950～2000 年的气候变化和土地利用变化分析表明，降水的多变性是研究区土地沙漠化发生的自然背景，而土地利用方式的改变则是研究区沙漠化最主要的成因。郝慧梅等[40]指出气候干旱、水资源匮乏、抗干扰能力弱、易于发生风蚀、水蚀的背景是制约农牧交错带传统农业发展的瓶颈，提出了区域生态经济协调发展的"农牧企耦合发展模式"。黄永强[41]提出了一种"四位一体"、农林牧复合、生态畜牧业和立体种养等农业循环经济发展模式。胡兵辉等[42]在分析毛乌素沙地环境背景与系统结构缺陷和功能缺陷的基础上，构建了以防护型生态结构、节水型种植结构、稳定型畜牧结构和效益型农业产业结构为中心内容的沙地脆弱性农业生态系统优化模式体系。张宏霞等[43]以绿洲为基地，以绿洲农业开发为主要手段，以灌溉农业为基地，以带、片、网结合的防护林体系为屏障，以种植业和养殖业为主体的综合开发理念提出了实施农业综合开发的技术配套体系。李东方等[44]通过分析科尔沁沙地沙丘试验点和草甸试验点 0～200cm 土层年内各月的地温变化规律和冻结融解过程，以及 20cm 以内浅层土层地温昼夜动态变化等，探索了科尔沁沙地地温变化对农业生产和植被建设的影响。张晖等[45]测定了陕北沙地中土壤水分、温度及有机质、全氮、速效磷、速效钾和全盐含量等指标，分析了土壤肥力变化状况。马钢等[46]分析了毛乌素沙地神木市沙区农业生态系统非生物生态因子，发现水和土壤是该生态系统的主要限制因子，最后提出了农业生态系统水因子和土壤因子改善和改良措施。

2. 考虑水资源限制性的研究阶段

经过半个世纪的不懈努力，沙地治沙及农牧业发展已取得了一定成绩。然而，这些成绩在很大程度上是以大量开垦土地、过量使用地表及地下水资源等不合理开发行为为代价。在天然来水减少和大面积种植作物高耗水的情况下，必然导致农业用水量大大增加、水资源的供求矛盾更加突出、经济的可持续发展能力大大降低，使本就脆弱的干旱半干旱生态系统雪上加霜，甚至导致新一轮的土地荒漠化。因此，着眼于区域有限的水、土资源，探索对有限水资源的合理利用方式则十分必要。

当前对沙地节水方面的研究主要表现在施加人工保水剂[47]、聚丙烯酰胺（polyacrylamide，PAM）[48, 49]等化学材料，施加用泥炭、腐泥及其混合物等天然有机物料[50]以改善土壤结构，提高保水保肥能力；采用沙地衬膜方法加强土壤保水性[51]；将蓄水渗膜水袋用于作物根部[52]，使土壤较长时间保持高含水率，具有明显的节水效果及经济和社会效益。

蒙晓等[53]运用主成分分析法确定了陕北农牧交错带影响草地退化的主要因素，并以水分条件为基础，设计了区域生态系统的重建模式。董雯[54]在研究毛乌素沙地的开发现状后提出了治理毛乌素沙地的新思路，通过“覆土盖砂”的方法提高土壤的含水量和持水率，使其能够变为生态经济区或良田。张宝珠等[55]将呼伦贝尔沙地分为5大治理区14种类型，对6种优化治理模式的效果进行了分析。汪妮等[56]研究了毛乌素沙地的沙与砒砂岩的分布特点与特性后，提出将沙与砒砂岩以1∶2的比例混合成土壤，有效地提高了土壤的水分和肥力，并将该模式应用于榆阳区大纪汗村，极大地提高了节水效益和经济效益，成为一种有效可行的沙地农业治理新模式。大量的研究表明，通过沙地节水措施和有效的用水控制措施，沙区有限的水资源得到有效合理的利用，促进了当地的生态保护及水资源的可持续发展。雷楠[57]以生态脆弱的陕北榆林市神木市公草湾林场沙地农业利用中存在的水资源胁迫及土地资源的可持续性耕作问题为驱动，构建了有限的水资源约束下，沙地农业利用的适宜开发规模模型。杨晓玉等[58]研究腾格里沙漠沙坡头地区旱季沙层含水量、水分来源、水分存在形式、水分平衡等问题，为沙漠地区水分合理利用、沙漠化防治、沙地改良以及沙地农业生产提供了科学依据。

近些年来不断地研究与应用实践使陕北农牧交错带内农业经济得到大力发展，经济效益得到提高。然而，随着沙地治理规模及农牧业耕作面积的不断增加，尽管采取了多样化的节水措施，农业用水量仍然显著增长。可以预见，当用水量超过当地水资源的可持续供给能力时，会导致地表水资源枯竭，地下水水位大幅下降。沙地农业开发利用不能仅着眼于所产生的经济和生态效益，为了使沙地农业利用具有更长期的有效性和可持续性，在选择农业开发模式时必须具有全局性和前瞻性。当采用一定的方法与技术将沙地转化成为有一定生产条件的土地资源后，可通过适宜的节水灌溉制度、合理的耕作制度将用水量控制在尽可能小的开发范围之内。但是随着需求增长、农业开发规模的不断扩大，则需要通过先进的技术方法，定量地得到区域水资源承载力下的适宜农业开发规模，从而保证农业用水得到满足。

3. 水资源调控研究阶段

1）“以水定发展”思想

改革开放以来，我国经济从“一叶扁舟”迅速成长为“航空母舰”，经济快速发展的同时也带来了许多“成长的烦恼”。发达国家200多年工业化过程中分阶段出现的资源与环境问题，在我国现阶段集中显现出来，干旱缺水、洪涝灾害、水土流失和水污染等，成为长期困扰我国社会的水问题[52]。2013年我国长江以南大部地区出现了历史罕见的大面积严重干旱，极大影响了人民的生活。水问题已成为我国能否实现经济、社会可持续发展和经济发展方式转变的关键因素之一，甚至有媒体称“水资源短缺已经成为经济发展的第一瓶颈”。因此，如何改善当前我国紧张的水资源情势，采取有效的措施管理和控制水资源的使用，成为当前水资源问题的研究热点。

我国水资源的开发利用模式，经历了从“以需定供”到“以供定用”方式的转变。“以需定供”理论的基本认识是，水资源是“取之不尽、用之不竭”的，仅仅以经济效益为目标，以过去或者目前的国民经济结构和发展速度预测未来的经济规模，进而进行需水量的预测，并以此进行供水工程的规划。这种思想过分强调需水要求，没有将水资源作为一种稀缺资源，不能够体现出水资源的价值，达不到充分利用有限水资源的目的。而“以供定用”则是在流域或区域需水总量大于可供分配水量时，以可供分配水量作为实际分水总量，以水资源的可供给能力进行生产力的布局，“以水定发展”，强调资源的合理开发利用，以资源背景布置产业结构，有利于保护水资源。

1987 年 9 月 11 日，国务院办公厅转发了国家计划委员会和水利电力部《关于黄河可供水量分配方案报告的通知》[59]，这是我国首次由中央政府批准的黄河可供水量分配方案。“八七分水”方案以 1980 年实际用水量为基础，综合考虑了沿黄河各省（自治区）的灌溉规模、工业和城市用水增长，为敏感而棘手的黄河水权切了蛋糕。“八七分水”方案明确指出，该水量分配方案是在南水北调工程生效前对黄河可供水量的分配方案。它是早期“以供定用”控制用水的具体措施表现，也是“以水定发展”思想的体现。

“以水定产、以水定城、以水定地、以水定人”这一新时期的口号一方面说明了水资源对各行业发展的约束性；另一方面也传达了一种新型的用水观念：以水定规模，以水定发展。

以水定发展，就是要科学评估水资源存量和增量、水环境容量，划定水环境的生态红线，以此规划区域经济社会如何发展。节约资源和保护环境是我国的基本国策，节约优先是生态文明建设的首要方针。从宏观层面看，以水定发展是战略意义上的节水。中央明确提出，发展必须是遵循自然规律的可持续发展。水是人类生存和发展的基本要素，面对水资源短缺、水污染普遍存在和全球气候变暖导致旱涝异常的形势，未雨绸缪，以水定发展，是谋划未来的必修课。

2）最严格水资源管理制度的提出

在 2009 年全国水利工作会议上，回良玉副总理提出：从我国的基本水情出发，必须实行最严格的水资源管理制度，对水资源进行合理开发、综合治理、优化配置、全面节约、有效保护，建立健全流域与区域结合、城市与农村相统筹、开发利用与节约保护相协调的水资源综合管理体制[60]。随后水利部部长陈雷在 2009 年全国水资源管理工作会议上安排部署了实行最严格的水资源管理制度的工作。为推进最严格的水资源管理制度的实施，2011 年中央一号文件《中共中央、国务院关于加快水利改革发展的决定》明确提出要基本建立最严格水资源管理制度。最严格的水资源管理制度的主要目标是建立水资源管理“三条红线”：一是建立水资源开发利用控制红线，严格实行用水总量控制；二是建立用水效率控制红线，坚决遏制用水浪费；三是建立水功能区限制纳污红线，严格控制入河排污总量[61]。其中，第一条红线——“总量控制”红线就是“以水定发展”的体现。

2015 年 11 月 3 日发布的《中共中央关于制定国民经济和社会发展第十三个五年规划的建议》强调，“实行最严格的水资源管理制度，以水定产、以水定城，建设节水型社会”。这一文件释放出我国将更加突出水资源硬约束，推动人水和谐发展的信号。

3）水资源承载力分析

严格实行用水总量控制，即社会经济发展模式必须适应水资源承载能力。量水而行，以区域水资源承载力为基础，对社会经济发展的适宜规模进行考量，以水定规模、以水定发展，实现水资源的开发利用与经济发展的动态协调。

2001 年，水利部部长汪恕诚提出，水资源承载能力是当地水资源能够支撑国民经济发展（包括工业、农业、社会、人民生活等）的能力，是指在一定流域或区域内，自身的水资源能够支撑经济社会发展规模，并维系良好的生态系统的能力[62]。水资源承载力研究进展详见 5.2 节。

纵观国内的各种沙地农业开发模式，对于水资源承载力的定量研究和水资源与农业开发规模之间的响应关系的研究较少，对农业开发规模及产业结构对水资源影响的重视程度较弱，因此研究水资源对农业开发规模的支持力，农业开发面积对水资源的影响，提出以水资源支持能力为约束、实现沙地农业利用的合理规模的水资源调控模式，以有序的开发促进水资源的可持续利用是十分必要的。

2.2 砒砂岩及其生态治理研究进展

2.2.1 砒砂岩的类型与分布

1. 砒砂岩的类型

砒砂岩不是地质学名词，是一种沉积层的俗称[63]。由于形成条件、时间、风化程度的不同表现形式较为多样，理化性质也存在一定差异。砒砂岩自下而上有二叠系、三叠系、侏罗系和白垩系地层，各地层以砂岩和粉砂岩为主，其次为砾岩、泥岩及页岩。由于在沉积过程中受水位、温度、颗粒和胶结物成分等条件的影响，矿质成分表现出一定差别，从而使砒砂岩呈现出不同的颜色。不同类型砒砂岩的矿物成分不同、理化性质不同、参与成土时形成的土壤肥力水平也不同。

2. 砒砂岩的分布

砒砂岩分布区是指以砒砂岩为基底且大面积出露，其上有新近系红土、第四系黄土和风积沙片状覆盖或相间分布的区域。按照黄河水利委员会绥德水土保持科学试验站“晋陕蒙接壤区砒砂岩分布范围及类型区划分”得出的面积数据，王愿昌等[64]在以往研究成果基础上补充完善，突破了晋陕蒙接壤区这一范围，并以此为中心，囊括了内蒙古自治区的杭锦旗、清水河县的部分地区，得到砒砂岩区总面积为 1.67 万 km^2。大致分布于由杭锦旗、清水河县、神木市所围成的三角区域内。按照地表覆盖物的不同，以地面组成物质和土壤侵蚀为主导因子，砒砂岩又可分为裸露砒砂岩区、盖土砒砂岩区和盖沙砒砂岩区共三个类型区[64]。

（1）裸露区。裸露区总面积 4543.89km^2，主要分布于砒砂岩区西北部纳林川以西的鄂尔多斯市及“十大孔兑”的上游，占砒砂岩区总面积的 27.2%。

（2）盖土区。盖土砒砂岩区面积 8432.40km^2，占总面积的 50.6%，主要分布于砒砂岩区的东部和西南部，黄河右岸皇甫川、清水川、孤山川流域及窟野河神木市域附近。涉及内蒙古准格尔旗、伊金霍洛旗、清水河县，陕西神木市、府谷县，山西河曲县、保德县 7 县（市、旗），是砒砂岩分布面积最大的类型区。

（3）盖沙区。盖沙砒砂岩区面积 3709.18km^2，占总面积的 22.2%，分布在毛乌素沙地东北边缘与鄂尔多斯高原及黄土高原的过渡地带，窟野河王道恒塔水文站以上流域，涉及内蒙古伊金霍洛旗、东胜区、杭锦旗，陕西神木市、府谷县 5 县（市、区、旗）。

2.2.2　砒砂岩区水土流失现状

砒砂岩中长石、氧化钠、氧化钾、氧化钙、碳酸盐类矿物易于风化、抗侵蚀能力弱。其中大量存在的黏土矿物遇水后体积膨胀至干燥时的 150%，极易形成水土流失。

1. 砒砂岩区水土流失危害

砒砂岩的水土流失危害主要表现为破坏土地资源和降低土地生产力[64]。其中面蚀危害主要表现为土壤表层严重剥蚀、土壤养分和水分大量流失，致使土地生产力下降；沟蚀危害主要表现为沟底下切、沟岸扩张、蚕食土地，严重的水土流失会对砒砂岩区农牧业生产、生态平衡乃至国民经济建设带来严重后果，致使农田跑水、跑土、跑肥，导致土地生产力下降；风蚀危害则使可利用土地不断减少，农牧业连年遭灾减产，直接威胁人民群众的生命财产。

2. 水土流失面积与程度

砒砂岩地区水土流失面积 1.67 万 km^2，其中微度侵蚀面积 887.07km^2，占总面积的 5.4%；轻度侵蚀面积 3919.94km^2，占总面积的 23.5%；中度侵蚀面积 2289.65km^2，占总面积的 13.7%；强度侵蚀面积 6229.42km^2，占总面积的 37.3%；极强度侵蚀面积 3007.84km^2，占总面积的 18.0%；剧烈侵蚀面积 351.56km^2，占总面积的 2.1%，见表 2.1。

表 2.1　砒砂岩区水土流失面积与程度

侵蚀程度	侵蚀等级	侵蚀面积/km^2	侵蚀占比/%
轻微侵蚀	1	887.07	5.4
轻度侵蚀	2	3919.94	23.5
中度侵蚀	3	2289.65	13.7
强度侵蚀	4	6229.42	37.3
极强度侵蚀	5	3007.84	18.0
剧烈侵蚀	6	351.56	2.1
合计		16685.48	100.0

按照侵蚀类型分，水蚀面积 13919.50km^2，其中轻微侵蚀面积 698.05km^2，占水蚀总面积的 5.01%；轻度侵蚀面积 2493.75km^2，占水蚀总面积的 17.92%；中度侵蚀面积 1566.48km^2，占水蚀总面积的 11.25%；强度侵蚀面积 5917.95km^2，占水蚀总面积的 42.52%；极强度侵蚀面积 2907.91km^2，占水蚀总面积的 20.89%；剧烈侵蚀面积 335.36km^2，占水蚀总面积的 2.41%。

风蚀面积 2765.98km^2，其中轻微侵蚀面积 189.02km^2，占风蚀总面积的 6.83%；轻度侵蚀面积 1426.19km^2，占风蚀总面积的 51.56%；中度侵蚀面积 723.17km^2，占风蚀总面积的 26.15%；强度侵蚀面积 311.47km^2，占风蚀总面积的 11.26%；极强度侵蚀面积 99.93km^2，占风蚀总面积的 3.61%；剧烈侵蚀面积 16.20km^2，占风蚀总面积的 0.59%，见表 2.2。

表 2.2　砒砂岩区不同类型侵蚀面积与程度

侵蚀程度	侵蚀等级	水蚀		风蚀	
		侵蚀面积/km^2	侵蚀占比/%	侵蚀面积/km^2	侵蚀占比/%
轻微侵蚀	1	698.05	5.01	189.02	6.83
轻度侵蚀	2	2493.75	17.92	1426.19	51.56
中度侵蚀	3	1566.48	11.25	723.17	26.15
强度侵蚀	4	5917.95	42.52	311.47	11.26
极强度侵蚀	5	2907.91	20.89	99.93	3.61
剧烈侵蚀	6	335.36	2.41	16.20	0.59
合计		13919.50	100.00	2765.98	100.00

3. 陕北农牧交错带砒砂岩区水土流失面积与程度

陕北农牧交错带的砒砂岩主要分布在神木市和府谷县，神木市总侵蚀面积 7324.71km^2，其中轻微侵蚀面积 3452.86km^2，占风蚀总面积的 47.14%；轻度侵蚀面积 242.52km^2，占风蚀总面积的 3.31%；中度侵蚀面积 838.64km^2，占风蚀总面积的 11.45%；强度侵蚀面积 729.00km^2，占风蚀总面积的 9.95%；极强度侵蚀面积 884.51km^2，占风蚀总面积的 12.08%；剧烈侵蚀面积 1177.17km^2，占风蚀总面积的 16.07%。府谷县总侵蚀面积 3014.50km^2，其中轻微侵蚀面积 213.46km^2，占风蚀总面积的 7.08%；轻度侵蚀面积 22.87km^2，占风蚀总面积的 0.76%；中度侵蚀面积 124.84km^2，占风蚀总面积的 4.14%；强度侵蚀面积 66.14km^2，占风蚀总面积的 2.19%；极强度侵蚀面积 885.51km^2，占风蚀总面积的 29.38%；剧烈侵蚀面积 1701.67km^2，占风蚀总面积的 56.45%，见表 2.3。

表 2.3　陕北农牧交错带砒砂岩区水土流失面积分布与程度

侵蚀程度	侵蚀等级	神木市		府谷县	
		侵蚀面积/km^2	侵蚀占比/%	侵蚀面积/km^2	侵蚀占比/%
轻微侵蚀	1	3452.86	47.14	213.46	7.08
轻度侵蚀	2	242.52	3.31	22.87	0.76
中度侵蚀	3	838.64	11.45	124.84	4.14
强度侵蚀	4	729.00	9.95	66.14	2.19
极强度侵蚀	5	884.51	12.08	885.51	29.38
剧烈侵蚀	6	1177.17	16.07	1701.67	56.45
合计		7324.71	100.00	3014.50	100.00

2.2.3　砒砂岩区治理现状

1949 年以来，国家为了治理砒砂岩区开展了一系列科研和治理项目。20 世纪 60 年代，砒砂岩地区就开始用生物措施进行水土流失治理，但成效不大。1985 年水利部部长钱正英[65]提出“以开发沙棘资源为加速黄土高原治理的一个突破口”后，内蒙古自治区政府开始动员和组织当地农民种植沙棘，探索沙棘治理砒砂岩的新路子。1991 年全国沙棘协调办公室颁发《1991～1995 年沙棘开发利用发展规划》，要求加快砒砂岩地区的沙棘治理步伐。1998 年国务院在批准的《全国生态环境建设规划》中明确沙棘治理砒砂岩是减少黄河粗沙的重要措施[66]。吴永红等[67]通过“水保法”计算了沙棘林在砒砂岩区的减洪减沙效益。2013 年 3 月，黄河水利科学研究院与内蒙古准格尔旗水保局共建黄土高原水土流失过程与控制重点实验室科学实验基地[68]。肖培青等[69]建设砒砂岩抗蚀促生技术集成示范研究区，动态监测示范研究区抗蚀促生生态综合效益及其影响因素。张腾飞[70]基于砒砂岩与沙复配成土的技术基础，形成一套兼顾生态和经济效益的开发性治理新模式。

总体来说，砒砂岩地区水土流失治理措施分为生物措施、工程措施和耕作措施。在生物措施中，主要有防护林、防护埂、护崖林、沟底防冲林、经济林、防风固沙林带、护坡植物、封育措施、沙棘柔性坝等。工程措施主要包括坡面工程（坡改梯、水平沟、鱼鳞坑、沟边埂、截水沟等）、沟头防护工程、沟道工程（淤地坝、塘坝、谷坊、小型拦蓄工程、治沟骨干工程等）。

2.2.4　砒砂岩区土地利用

1. 砒砂岩区土地利用现状

陕北农牧交错带砒砂岩区主要包括神木市和府谷县。两县（市）总面积 106.75 万 hm^2，其中草地占 40.1%，林地占 32.7%，耕地占 17.7%，园地占 1.5%，村镇及交通占地 4.5%，水利及其他用地占 3.0%。由于砒砂岩在自然界以裸露、盖沙和盖土等形式存在，砒砂岩区耕地利用率不高。砒砂岩区土地养分含量低、发育程度差，属于农牧交错的生态脆弱区。目前砒砂岩区土地利用现状主要表现在开矿和粗放农业两个方面。

（1）砒砂岩区地形起伏，土壤的侵蚀类型分为水蚀、重力侵蚀、风蚀和复合侵蚀[71]。砒砂岩区多为矿藏区，对于矿产的过度开发，使得原本脆弱的生态环境更加恶劣，水土流失加重[72]，相关的研究多集中于土壤侵蚀、产流产沙的过程和原因分析[73]。

（2）砒砂岩区农牧业多为粗放经营的种植业，广种薄收，旱田居多，因暴雨集中，易导致强水土流失。然而通过适当的土地整治与开发，砒砂岩可转化为重要的耕地后备资源。利用砒砂岩与沙复配成土技术，实现砒砂岩与沙的资源化利用，改造成为可利用的、具有良好保水保肥性质的土地，为开发后备耕地资源提供了思路。

2. 砒砂岩区土地利用的方向

过去数年，沙地与砒砂岩整治利用在增加耕地面积、促进占补平衡、提高耕地产能方面起到了重要作用。但是，也面临着土地开发整理规划体系不完善；项目和资金管理工作不到位；开发难度越来越大；“重开发、轻利用、弱保护”的传统开发模式已经影响到生态脆弱区的生态环境保护和土地资源可持续利用等问题，需要深入研究并提出新的利用方向。

（1）发展地域优势农业。陕北农牧交错带是半湿润农区与干旱、半干旱牧区接壤的过渡地带。该区由于降雨少，土壤水分长期处于亏缺状态，只能满足抗旱牧草和抗旱灌木的生长，传统自给自足的小农经济下，农牧交错带是生态脆弱、广种薄收、经济贫困的传统问题区域。但农牧交错带独特的气候特征、资源禀赋和交错过渡优势，也为发展现代特色农业提供了重要条件。

（2）农地集约利用。人多水少、水资源时空分布不均在我国以及陕西省均具有典型性。受发展倾向和经济效益导向的影响，农业用水日益被其他高产出部门挤占，尤其是与城市区域和工业部门相比，农村地区和农业部门的缺水状况更加严重。水资源短缺对农业发展已经起到了明显的胁迫作用，因此必须深刻认识水资源禀赋特征，积极调整农业生产结构，力促农业的节水化、集约化发展，才能为区域农业发展争取到生机。

（3）占补平衡政策与土地综合整治。在快速工业化、城镇化进程中，建设用地需求不断增加，保增长与保耕地的压力急剧增大。因此，我国于 20 世纪 90 年代末期提出了耕地占补平衡政策，要求建设占用耕地与开发复垦耕地相平衡。占补平衡政策为陕北地区的土地综合整治与土地利用转型提供了坚实的政策基础，同时也为提升陕北农牧交错带的农地价值带来了新机遇、拓展了新空间。

2.3　砒砂岩与沙复配成土研究与实践

从 2010 年起，课题组与陕西省土地工程建设集团有限责任公司合作对砒砂岩与沙复配成土的理论基础、成土原理、成土过程模拟、成土机理分析以及应用实践与推广等方面做了大量的工作，前期部分成果（如成土技术和固沙作用）已由陕西省土地工程建设集团有限责任公司出版相关专著进行推广，本书主要针对研究与实践开展一定时间段以后，在农牧交错带所产生的后续影响展开。

为了对现存的问题及即将发生的潜在问题有较为明确的认识，本节对前期研究成果进行概括和总结，主要包括砒砂岩与沙理化性质互补性的发现、互补性的研究验证、砒砂岩与沙复配成土的机理以及复配成土的实践与推广。

2.3.1　砒砂岩与沙土复配成土思路的提出

研究区内存在大量未利用沙地，一定范围内分布着砒砂岩，详见图 2.1。参照韩霁昌[63]研究，砒砂岩与沙在物理性质、水分特性和矿物组成等方面存在着差异互补，为砒砂岩与水复配，创造性地促进自然成土过程，将沙地经由与砒砂岩复配形成可以供农业生产的土壤基质提供了思路。

为了充分明确砒砂岩的可耕性及养分特性，将其与黄土和沙土进行对比分析，主要的对比项为物理化学性质及养分特性等，详见表 2.4。

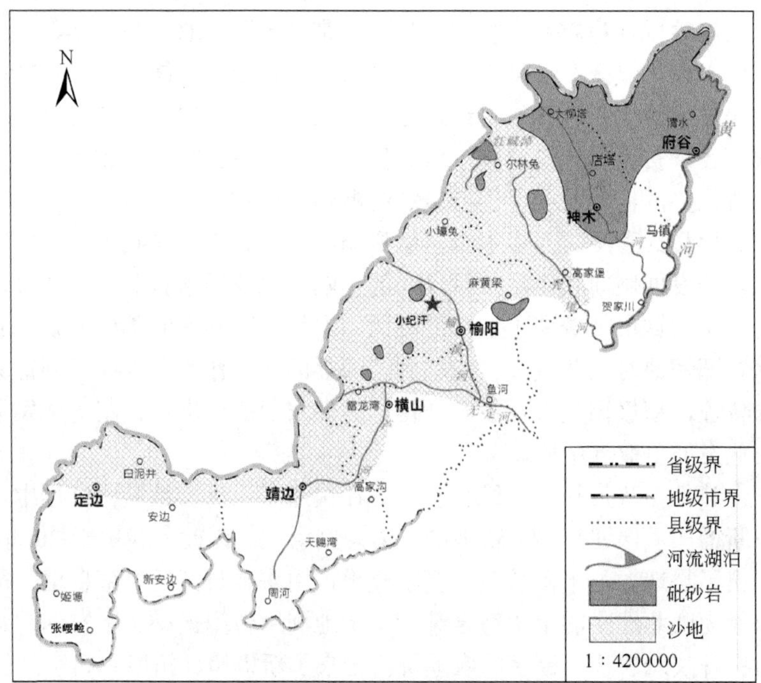

图 2.1　础砂岩与沙分布位置图

表 2.4　础砂岩、黄土和沙土性质对比

特性		础砂岩	黄土	沙土
粒径占比/%	砂粒	19.57	43	91.39
	粉粒	72.94	42	5.51
	黏粒	7.49	15	3.10
质地		砂壤土	砂壤土	砂土
容重 /（g/cm^3）		1.42～1.67	1.25～1.42	1.57
结构		粒状块状层状	粒状块状	无结构
毛管孔隙度/%		44.94	49.76	26.33
密实程度		紧密	上层疏松，下层紧密	疏松
养分	有机质含量/%	0.3～0.5	0.4～0.8	0.1～0.3
	N 含量 /（g/kg）	0.035	0.029	0.03
	P 含量 /（g/kg）	0.0019	0.002	0.0026
	K 含量 /（g/kg）	0.06	0.086	0.088
	pH	8.35	8.9	8.85
矿物组成与占比/%	SiO_2	64.67	45.52	78.05
	CaO	1.64	8.40	2.08
	Al_2O_3	12.83	11.63	11.84
	Na_2O	1.15	1.81	—
	K_2O	3.00	1.94	2.16

注：有机质和容重来自《础砂岩地区水土流失及其治理途径研究》[64]。

由表 2.4 可得出如下结论：

（1）矿物组成。砒砂岩 SiO_2、Al_2O_3、CaO 等主要矿物的含量与沙土相当，且明显高于黄土，表明河湖相沉积的砒砂岩与以风成为主的黄土的化学元素有较大差异，同时说明砒砂岩可能是毛乌素沙漠中风成沙的物质来源。

（2）结构。砒砂岩体干时胶结松散，遇水则迅速膨胀，具有较好的持水与保水性。沉积层透水性差且地表呈层状板结紧实，植物根系下扎极为困难。而风沙土通体无结构，干湿状况下均有较好的透水性，保水持水性差。砒砂岩与沙土水物理性质优势互补，且研究区内砒砂岩与沙土相间分布，因此可采用砒砂岩与沙土相混合的办法改善土壤质地，进而改善区内的农业耕作条件。

（3）养分特性。砒砂岩、黄土和沙土养分含量普遍很低，砒砂岩和黄土含量接近，平均有机质含量 0.5%左右，风沙土平均有机质含量 0.2%左右。但砒砂岩中植物所需的 K、Na、Ca 元素含量高于黄土和风沙土，这对植物生长是有利的。利用砒砂岩与沙土复合的方法进行沙土质地的改良，并在自然培肥或人工培肥的运用下满足植物生长需要，借助植物生长有效提高土壤有机质的含量，可使土壤质地得到持续不断的发展。

2.3.2　复配成土实验与结论

1. 复配成土实验方案

复配成土实验的目的是解决砒砂岩与沙如何复配才能取得较为理想的理化性质。前期研究分析表明，砒砂岩与沙的复配体积比、砒砂岩颗粒粒径、二者的复配方式三个方面是影响复配土理化性质，尤其是复配土持水性能的关键要素。

复配成土实验分两个步骤：①按照预先研究的可行阈值，设定砒砂岩与沙不同复配比例的多种方案，对复配土进行物理性质、水分特性等指标的实验研究，分析比较不同复配比例的土壤物理性质的变化特征，选择较为合理的复配比例区间；②以一定的合理的复配比例为基础，设定不同颗粒级配和复配方式下的复配土方案组合，研究砒砂岩水分特性，推荐合理的复配土方案。实验方案详见图 2.2。

2. 复配成土实验结果

1）复配比例区间

砒砂岩与水复配成土的复配比例区间由复配土壤的质地、饱和导水率、毛管孔隙度等综合确定。

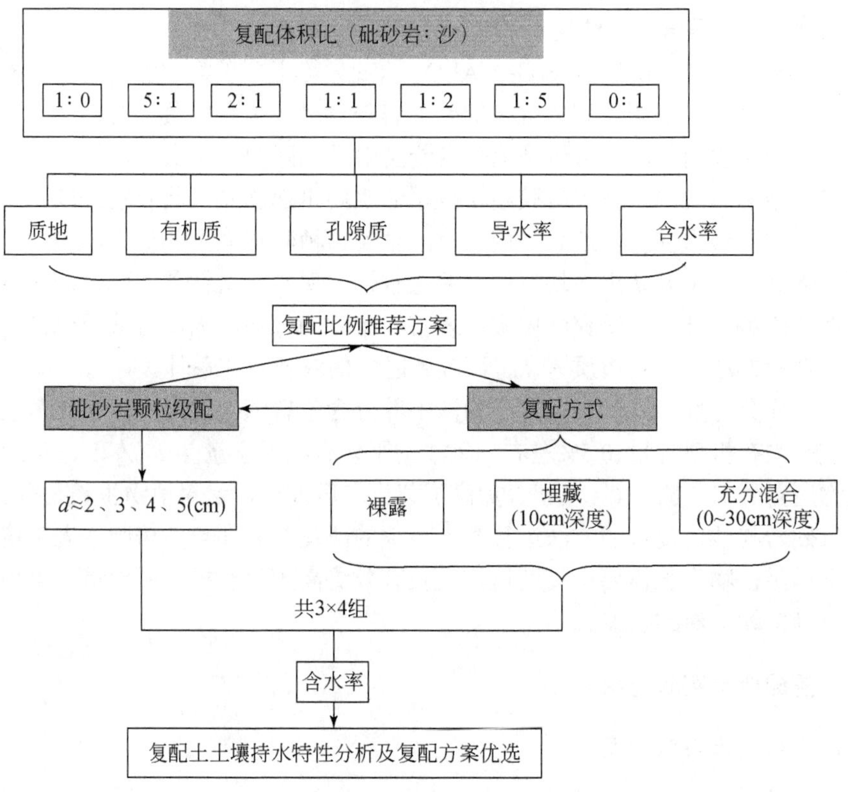

图 2.2　砒砂岩与沙复配成土实验方案

土壤质地直接影响土壤蓄水性、透气性和保肥性。砒砂岩与沙复配土土壤质地随着砒砂岩复配占比增大，复配土壤质地变化为砂土→砂壤→壤土→粉砂壤土，详见图 2.3。经过复配成土，土壤质地由砂土向壤土有了显著改良。砒砂岩与沙的混合比例为 1∶5 是土壤质地由砂土变为砂壤土的临界值；砒砂岩与沙的混合比例大于 1∶1 时，土壤质地为粉壤，且随着比例提高土壤质地不再发生变化。从土壤质地变化角度分析，砒砂岩与沙混合的比例适宜区间为（1∶5）～（1∶1）。

复配土壤的饱和导水率随着砒砂岩比例的增加而显著降低。全沙（0∶1）的饱和导水率高达 7.10mm/min，砒砂岩与沙混合比例 1∶1 时饱和导水率为 0.26mm/min，而全砒砂岩（1∶0）时降低到 0.07mm/min，砒砂岩与沙 1∶2 混合时的饱和导水率仅为全沙饱和导水率的 7%左右。数据表明，砒砂岩在复配土壤的饱和导水率方面起主导性作用，随着复配土中砒砂岩比例的升高，饱和导水率持续降低；复配比例（1∶5）～（1∶2）是饱和导水率下降趋势成为由快到慢的转折点，而后随着砒砂岩比例的升高，饱和导水率降低趋势趋于平缓可见，砒砂岩本身导水性能差，与沙复配后可以显著降低土壤的饱和导水率，从而降低复配土壤水分渗漏的速度。

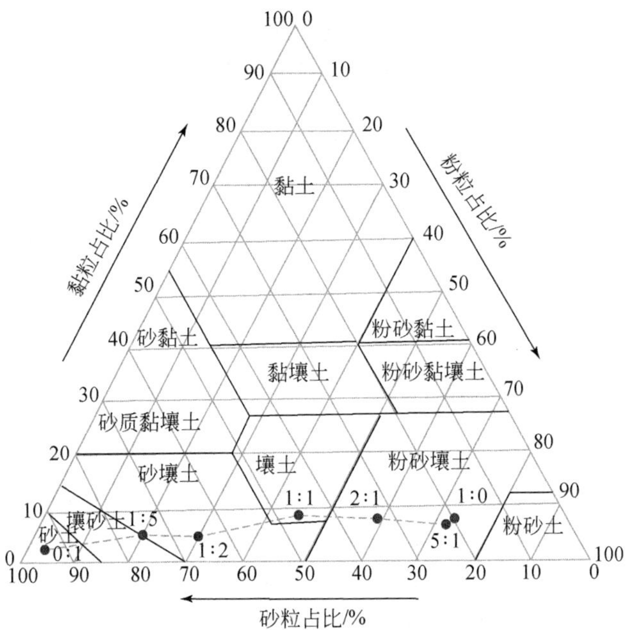

图 2.3 础砂岩与沙复配土壤质地

随着础砂岩在复配土中比例增加，复配土毛管孔隙度从 26.33%提高到 44.94%。在复配土壤总孔隙度相等的情况下，复配础砂岩后，土壤毛管孔隙和非毛管孔隙的占比发生了改变，部分非毛管孔隙向毛管孔隙转变。饱和导水率随毛管孔隙的增加显著下降，下降速度由快变慢的区间出现在毛管孔隙度 28%～35%，毛管孔隙度符合该区间的础砂岩与沙混合比例为 1∶2。

综上所述，复配土的复配比例区间为（1∶5）～（1∶1），其中复配比例为 1∶1 时物理性质有利于复配土的农业利用。

2）础砂岩粒径与复配方式

通过对 4 组不同颗粒粒径实验对比可得，直径为 2cm 和 3cm 的裸露础砂岩经过三次灌水后结构完全分散，持水量降低；直径 4cm 的础砂岩由于直径略大，遇水后部分分散，仍能够保持础砂岩自身的物理特性；直径 5cm 的础砂岩遇水后分散程度更低，但因础砂岩导水性能差，导致吸水缓慢，难以饱和，因此含水率最低，仅为 26.41%，说明直径 4cm 的裸露础砂岩块较利于吸收水分。不同粒径的础砂岩随着观测时间的延长含水率均不断下降，30h 时表现为础砂岩粒径越大含水率越大，从 5.88%（直径 2cm）增加到 20.30%（直径 5cm），说明在直径 2～5cm 范围内，础砂岩颗粒粒径越大保水能力越强。

对不同复配方式的实验结果对比可得，沙覆盖和充分混合方案下，础砂岩岩块不易分散，裸露方案中，直径为 2cm 和 3cm 的裸露础砂岩经过三次灌水后结构完全分散，持水量降低。通过对砒砂岩裸露、沙覆盖、充分混合这三种方式进行比较分析，裸露状态更有利于水分的吸收，沙覆盖则有利于水分保持，而充分混合则具有更佳的保水持水特性，同时有利于土壤结构改善和可持续性发展。综合 3 种复配方式分析，在沙中混合复配直径在 2～4cm 的砒砂岩岩块是最有利于水分的吸收和保持的粒径范围，较大的岩块（5cm 及以上）水分吸收缓慢造成土壤含水率较低，其中 4cm 直径的砒砂岩岩块混合后吸水持水能力最好，其次是 2～3cm 岩块；采用 30cm 内充分混合砒砂岩与沙的复配方式最佳。

2.3.3　复配成土及其农业利用情况

参照复配成土实验结果以及提炼得出的成土机理，2010 年陕西省土地工程建设集团有限责任公司在榆阳区建立了大纪汗复配成土农业示范区，示范区位于榆阳区境内的小纪汗镇大纪汗村，距榆阳区城区 23km，地处东经 109°28′58″～109°30′10″，北纬 38°27′53″～38°28′23″。建设前参考前期研究成果，在工程实施过程中，在沙地表面覆盖黏粒含量较高的紫红色砒砂岩 5～7cm，然后将表层 0～30cm 的沙与砒砂岩翻匀混合，构成沙地农业利用的基本条件并产生了较好的防风固沙效果。示范区建设总规模 2554.25 亩，实现新增耕地 2475.93 亩，新增耕地率 96.93%。2014 年陕西省土地工程建设集团有限责任公司在神木市锦界镇西北部 29.5km 处建设公草湾林场，距神木市城区约 80km，项目区为典型的沙荒地，项目区总面积 9727.78 亩，建设后新增耕地 9385.42 亩，新增耕地率 96.48%。

示范区建成后，对研究区内其他未利用沙地的治理和利用产生了一定的辐射带动作用。近年来，在神木市大柳塔、孙家岔、公草湾林场等 4 个项目中共开发建设沙地面积 1062.36hm^2，新增耕地面积 989.63hm^2；在榆阳区孟家湾村、大纪汗村、岔河则村、石峁村、井克梁村、红石桥村等 19 个项目中共计开发建设沙地面积 6473.24hm^2，新增耕地面积 5687.45hm^2；在定边县王滩子村、二道梁村、北园则村、小滩子村、向阳村等 7 个项目中共计开发建设沙地面积 1474.54hm^2，新增耕地面积 1333.88hm^2；在靖边县黄篙塘、大桥畔村 2 个项目中共计开发建设沙地面积 181.33hm^2，新增耕地面积 154.63hm^2。

以上项目的应用开发与示范，对研究区内沙地利用的理论与实践进行了有益的探索，为区域农业经济的进一步发展提供了示范，也为缓解研究区乃至陕西省土地资源紧缺问题提供了可行的思路。

2.4　沙地利用现状及存在问题的思考

陕北农牧交错带面临的主要问题是严重的风蚀和水蚀形成的土地沙化和水土

流失。两种严重的土壤侵蚀灾害使区域土地受损、资源缩减、土壤养分流失、质量退化，使经济发展尤其是农业经济的发展受到阻碍。针对各种矛盾与问题，众多学者及业务单位投入了大量的精力进行应对研究与实践，并已取得了丰富的研究成果，也为解决当地的矛盾与困难做出了有益的尝试，但随着研究与实践的不断深入，在新的形势下，仍然存在并且新涌现出一些亟待解决或重视的问题。

2.4.1　单纯生态治理不能兼顾经济效益的问题

我国沙地面积广大，早在 20 世纪 40 年代，国家层面十分重视沙漠化的治理问题，成立了治沙领导小组，主要的目标是沙漠化的治理及生态环境的保护。

20 世纪 40～60 年代的主要治理措施有植物治沙、水力治沙、飞播固沙和综合治理四种。其中，①植物治沙是采用人工植树造林种草的方法固定沙丘的生物措施，主要的手段有天然封育及营造防护防风林、封沙与人工造林相结合、优选灌草新品种及其植造新技术、防风固沙技术的复合与优化等可能的防风固沙治理应用技术；②水力治沙是采用引水拉沙、引洪漫地、引水灌沙、扩大水面的工程措施，用水流的自然冲力拉平沙丘，然后经过人工或机械平整，种植绿化、种草以提高固沙能力，甚至淤沙造田以实现少部分耕作；③飞播固沙是在流动沙丘、半流动沙丘和沙盖黄土等区域飞播沙生植物物种的先进的生物措施，通过工程设备辅助形成大规模人工沙生植物群落，提高地表植被覆盖度、减轻风蚀灾害而起到固沙，甚至实现沙漠化逆转的作用；④综合治理是将生物措施和工程措施相结合，以综合应对土地沙化和水土流失为重点，把种草种树、工程治理与科学管理结合起来，使沙化土地及水土流失得到治理，破坏的环境得到恢复或避免进一步恶化。在综合治理中，除生物措施与工程措施外，还包括建立牧-林-农有机结合的土地利用结构，造林封育和管理相结合的生态经济型防护林体系、沙区土壤改良技术、节水灌溉技术等方面。

由治理的效果来看，研究区地表植被覆盖度得到极大地增加，有效地降低了近地表风速，减小了风蚀量，沙漠化和荒漠化的速度得到有效遏制。但是研究区内降水量少、水资源紧缺，大量的植被生长导致蒸发量和需水量双增，灌溉得不到保证则植被很难靠雨养存活，因此生态治理除了前期较大的投入外，后期需要不断地进行运行管理投入。这种只产生生态和社会效应，极少产生经济效益的治理活动，一般均由国家和各级政府以专款或项目的形式投入，不能有效地刺激并调动群众的积极性，一旦项目结束或专款用尽则沙地治理工作难以持续。因此，沙地生态治理面临的主要问题是如何使生态治理的过程中兼顾经济收益，才能将国家主导的被动的生态治理转化成为群众积极参与的主动的生态治理，才能赋予其生命力，使生态治理的效果具有长效性、可持续性。

砒砂岩与沙复配成土及沙地农业利用是生态效益和经济效益相结合的综合利用模式，该模式采用同是环境灾害的砒砂岩为原料对未利用沙地进行工程复配，通过复配提升原沙地持水保水性能，使沙地具备基本的农业开发利用条件，再辅以优选的灌溉方式、灌溉制度和耕作制度确保从各环节上实现节水，在发展农业经济的同时兼顾水生态保护，实现综合利用的目的。

2.4.2 耕地保护与耕地补充的必要性问题

1. 全国耕地形势及需求

1）耕地面积变化趋势

多年来快速工业化、城镇化进程，使城镇人口增加、城镇建设用地不断扩张，尤其是 1996 年以来，冒进式城镇化过程导致城镇建设用地面积大幅增长。1996～2008 年，城镇户籍人口增加 50.90%，城市用地增加 53.51%，给耕地保护带来巨大的压力。1955～2016 年全国耕地与人口变化情况见图 2.4（图内数据来源于前瞻网前瞻数据库）。1996 年我国首次部分采用遥感测绘、计算机制图等方法历时 13 年完成第一次全国土地调查，因加入了部分之前未进入统计或因新的技术手段显露出来而进入统计的耕地，致使全国耕地面积增加了 5.26 亿亩。而 2012 年以后的耕地面积数据，采用的第二次全国土地调查的口径，主要是由于调查标准、技术方法的改进和农村税费政策调整等因素影响，调查数据更加全面、客观、准确，但数据上，比基于第一次全国土地调查的数据多出约 2 亿亩，图 2.4 中 2012 年以后的数据已按“一调”的统计口径进行了折算。

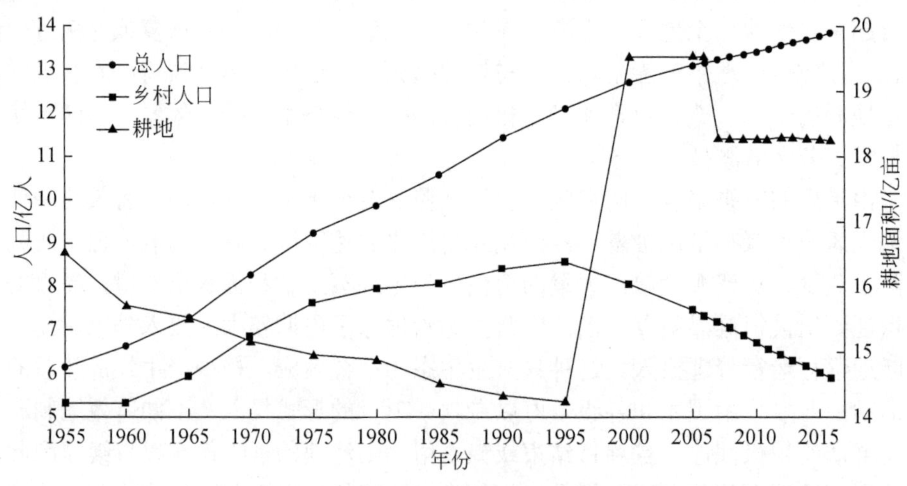

图 2.4 1955～2016 年我国人口与耕地变化

由图 2.4 可知，我国总人口在统计的 62 年间呈不断上升趋势，由 1955 年的

5.15 亿人增加到 2016 年的 13.83 亿人。1995 年以后，随着城市化进程的不断加速，乡村人口在总人口递增的趋势下呈现显著减少的趋势。耕地面积经历了 1955～1995 年的减少阶段，这一时期是随着社会发展和人口数量的增加、城市的扩张，建设用地不断侵占耕地面积，耕地逐年减少，至 1995 年，耕地面积达到 14.25 亿亩的最低值。耕地面积锐减以及耕地质量退化，粮食产量已很难得到有效保障，我国粮食供求关系趋于紧张，国家粮食安全受到严峻挑战，给我国粮食安全、经济安全和社会稳定带来了严重威胁，形势非常严峻。1996 年以后，国家十分重视耕地资源保护，随着《基本农田保护条例》《中华人民共和国土地管理法》《土地管理法实施条例》等一系列法律法规的制定，国家关于加强土地集约化利用、加大土地开发复垦整理的力度、建立耕地储备制度、坚持耕地占补数量和质量的平衡、保护耕地生态条件等一系列措施的实施，在城市化高速发展的现阶段，耕地面积仍能维持在 18 亿亩红线之上。但人口及城市化用地的迅速发展仍在继续，且统计的相当部分耕地还需要退耕还林、还草、还湿和休耕，有相当数量耕地受污染不宜耕种，还有一定数量耕地因表土层破坏、地下水超采等已影响耕种，因此耕地保护形势依然严峻。

2）人均耕地面积

城市高速发展表现在国民经济建设中道路、城市、工矿、乡村等对现有耕地的大量占用，荒漠化、水土流失等土壤侵蚀造成耕地退化，自然灾害等导致耕地减少以及我国宜农荒地及其他耕地后备资源不足是耕地总面积持续下降的主要原因。国家通过一系列法规政策的制定与实施，使耕地总量仍维持在 18 亿亩红线之上，但我国人口基数庞大、人口增长快、人耕地面积减少的情况十分突出，详见图 2.5。

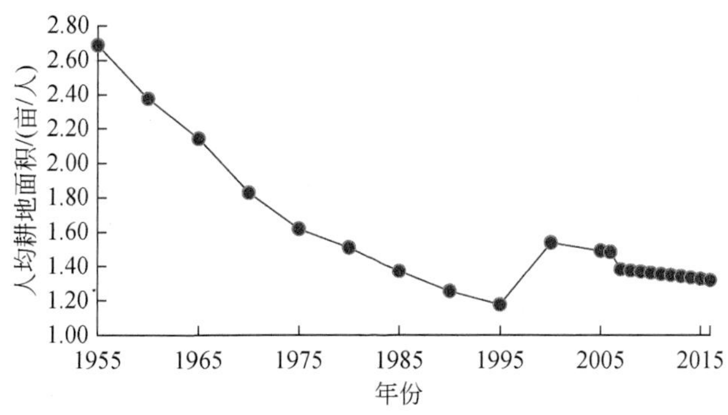

图 2.5　1955～2016 年我国人均耕地变化

3）耕地质量

2012 年底，农业部组织完成了全国耕地地力调查与质量评价工作，以全国 18.26 亿亩耕地（第二次全国土地调查前国土数据）为基数，以耕地土壤图、土地利用现状图、行政区划图叠加形成的图斑为评价单元，从立地条件、耕层理化性状、土壤管理、障碍因素和土壤剖面性状等方面综合评价耕地地力，在此基础上，对全国耕地质量等级[74]进行了划分。全国耕地按质量等级由高到低依次划分为一至十等，各等级面积详见图 2.6。

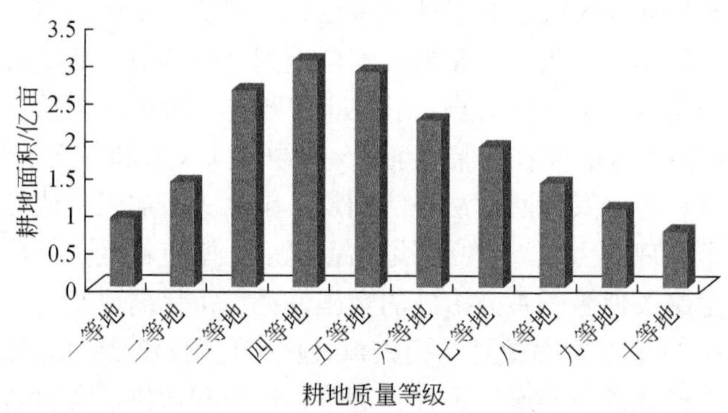

图 2.6　我国耕地质量等级现状

图 2.6 中，评价为一至三等的耕地面积为 4.98 亿亩，占耕地总面积的 27.3%，这部分耕地基础地力较高，基本不存在障碍因素，应按照用养结合方式开展农业生产，确保耕地质量稳中有升。评价为四至六等的耕地面积为 8.18 亿亩，占耕地总面积的 44.8%，这部分耕地所处环境气候条件基本适宜，农田基础设施条件较好，障碍因素不明显，是今后粮食增产的重点区域和重要突破口。评价为七至十等的耕地面积为 5.10 亿亩，占耕地总面积的 27.9%，这部分耕地基础地力相对较差，生产障碍因素突出，短时间内较难得到根本改善，应持续开展农田基础设施和耕地内在质量建设。

我国是粮食生产大国，也是粮食消费大国，粮食供求长期处于紧平衡状态。我国不断增长的人口和持续推进的城镇化水平等多重原因，使得未来我国粮食需求更加紧张，粮食安全隐患突出。耕地资源安全包括耕地资源数量安全、质量安全和生态环境安全。分析表明，我国目前耕地资源安全现状不容乐观，人均耕地面积少、耕地质量较差，同时由于化肥农药的滥用，耕地生态环境恶化问题也十分突出。耕地是人类赖以生存的物质基础，是农民增收、农业增效、农村发展的载体，耕地资源约束是制约我国粮食生产，威胁国家口粮安全的重要因素之一。对我国这样一个人多地少、后备宜农耕地资源有限、经济快速发展的国家而言，耕地资源对国民经济发展，特别是粮食生产具有持久的约束作用，且随时间推移，约束作用越显著。要从根本上解决我国未来人口发展的耕地与口粮安全问题，必须首先确保耕地资源数量安全，有计划、有步骤地挖掘后备耕地资源，满足耕地补充的需求。

2. 陕西省耕地形势及需求

1）耕地面积变化趋势

陕西省在快速工业化、城镇化过中同样存在着人口增加、城镇建设用地的不断扩张并挤占耕地的问题，城市和经济发展的高速的增长给耕地保护带来巨大的压力。1949～2016 年陕西省耕地面积与人口变化情况见图 2.7，图内数据来源于《陕西省土地资源公报》及《陕西统计年鉴》，1996 年以后的数据为第一次全国土地调查口径的数据。

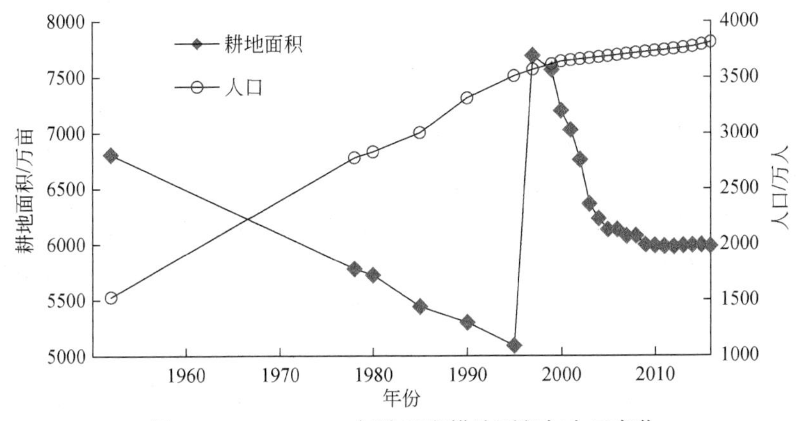

图 2.7　1949～2016 年陕西省耕地面积与人口变化

由图 2.7 可见，统计的 1949～2016 年共 26 组数据表明，陕西省人口呈不断上升趋势，由 1949 年的 1317 万人增加到 2016 年的 3813 万人。1952～1995 年数据为统计数据，数据显示耕地面积处于逐渐减少阶段；1996 年以后的数据为第一次全国土地调查的详查数据，数据表明，1997～2011 年耕地面积递减的趋势仍然保持；从 2012 年起耕地面积在稳定中有小幅度上升。表明近年来耕地保护措施得力，耕地面积得到了补充，递减的趋势得到一定的遏制。

2）人均耕地面积变化趋势

人口的递增与耕地面积的递减，使陕西省人均耕地面积逐年减少的情况十分突出，由 1949 年人均耕地面积的 4.99 亩到 2016 年的 1.57 亩。人均耕地最小的年份为 1995 年的 1.45 亩，人均耕地面积变化情况详见图 2.8。由图 2.8 可知，陕西省耕地资源在快速发展的经济和社会形势下面临着巨大的压力，耕地补充和耕地后备资源的需求十分迫切。

陕北农牧交错带所在的榆林市人均城镇用地面积 180m^2，是陕西省人均城镇用地面积的 2.27 倍，超过国家规定人均 120m^2 的上限标准 60m^2；人均农村居民点面积 315m^2，是陕西省人均农村居民点用地面积的 1.65 倍，超过国家规定人均 140m^2 的上限标准 175m^2，人均建设用地面积较大。

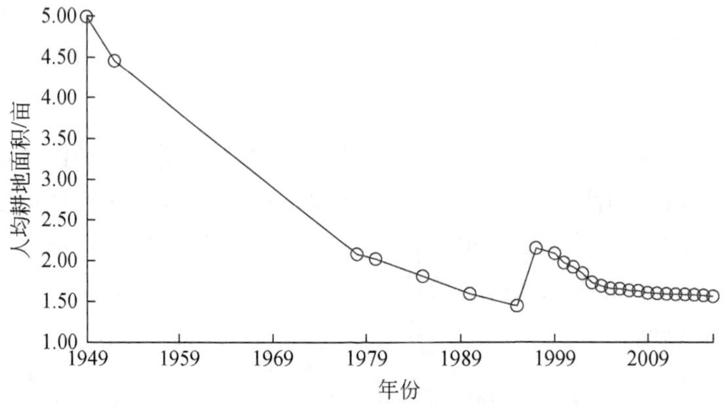

图 2.8　1949～2016 年陕西省人均耕地面积变化

陕北农牧交错带区域辽阔，土地资源丰富，2015 年人均土地面积 21.9 亩，是全省平均水平 8.14 亩的 2.69 倍；人均耕地面积 3.75 亩，是全省 1.57 亩的 2.37 倍。农牧交错带其他未利用土地面积 109294hm^2，其中盐碱地面积 10177hm^2、沙地面积 64275hm^2、裸地 3633hm^2，分别占其他土地面积的 9.31%、58.8%和 3.32%。研究区域内耕地后备资源较为充足，特别是长城沿线风沙滩区是目前陕西省少有的优质后备耕地资源。

砒砂岩与沙复配成土技术通过工程方法人为地变沙地为可以耕作的土地，虽然新增的耕地在肥力和质量上还不能达到标准农田的要求，但辅以相应的外在条件和耕作手段仍能达到耕作要求，并通过耕作促进成土。在当前耕地紧缺、补充需求迫切的情况下，砒砂岩与沙复配成土综合利用模式为保护耕地红线提出了可行的思路和方法，耕地资源的紧缺形势也为砒砂岩与沙复配成土及农业开发利用实践提供了契机。

2.4.3　综合治理利用所引发的资源承载能力问题

经过几十年的不懈努力，众多综合治理利用模式结合现代技术和理论对沙地进行改造和利用，从水资源、土壤特性、生态等角度对沙地利用方式进行改善。新方法、新技术、新模式的不断出现，实现了对提高土壤质量、节水、经济性和生态保护性等方面的借鉴和融合，除了生态和社会效益，也带来了更多的经济效益，并在沙地治理和利用中得到应用实证。如 2.1.2 小节所述，综合治理利用模式将沙地治理拓展到更为广阔的范围，同时也注重对沙地资源的开发利用，并且逐步扩大到工业、农业、旅游业等多个领域，具有良好的效果。截至目前，砒砂岩与沙复配成土农业综合利用模式在陕北农牧交错带的神木市、榆阳区、定边县、靖边县推广应用项目共计 32 个，累计开发利用沙地面积 9191.47hm^2，实现新增耕地面积 8165.59hm^2，采用砒砂岩作为“客土”与沙复配成土较传统沙地复配黄土造地中仅黄土远距离运输费一项可节支 0.7 万元/亩，极大地降低了沙地利用的成本、提高了农业经济收益，群众参与农田建设积极性高，同时区域生态环境改善效果明显，得到国家和政府对新增耕地相应的资金保障和政策支持，取得了综合效益。

但是在陕北农牧交错带沙地综合利用的过程中，随着复配成土开发利用综合模式的逐渐成熟和推广利用，以水资源紧缺、农业灌溉可持续供给不足，部分区域生态环境恶化甚至出现新的沙漠化问题为主的系列问题已经逐渐浮出水面或将要出现，引发了人们的深思。对综合治理利用模式及应用效果的分析表明，研究区沙地农业利用初期取得的经济效益在很大程度上是以大量开垦土地、过量使用地表及地下水资源等不合理开发行为为代价的。过度灌溉及用水造成的生态问题主要包括：①不注重节约和保护，过度使用地下水，使地下水水位下降严重，得不到有效恢复，部分地区形成地下水开采漏斗；②因沙地农业利用规模的无序扩大，当地水资源难以持续支撑农业利用的需水量，在资源性缺水的基础上形成的过度开发型缺水；③在蒸发强烈的陕北农牧交错带，灌溉水被蒸发后盐分在土壤中蓄集引发土壤盐渍化；④过度开发利用水资源造成局部地区地下水水井出水困难，原有耕地和新开发利用的耕地因灌溉水不足引起修耕、失耕，甚至重新沦为荒地。这部分沙土地因受人工耕作扰动的影响，其抗水蚀、风蚀的能力比原状沙地更低。

面对上述现实存在的问题，应当明确，在干旱缺水的陕北农牧交错带，水资源是农业发展的命脉，没有了水资源，一切农业经济的发展将无从谈起。面对这些问题，首先应该做好的事情是节水，从提水、供水、用水和耗水等各个环节在不明显影响耕作效果的前提下节约用水、提高用水效率。其次，随着沙地农业利用规模的扩大，竭尽全力的节水并不意味着少用水，只要沙地开发利用规模持续扩大，用水量必然随之增大。在这种情况下，农业开发利用的规模必需限制在一个水资源可持续承载的适度的范围内，即适度的农业开发利用规模是水资源可持续利用的前提。最后，水资源对新增沙地农业开发利用的有效支持能力有利于在连续耕作过程中土壤质地的持续改进和肥力的逐步累积，从而实现抗蚀固沙能力的提升，保证脆弱区域生态环境的良性发展。因此着眼于沙区有限的水、土资源，进一步探索对有限水资源的合理利用及对农业开发规模的适度约束十分必要。

本书以位于大纪汗村的实验小区内典型作物耕作过程土壤水分测定实验为依据，对典型作物在生育期内的用水量进行精准测定，以制订合理的灌溉制度提高用水效率。在高效用水的前提下，衡量当地水资源情况，寻求砒砂岩与沙复配成土综合利用与水资源承载间的平衡，确定沙地农业利用的适度规模，以保证区域经济发展与生态友好双重效益，为水资源短缺的陕北农牧交错带沙地农业的下一步发展指出方向。

2.4.4　综合利用中土壤肥力的可持续发展问题

土地占补平衡以补充耕地是《中华人民共和国土地管理法》的重要规定，耕地占补平衡制度实施以来，已成为我国坚守 18 亿亩耕地红线的重要举措，在社会经济发展迅速，城市化进程较快，需要占用大量耕地进行经济建设的形势下发挥了重要作用。但也存在着以下问题：①城市化工业发展建设项目邻近城市，因建设占用的耕地通常具有用水条件较好、土壤质量较高、地势平坦、交通便利、集中成片的特点，随着耕地占用比例的扩大，实现耕地占补平衡压力进一步加大；②随着耕地占补平衡制度的实施，适宜开发、群众基础较好且符合土地利用规划要求的耕地后备资源严重匮乏；③目前补充耕地的主要途径是未利用土地的开发利用、耕地整理以及废弃地复垦利用等，但这些土地多处于风蚀水蚀严重，土壤、水热、地形和耕作条件相对较差的区域，补充耕地的质量等级与被占用高等级耕地也存在着较大差距。

问题③是目前耕地占用补偿中最严重的问题。“满地枯黄的茅草，半人高；大片土地弃耕荒芜，投资数十万元建起的农田水利设施成了废弃的摆设；部分好田被破坏，石碴满地，村民无法耕种……”，这是某网站记者在某山区县农村采访时所看到的土地开发整理现状的报道。此种现象的出现，源于近年来在大力推进城镇化建设的背景下，各级地方政府都面临新城扩张和旧城改造升级的压力，对新增建设用地和存量建设用地的开发需求量增长，而随着各地持续不断补充耕地，耕地后备资源尤其是优质后备资源越来越缺乏，补充耕地数量难度加大。为了完成“占一补一”的任务，低质量的耕地补充以“广种薄收”式的姿态造成耕地占补平衡处于尴尬处境。长此以往，不容回避的事实是虽然土地面积实现占补平衡，但是耕地的质量实际是下降的，这种下降直接影响到国家粮食安全，虽然保有 18 亿亩的耕地数量，实则为耕地的隐性流失，可利用的耕地实质上已经突破了 18 亿亩红线。

在此背景下，2005 年 10 月，国土资源部发出《关于开展补充耕地数量质量实行按等级折算基础工作的通知》(国土资发〔2005〕128 号)。2014 年 2 月，国土资源部下发《关于强化管控落实最严格耕地保护制度的通知》(国土资发〔2014〕18 号)，就严防死守 18 亿亩耕地红线、确保实有耕地面积稳定、实行耕地数量和质量保护并重等提出新要求，其中包括强化耕地数量和质量占补平衡，再一次提出耕地占补平衡工作要达到数量和质量均平衡的目标。2016 年 8 月，《国土资源部关于补足耕地数量与提升耕地质量相结合落实占补平衡的指导意见》(国土资规〔2016〕8 号）指出“大力推进土地整治，实施耕地提质改造，实现建设占用耕地占一补一、占优补优、占水田补水田，确保耕地占补平衡数量质量双到位”。2017 年 1 月，《中共中央 国务院关于加强耕地保护和改进占补平衡的意见》提出“市县政府要加强对土地整治和高标准农田建设项目的全程管理，严格新增耕地数量认定，依据相关技术规程评定新增耕地质量，省级政府要做好对市县补充耕地的检查复核，确保数量质量到位。”

文件与政策的制定，针对补充耕地以次充好、重量不重质的普遍情况提出了新的要求。在陕北农牧交错带沙地整治补充耕地中，同样存在这样的问题。纵观陕西省，关中地区人口密集、工业和第三产业发展迅速，土地非农业利用程度高，已无较大的耕地补充能力；陕南地区地处秦巴山地，地形坡度大，地貌类型复杂生态环境脆弱且交通不便，补充耕地难度较大；陕北地区主要地貌类型为风沙地貌和黄土丘陵沟壑地貌，分布着大量的沙荒地和黄土沟谷地，是较为集中连片的耕地后备资源，正确地加以保护和利用，能为缓解耕地占用、支持正常的经济社会发展创造有利条件。沙地通过砒砂岩复配后形成的新增耕地在质量上虽无法与城市化过程侵占的基本农田媲美，但在耕地后备资源十分紧缺的形势下，砒砂岩与沙复配成土造田仍是较好的选择。按照政策的实施要求，造田后如何通过相应措施的实施和管理的跟进使耕地质量稳步提高，并能够最终稳定在符合一定要求的水平之上是耕地补充的后续要求，也是在推广应用砒砂岩与沙复配成土造田综合模式的同时应该先行考虑的问题。在这里，应该研究的问题集中在两个方面：①对复配土壤的质量现状进行分析，采用合理的耕作与保护技术，既要完成粮食生产的任务，又能对生态环境起到积极的作用；②研究复配土在多年耕作过程中成土过程的演化趋势，即现有的耕作方式和管理措施对于成土过程是否具有促进作用？若促进了成土过程的熟化演化，研究如何促进和加速这种演化程度；若促进了成土过程的退化演化，研究如何对现有的耕作方式、灌溉方式和管理措施进行改进与提升。

本书以大纪汗村实验小区近年来持续耕作过程中土壤肥力的发生与发展为主线，对表征土壤肥力的各类代表性指标进行跟踪测定，及时制订相应的对策与措施，动态地引导复配土壤的演变趋势，对于当地农业经济发展、生态环境保护和全省耕地占补平衡工作顺利开展均具有重要的意义。

2.4.5　综合治理利用的生态环境响应问题

2.4.3 小节和 2.4.4 小节中研究的砒砂岩与沙复配成土及农业开发利用主要考虑了水资源的可持续供给能力，也是对沙地农业开发利用的支持能力，基本理清了复配土农业利用中资源与经济间的关系。这种对地表的人为扰动，如土地利用方式、地表平整度、覆盖物、结构、质地的变动对生态环境必然会产生正面或负面的影响，仅定性分析是不准确的，研究区属于风蚀、水蚀十分严重的区域，需要采用实验、调查、取证等方法定量地说明综合利用带来的影响。

2.4.6　生态-经济-资源系统协调发展问题

由第 1 章可知，陕北农牧交错带因其独特的地理位置，具有明显的交错过渡性、生态环境的脆弱性和水资源的紧缺性。针对过渡地带自身的特性，对生态环境保护和资源的节约利用是人们应当关注的首要问题。生态保护与资源节约和地区经济发展之间是对立统一的，保护环境和节约资源要求人们减少对资源的过度开发，减少对环境不可逆转的扰动；同时良好的生态环境和自然资源，可以为经济发展提供较好的外部条件，可以为经济发展提供更多的资源，也可容纳经济发展过程中产生的更多的废弃物，从而促进经济的发展。在生态与资源总体并不占优势的陕北农牧交错带，要对现有生态环境与自然资源进行保护，必须正确处理生态资源与经济的矛盾，使生态资源和经济相互促进、协调发展。而经济得到发展与经济实力增强，人们才更有能力进行生态环境建设与资源保护。

本书从多渠道节水、适度开发、资源优化配置、农业种植结构调整等方面入手，人为地构建水-土-生物良性协调的负反馈生态系统，处理生态-经济-资源系统协调发展的问题，实现对陕北农牧交错区区域持续健康的发展的有益探索。

2.5　研究的关注点及思路

2.5.1　主要的关注点

针对陕北农牧交错带沙地农业利用与水资源适应性调控问题，在思考前期研究、应用及存在问题的基础上，按照“前期工作的实践与启发”→“关注问题”→“解决问题”→“模式形成”的总体研究思路，分析陕北农牧交错带节约用水及水资源高效利用的可行途径与相关技术，构建支持配置规划和管理调控等业务的沙地农业综合利用模式，实现区域资源与环境从“单纯治理”到“因势利用”，区域农业经济发展从“盲目”到“计划”，区域资源、生态与经济发展从“矛盾”到“协调”，为陕北农牧交错带沙地农业利用开展提供思路与方法。

本书具体的关注点如下：

（1）在水资源短缺的陕北农牧交错带，怎样实现水资源的高效利用？

充分贯彻习近平总书记重要治水思想中“节水优先”的治水思路，明确在干旱缺水的陕北农牧交错带节水农业经济发展的重要前提，研究分析成土、灌溉和耕作各环节节水方法和可行方案。

（2）沙地农业利用中，复配土壤的肥力是否具有可持续耕作能力？

合理采用前期研究的成土技术治沙造田，求证复配土在“节水优先”思路方法指导下的农业利用实践和效果，分析持续耕作条件下复配成土的动态特征，佐证节水思路的可行性、探索促进成土过程的可能性。

（3）以高效利用为前提，水资源对沙地农业利用具有什么样的可承载规模？

调查分析农牧交错带水土资源利用的现状、特征与潜力，揭示水资源胁迫与土地利用间的耦合响应关系，设计基于水资源调控的沙地农业综合利用框架，探索一定资源条件下适度的沙地农业发展规模。

（4）生态环境对水资源调控下的沙地农业利用产生什么样的响应特征？

全面理顺水资源、土地资源、生态环境三者间的互馈、互制关系，构建基于水资源调控的农牧交错带沙地农业综合利用模式，寻求水资源-农业经济-生态环境三者协调发展的可行途径。

2.5.2　主要的研究思路

以研究区沙地农业利用研究实践及存在问题的主要关注点为开端，本书的总体思路为"目标"→"技术"→"模拟调控"→"耦合配置"→"模式形成"。按照从热点关注到研究目标，从研究目标到技术实现，从模拟调控到资源的耦合配置，从方法、方案到模式形成的总体思路，基于工程、实验与模拟分析相结合的方法构建节水技术体系与合理的耕作制度，揭示成土过程的节水机理，基于当地的水资源及开发利用现状进行耦合调控，深入研究有限的水资源对沙地农业利用的支持力及配置管理，构建沙地农业综合利用模式以实现资源-经济-生态的协调发展的总目标。

1）研究目标

区域资源-农业经济-生态保护的协调发展是本书研究的终极目标。面对陕北农牧交错带水资源短缺、生态环境脆弱、农业经济落后的实际情况，明确水资源是区域经济发展与生态保护的关键因素。水资源既是农业经济发展的基本条件，又是农业经济发展的限制性因素，在节水与适水发展两个方面用好水资源，不但能够保证农业经济的稳定发展，也能产生良好的生态环境响应。

2）技术实现

技术实现包括节水技术的实现和土壤肥力增长的耕作技术的实现两个部分。采用实验小区布置的研究方法，在农田灌溉理论指导下，监测作物生育期的极限需水过程，设计节水灌溉制度，实现灌溉节水。结合前期复配工程节水技术和耕作方法制度相关节水理论技术，构建沙地农业利用的节水技术体系；针对土壤肥力指标持续监测数据及分析，建立肥力导向作用下的土壤耕作技术。

3）模拟调控

沙地农业利用的适度规模本质上是以水定发展的思想导向，即基于水资源约束实现有限的水资源对沙地农业利用规模适度调控。水资源调控虽然均以生态、经济与社会效益最优为优化目标，但优化方案因研究的行政区、农业种植结构、砒砂岩空间分布、水资源的天然禀赋与资源利用情况变化而呈现出多元化的合理组配，依据地区发展形势，灵活地给出最优的开发利用规模，以满足不同情势、不同角度下的需求。

4）耦合配置

基于水资源约束的沙地农业开发利用，实现水资源与土地资源的耦合、旱地农业和草地畜牧业在种植结构内部的耦合，分析研究区域现有的农业土地利用及动态变化特征，构建水资源优化配置的模型，计算生态经济耦合效益，推荐水资源在种植结构内部的优化配置方案。

5）模式形成

基于理论分析与实验数据，水资源调控模式以对沙地开发利用中产生的水资源胁迫问题为驱动，建立沙地农业节水技术体系，构建以节水技术体系为核心、以水资源供给为约束的沙地农业开发利用的适度发展模式框架，通过区域水资源的支持力对沙地农业利用规模加以调控，以实现水土资源协调发展为原则指导补充耕地建设，并以持续的水资源供给有效地提高土地质量及持续利用能力。水资源调控模式还对沙地农业开发利用条件下生态环境响应中不相适应的部分进行调节，解决水土资源发展过程中不相适应的状况，消除产生的可能不利生态影响并为生态环境良性循环做出重要的尝试，为地区经济发展和生态环境保护的同步发展提供思路。

2.6　主要研究内容

以陕北农牧交错带为研究对象，以区域内多种开发利用模式影响下的沙地农业开发利用过程中存在的问题为着眼点，分析区域水资源对沙地农业开发利用的响应特征，明确沙地开发利用过程中存在的水资源胁迫问题，以水资源对沙地农业开发的支持能力为约束，以水资源、土地资源可持续发展为目标，确定沙地农业的最优开发利用规模，提出沙地农业开发利用的水资源调控模式，通过区域水资源对沙地农业利用规模的正确调控，在补充耕地、实现水土资源协调发展的同时，能够有效地提高土壤质量及土地资源的可持续发展能力，有利于地区生态环境的良性循环。研究的主要内容如下。

（1）砒砂岩与沙复配成土灌溉节水与灌溉制度优选。以生态脆弱的沙地农业利用中存在的水资源胁迫问题为驱动，首先核算区域地下水资源的数量和质量、现状情况下开发利用量，从水资源可利用量、工程供水能力和用水控制指标等多角度确定沙地农业开发利用的剩余可供水量；然后以砒砂岩与沙复配成土方案为指导，通过小区实验，跟踪测量典型作物生育内土壤含水率变化规律，进而推求作物的实际需水量；最后制订作物节水灌溉制度，为求得沙地农业需水量提供计算依据。

（2）沙地农业利用节水技术体系构建。以砒砂岩与沙复配成土前期实验研究成果，总结提炼复配成土工程节水技术；结合区域特点，选定典型农作物，设计合理的耕作制度以及耕作方式，通过耕作有效地提高土壤的持水保水能力，实现耕作过程中的用水效率提高，总结提炼为适应区域农业发展的耕作节水技术；以研究内容（1）实验得出的灌溉制度指导灌溉实践，反复修正形成节水灌溉技术。将工程成土节水、灌溉制度优选节水和适宜的耕作制度节水三者相结合，组建沙地农业利用的节水技术体系。

（3）沙地农业适应性开发规模研究。水资源是沙地农业开发利用的核心，沙地农业利用对水资源有着较强的依赖性，若对开发利用的规模不加以限制，则农业用地会因水资源供给不足陷入困境。同时，过度的水资源开发利用不仅会直接对水资源量的可持续供给造成伤害，也会引起水生态环境恶化，进而使整个生态系统失衡。本部分内容对区域水资源对现状开发利用强度与规模之间的响应关系进行分析，明确区域水资源量对沙地农业利用规模的支持力大小对该地区水资源的影响特征，对水土资源之间的响应关系进行定量化分析。为确保区域水资源对沙地农业开发利用的支持能力，通过建立数学模型，以剩余可供水量为主要约束条件，以社会、生态和经济效益为目标，确定沙地农业开发利用的适宜规模，并对剩余可供水量在粮食作物、经济作物和饲草类作物种植间进行优化配置，实现沙地农业种植结构的最优化。

（4）复配土的土壤肥力可持续性研究。已有的研究主要集中在对复配土壤当年的理化性质和作物产量与复配前的沙地进行对比，用以说明土壤改良后产生的各种效益，而对复配土壤经过多年耕作后的土壤状况关注较少。若复配土壤经过多次耕作，其结构、水分及养分不能满足继续耕作的要求，则需要对如何提高土壤质量进行重点研究。通过对复配成土前后数年土壤的水分、容重、机械组成、养分的对比观测，探求复配前后一段时间内的多轮耕作对土地质量的影响，研究现状耕作方式下土壤肥力及土地质量的变化趋势与方向，研究不同耕作方式、耕作制度和灌溉制度下，保持土壤肥力可持续增长的有效途径。

（5）沙地农业利用的生态环境响应及水资源调控模式。本书中沙地农业利用以不影响水资源的可持续支持能力为前提，沙地农业利用的生态环境响应主要体现在固沙与植被恢复情况两方面。固沙能力以输沙量、冻层、地表结皮、地面粗糙度为指标；植被恢复情况的主要指标为植被覆盖度。

结合前述研究内容，在研究区内提出构建沙地农业综合利用的水资源调控模式。该调控模式以水资源的支持力为沙地农业利用的刚性限制因素，在充分满足对生态效果进行调控的基础上，以水定沙地农业发展，确定沙地农业的最优开发利用规模，将沙地农业的开发利用限制在一个资源与生态安全的范围内，以水土资源协调发展带动生态环境良性循环，为区域农业经济发展提供思路与方向。该模式明确了区域水资源如何控制该地区的沙地农业发展规模，以及不同的种植规模与结构如何对区域水资源产生影响，充分考虑了水资源与土资源之间的响应关系，将农业生产用水及生态环境补水与水资源承载能力相衔接，在保护资源与环境安全的条件下发展农业经济，实现社会、生态和经济效益的和谐并重发展。

2.7　研究方案与技术路线

本书以陕北农牧交错带沙地农业开发过程中存在的问题为着眼点，针对沙地开发利用过程中存在的水资源胁迫、生态环境及土壤质量问题，以节水为首要任务，以水资源对沙地农业开发的承载力为约束，以水资源、土地资源可持续发展为目标，确定沙地农业的最优开发利用规模，并提出沙地农业开发利用的水资源调控模式，技术路线如图 2.9 所示。研究方案包括问题分析、节水实现、水资源调控、肥力监测、生态响应与模式形成共六个方面。

2.7.1　区域沙地农业利用的现存问题研究

（1）基本资料收集：通过调研与走访、收集研究区的土地类型、区域内土地利用状况等相关数据信息。实地调查并通过多种渠道收集水文、气象、社会经济、土地、水资源开发利用状况、水环境状况等资料，并计算研究区地表水资源量、地下水资源赋存量，为揭示水资源、土地资源开发利用及生态保护间的相关关系提供信息基础。

（2）沙地农业利用现状：调查区域内沙地农业的开发利用现状，明确现有沙地农业利用规模、不同的开发利用方式所采用的灌溉制度与措施、主要的耕作方式、作物品种与经济效益；调查区域水资源开发利用现状，各种开发利用方式下的用水效率，农田退水对水质的影响，沙地农业开发后复配土土壤质量的变化情况；调查分析区域水、土资源利用及生态环境保护中存在的主要问题。通过对数据资料的调查及主要矛盾的分析，为沙地利用过程中水资源的支持能力分析提供基础资料。

2.7.2　沙地农业灌溉节水实验研究

（1）典型作物选择：通过调查该地区旱作农业发展情况，北部风沙滩区主要农作物有水稻和玉米，2001 年已被列为国家级杂交玉米制种基地；南部丘陵沟壑区以马铃薯等小杂粮及玉米等秋粮、果品等主，研究区也是马铃薯全国重要产区之一，马铃薯收入占农民人均纯收入的 20%左右，已经成为农民收入的重要来源之一。鉴于玉米和马铃薯在研究区有着广泛的种植基础和适应性，并且产量较高，灌溉节水实验选择这两种作物作为粮食和经济作物代表进行灌溉节水实验。

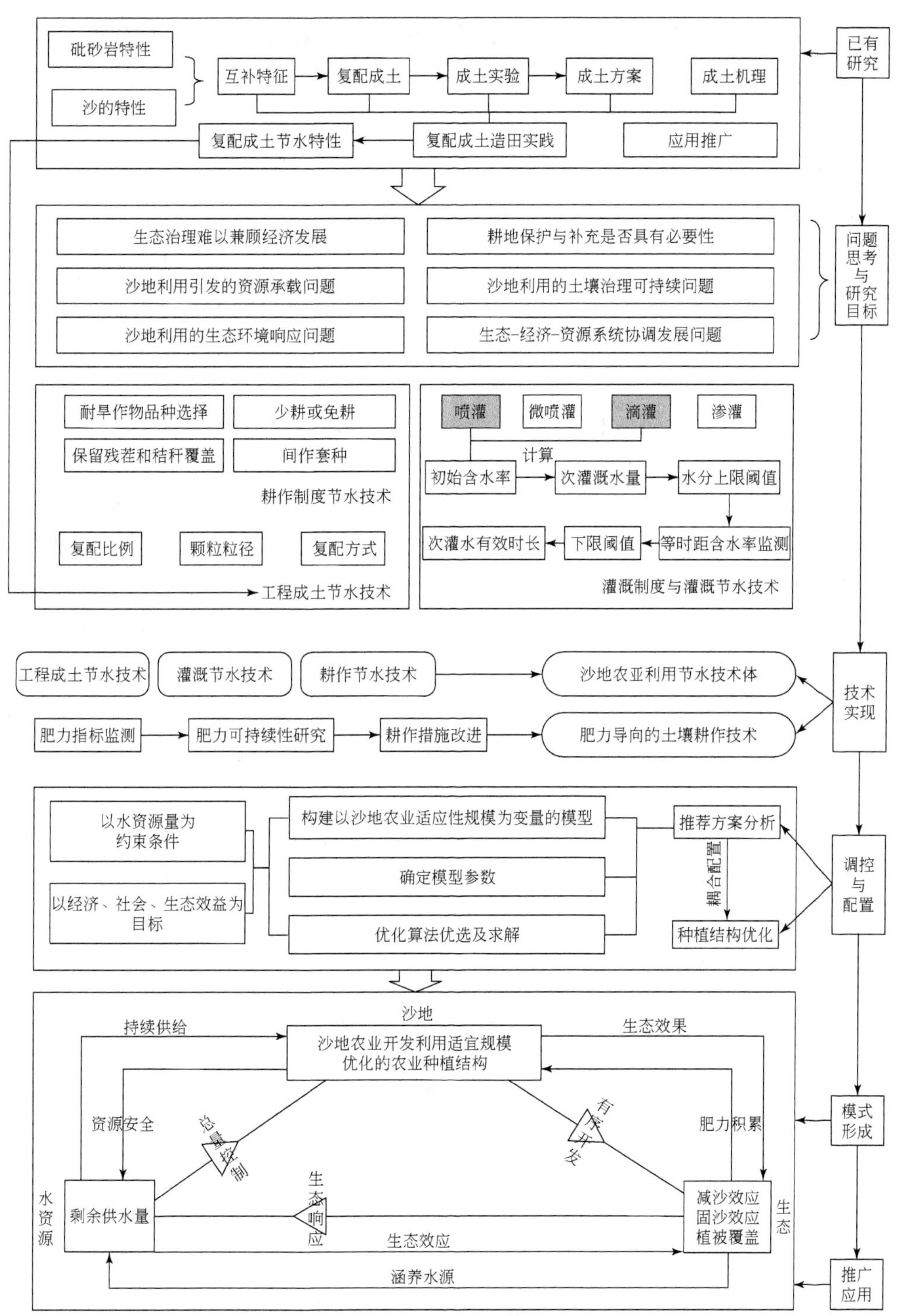

砒砂岩特性
沙的特性
互补特征
复配成土
成土实验
成土方案
成土机理
复配成土节水特性
复配成土造田实践
应用推广
已有研究
生态治理难以兼顾经济发展
耕地保护与补充是否具有必要性
沙地利用引发的资源承载问题
沙地利用的土壤治理可持续问题
沙地利用的生态环境响应问题
生态-经济-资源系统协调发展问题
问题思考与研究目标
耐旱作物品种选择
少耕或免耕
保留残茬和秸秆覆盖
间作套种
耕作制度节水技术
复配比例
颗粒粒径
复配方式
工程成土节水技术
喷灌
微喷灌
滴灌
渗灌
计算
初始含水率
次灌溉水量
水分上限阈值
次灌水有效时长
下限阈值
等时距含水率监测
灌溉制度与灌溉节水技术
工程成土节水技术
灌溉节水技术
耕作节水技术
沙地农亚利用节水技术体
肥力指标监测
肥力可持续性研究
耕作措施改进
肥力导向的土壤耕作技术
技术实现
以水资源量为约束条件
以经济、社会、生态效益为目标
构建以沙地农业适应性规模为变量的模型
确定模型参数
优化算法优选及求解
推荐方案分析
耦合配置
种植结构优化
调控与配置
沙地
持续供给
生态效果
沙地农业开发利用适宜规模优化的农业种植结构
资源安全
总量控制
有序开发
肥力积累
水资源
剩余供水量
生态响应
减沙效应
固沙效应
植被覆盖
生态
生态效应
涵养水源
模式形成
推广应用

图 2.9　技术路线图

（2）典型作物需水实验：通过调研，结合前人的研究成果进行分析。选定作物根系对根系层土壤含水率能够有效利用的含水率阈值区间，通常以前期研究中测定的田间持水量作为水分上限阈值，以发生水分中度胁迫后的土壤水分含量作为水分下限阈值。将作物生育期分为若干个关键阶段，对每一生育阶段进行喷灌灌溉用水实验，即一次灌水后采用中子水分仪等时距测量作物生长过程中的土壤含水率，并以烘干法进行对照，直至达水分下限阈值，本次灌溉用水实验中，一个关键阶段可采用代表实验法，也可采用多次实验结果综合分析。

（3）灌溉需水量核算：按照作物生长过程中不同阶段的土壤计划湿润层深度计算作物一次灌溉水量；分析一次灌水后，土壤含水率随时间的变化情况，以一次灌水有效水分的保持时间作为灌水的间隔时间，确定合理的灌水次数；分析实验数据，计算次灌水有效利用时长，并按照图 2.10 分析生育阶段灌水次数、全生育期灌水次数及灌溉水量，获得实验小区典型作物的灌水次数、灌水时间间隔、次灌溉水量，并通过田间试验对拟定的灌溉参数加以验证、修正并形成实验小区的灌溉方案；同时依据实验数据分析作物根系层土壤含水率随土层深度及随时间变化的规律。

（4）沙地农业节水灌溉制度制订：依据所取得的灌溉水量和灌水次数拟订合理的灌溉制度，并对比分析喷灌与沙地漫灌相比的节水效果。

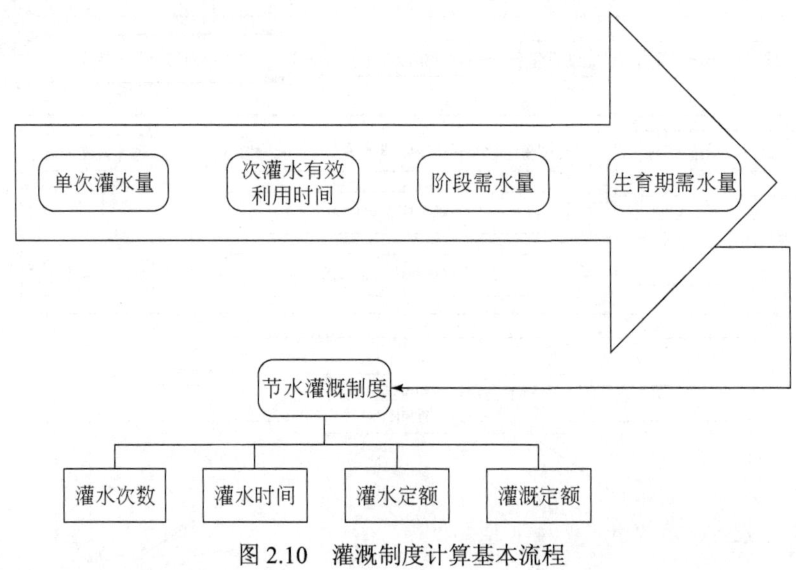

图 2.10　灌溉制度计算基本流程

2.7.3　沙地农业适应性开发规模的建模与求解

对区域水资源对沙地农业利用规模之间的响应关系进行分析，明确区域水资源量对沙地农业利用规模的支持力大小，以及种植面积的大小对该地区水资源有何影响，对水土资源之间的响应关系进行定量化分析。

结合陕北农牧交错带资源与环境的特殊性，对目前沙地治理及农业开发利用情况进行深入的调查分析，以区域水资源对沙地农业利用的支持力为约束，在水资源的调控下，确定研究区适宜的沙地农业利用规模，形成科学合理的沙地农业开发利用模式。目的是使该水资源调控模式的应用促进当地农业发展适度化，以此带动沙地农业经济发展，形成规模效益，从而加快区域沙地农业利用进程，实现资源和环境的可持续发展。

1）适应性开发规模研究建模

沙地农业开发利用不能仅着眼于应用所产生的经济和生态效益，为了使该沙地农业利用模式具有长期有效性，模式必须具有全局性和前瞻性。当采用一定的方法与技术将沙地转化成有一定生产条件的土地资源之后，可通过适宜的节水灌溉制度、合理的耕作制度将用水控制在尽可能小的范围之内，但是随着开发规模的扩大，则需要通过先进的技术方法，建立模型并求解当地适宜的开发规模，从而保证农业用水得到满足。

确定决策变量：考虑到农业产业结构优化的目标是实现粮、经、饲草、林业的合理比例与最佳效益，以沙地主要农作物的种植面积为决策变量，主要作物种类为玉米、马铃薯和沙打旺。

建立兼顾经济、生态和社会效益的多目标优化模型，如式（2.1）所示。

$$F(x)=\max\{f_1(x), f_2(x), f_3(x)\} \tag{2.1}$$

式中，x 为决策变量；$f_1(x), f_2(x), f_3(x)$为分别为社会效益目标、经济效益目标、生态环境效益目标。

该模型以水量为主要约束条件，即各决策变量的用水总量之和应小于区域水资源所允许的利用量，则可求解合理的农业开发利用规模及最优的农业产业结构，并用以指导沙地的开发应用实践。

2）模型求解

该模型为多目标优化模型，传统的方法是把多目标问题转化为单目标问题。而目前用于求解多目标优化模型的算法较多的有遗传算法、粒子群优化算法、蚁群算法等。在比较各种算法优劣后，因为遗传算法与传统的优化方法（枚举、启发式等）比较，以生物进化为原型，具有很好的收敛性，计算时间少，有良好的全局搜索能力且拓展性强，所以选定基于 NSGA-II 改进的遗传算法，运用 Matlab 编程并对模型进行求解，之后进行沙地农业适宜开发规模及农业种植方案分析。

2.7.4　复配土壤肥力指标监测

土壤肥力是土壤对水、肥、气、热的储存和供应能力[75]，土壤的肥土特征使其具有较大的适应植物生长需要和抵抗不良生长条件的能力。表征土壤肥力的指标主要包括养分指标、物理性指标、生物化学性指标和环境条件指标。本书选择全氮、速效磷、有效钾作为养分指标代表，以有机质作为生物化学性指标代表，以结构与质地作为物理性指标代表对复配土肥力水平进行监测分析。根据国家样品保存和管理标准，2012～2015 年每个耕作期结束后将不同方案组合、不同作物类型对应的复配土土壤进行分层采样运送至实验室进行分析处理，采样深度分别为 10cm、20cm、40cm、60cm、80cm、100cm、120cm。

2.7.5 沙地农业利用的生态响应

陕北农牧交错带处于半干旱气候向干旱气候的过渡地带，具有强烈的过渡性和波动性，区域生态环境十分脆弱，土壤结构疏松而欠发育，生态平衡极易遭到破坏。土地沙漠化、沙尘暴和水土流失是该区域生态环境的主要问题。以工程为基础，在水资源调控下的沙地农业开发利用不可避免地对当地生态环境造成一定的影响，研究并量化生态环境对沙地利用的影响状态，决定着沙地农业的发展方向及大力推广应用的可能性。在砒砂岩与沙复合成土并进行农业利用的过程中，其生态响应主要表现在土壤结皮、植被固沙、地面平整度和在机质积累等方面的固沙效应。

在沙地耕作期间，由于植被覆盖、土壤肥力聚集、形成土壤结皮等能够有效地对抗风蚀作用，具有较原状裸沙地更好的固沙能力，使区域水土资源开发利用过程中仍然能够保持生态环境的可持续进展，形成水-土-生态环境相互协调的负反馈生态系统。但在休耕期间，因地表覆被消失，仅靠作物残留、微地形变化和土壤结皮，能否保证一定的抗风蚀能力，使生态系统不至失衡，仍是沙地农业开发利用过程中需要积极面对的问题。

以种植马铃薯为例，生长季节为每年春、夏、秋三季，休耕期主要在冬季。陕北农牧交错带冬季气温较低，又有一定的降水量，当有积雪覆盖时，由于砒砂岩与沙复合土壤导热率低于沙地，复合土壤表层积雪融化缓慢，积雪对地表的保护显著地提高了起沙风速，降低了表层土壤的起沙。当无积雪覆盖且土壤含水率较低时，可以视复配土壤水分含量的多少适时人工喷水，人为增加表层土壤含水率，促使表层土壤冻结从而达到固沙的效果。本书通过田间试验，分析合理的喷洒水量，确定适当的喷洒时机，既保证沙地的抗蚀固沙能力，又不致造成水资源浪费。

2.7.6 沙地农业利用的水资源调控模式

1）模式的提出

水资源是制约沙地农业发展的主要因素，也是调控模式当中的核心问题。由于客观上对耕地补充的需求、农村经济发展的需求，以及农业开发利用技术的日渐成熟，容易造成沙地农业利用陷入“一窝蜂”的局面，当无序的农业开发利用规模扩大，研究区水资源量无法满足灌溉需水的要求，即使改造再多的沙地，也不能实现种植的目的，因此水资源在对沙地的整治和利用过程中起着决定性作用。以水资源的支持力作为沙地农业利用的刚性限制因素，以水定农业发展，确定合理的农业开发利用规模，才能以水土资源协调发展带动生态环境良性进展。

2）模式的框架及主要内容

以水资源为主要调控因子，对沙地农业开发利用的适度性进行约束，并对沙地农业开发利用条件下生态环境响应中不相适应的部分进行调节，解决水土资源发展过程中不相适应的状况，消除可能产生的不良影响。水资源调控模式以沙地开发利用中产生的水资源胁迫问题为驱动，并通过区域水资源的支持力对沙地农业利用规模加以调控，在补充耕地、实现水土资源协调发展的同时，有效地提高区域农业的可持续发展能力，同时带动地区经济发展和生态环境形成良性循环。

水资源是制约沙地农业发展的主要因素，由无序的沙地农业开发利用开始，使水资源在不断增长的用水压力下形成压力响应，地表水资源的枯竭和地下水水位的持续下降不但直接影响着生态环境，还由于改造后耕地难以持续的灌溉用水及覆被减少引发新的荒漠化问题，进而造成新建农田失耕及逆转，形成系统恶化的正反馈机制。

沙地农业利用的水资源调控模式通过有限的水资源承载力约束性地调控土地资源的开发利用规模，在保证用水的基础上，以适宜的耕作措施确保沙地在水分和养分上的可持续性；通过对无地表覆被时土壤表层含水率的有效补充调控休耕期产生的生态影响，促进生态环境的良性循环；同时，在调控措施的干预下，土壤养分的不断积累和区域生态环境的良性发展又可以通过涵养水源使水资源承载力增强。土地资源的持续发展使区域生态环境得到改善，能够有效遏制土地荒漠化的进一步发展，生态环境的改善也是农业可持续发展的有效保障。

2.8　小　　结

（1）本章将研究区域沙地生态治理的研究与成效归为三类，即早期的单纯生态治理阶段、沙地农业治理利用的综合模式阶段以及考虑资源可持续利用的用水控制阶段。单纯生态治理效果显著，却因未能兼顾经济效益，难以得到积极广泛的参与与长期的坚持；综合利用模式充分考虑了经济效益，但通常以自然资源的过度利用为代价，造成一边建设一边破坏、这边建设那边破坏的后果；用水控制理论以资源的承载能力为核心，综合考虑经济发展、生态保护和资源持续间的关系，具有良好的发展前景。

（2）总结了前期研究成果，即在分析砒砂岩与沙各自的理化特性的基础上，提出础砂岩与沙复配可形成具有农业耕作基本条件的复配土壤的成土思想，并采用实验对该思想进行了验证。本章设计了础砂岩的复配比例、础砂岩的颗粒粒径和础砂岩与砂复配方式三类实验组合，分析得出了推荐的复配成土方案区间，并对础砂岩与沙复配成土的机理进行了探讨，最后对该成土技术在陕北农牧交错带的应用情况进行了简要描述。

（3）鉴于前期研究成果具有明显的农业经济收益和节水特性，础砂岩与砂复配成土技术在研究区的大力推广实践仍然存在或是潜在发生的一些问题，即单纯生态治理不考虑地区经济发展仍然存在，耕地保护的背景是否需要如此大规模地补充耕地？大规模地开展沙地农业利用是否能得到当地水资源的可持续供给而不影响用水安全？通过成土技术形成的复配土壤能否支持长期的农业耕作并向着有利于成土的方向正向演替？这种综合利用除考虑了水资源及用水安全问题还能否产生良好的生态响应？什么样的沙地综合利用模式能够促进地区经济-生态-资源的协调发展？这些问题促使作者去思考下一步的研究方向与内容。

（4）以这些问题为着眼点安排本书内容，主要包括：沙地农业灌溉节水实验研究、适应性开发规模的研究与建模、复配土壤肥力跟踪监测与措施改进、沙地农业利用的固沙与植被生态效应响应以及保障地区经济-生态-资源协调发展的沙地农业利用综合模式的提出。

参考文献

[1] 祁有祥, 赵廷宁. 我国防沙治沙综述[J]. 北京林业大学学报(社会科学版), 2006, 5(增刊): 51-58.

[2] 朱震达, 刘恕, 杨有林. 试论中国北万农牧交错地区沙漠化土地整治的可能性和现实性[J]. 地理科学, 1984, 4(8): 198-206.

[3] 马玉霞. 我国北方农牧交错地区沙漠化原因及防治措施[J]. 中国农业气象, 2002, 23(2): 6-8.

[4] 廖允成, 付增光. 中国北方农牧交错带土地沙漠化成因与防治技术[J]. 干旱地区农业研究, 2002, 20(2): 95-98.

[5] 白巴特尔, 郭克贞, 杨燕山. 毛乌素沙地防风固沙综合治理技术与应用推广[J]. 内蒙古水利, 2005, (3): 36-39.

[6] 牛兰兰, 张天勇, 丁国栋. 毛乌素沙地生态修复现状, 问题与对策[J]. 水土保持研究, 2006, 13(6): 239-242.

[7] 刘建秋. 毛乌素沙地沙化成因及治理对策[J]. 内蒙古林业调查设计, 2010, (6): 18-21.

[8] 蒋志军, 李峰, 杜晓玲. 嫩江沙地生态经济型治理模式的推广应用[J]. 现代农村科技, 2011, (23): 53-54.

[9] 郑兴伟, 赵凌泉, 杨柏松, 等. 嫩江生态经济型沙地治理模式建设[J]. 防护林科技, 2013, (6): 67-68.

[10] 于海伟, 黄荣雁. 碾子山区沙地治理方案及效果分析[J]. 防护林科技, 2014, (8): 70-71.

[11] 王启龙. 毛乌素沙地础砂岩与沙复配成土造田工程技术研究[J]. 农业与技术, 2017, 37(15): 20-23.

[12] 常兆丰, 赵明. 民勤荒漠生态研究[M]. 兰州: 甘肃科学技术出版社, 2006.

[13] 田秀英, 孙丽清, 刘爱国. 固沙治沙的主力军——沙生植物[J]. 内蒙古林业, 1996, (12): 31-31.

[14] 祁有祥, 赵廷宁. 我国防沙治沙综述[J]. 北京林业大学学报(社会科学版), 2006, (S1): 54-61.

[15] 李孙玲, 李甜江, 李根前, 等. 毛乌素沙地中国沙棘存活及生长对灌水和密度的响应[J]. 西北林学院学报, 2011, 26(3): 107-111.

[16] 时慧君, 杜峰, 张兴昌. 毛乌素沙地几种主要植物的光合特性[J]. 西北林学院学报, 2010, 25(4): 29-34.

[17] 陕西省靖边县杨畔桥大队. 引水拉沙创新路千里沙漠变良田[J]. 林业实用技术, 1975, (6): 1-2.

[18] 焦居仁. 水土保持综合治理风蚀的一项创举——水力治沙造田[J]. 中国水土保持, 1996, (5): 1-4.
[19] 李滨生. 榆林流动沙地飞机播种造林固沙二十年评价[J]. 陕西林业科技, 1978, (6): 42-45.
[20] 张广军. 群体结构与飞播固沙成效[J]. 林业实用技术, 1983, (6): 27-31.
[21] 刘玉平. 毛乌素沙地的飞播固沙成效——以榆林县红石峡播区为例[J]. 中国草地学报, 1993, (3): 45-48.
[22] 乔艳荣, 尹溪, 班俊. 加强科技推广, 提高飞播治沙成效[J]. 防护林科技, 2012, (3): 87-88.
[23] 杨文斌, 任居平. 农牧林复合轮作系统治沙模式的原理和效益初探[J]. 内蒙古林业科技, 1997, (1): 7-10.
[24] 顾新庆. 防沙治沙综合技术措施[J]. 河北林业科技, 2000(S1): 7-14.
[25] 金旻, 贾志清, 卢琦. 浑善达克沙地防沙治沙综合治理模式及效益评价——以多伦县为例[J]. 林业科学研究, 2006, 19(3): 321-325.
[26] 康宏樟, 朱教君, 李智辉, 等. 沙地樟子松天然分布与引种栽培[J]. 生态学杂志, 2004, 23(5): 134-139.
[27] 徐小玲, 延军平. 毛乌素沙地沙产业的环境效应及绿色沙产业的实施途径研究[J]. 中国沙漠, 2004, 24(2): 240-243.
[28] 张鸿铎. 准噶尔盆地梭梭林型及其特点[J]. 中国沙漠, 1990, 10(1): 41-49.
[29] 曹波, 孙保平, 高永, 等. 高立式沙柳沙障防风效益研究[J]. 中国水土保持科学. 2007, 5(2): 40-45.
[30] 新疆农林牧科学研究所土壤农化组. 新疆草泥炭的资源与利用概况[J]. 新疆农业科学简报, 1957, (10): 7-8.
[31] 张骅. 陕北沙漠的开发与生态建设[J]. 南水北调与水利科技, 2002, 23(4): 40-43.
[32] 漆喜林. 陕西毛乌素沙地沙漠化治理现状及对策[J]. 陕西林业科技, 2002, 3: 61-63.
[33] 杨泰运, 李启森. 农牧交错地区沙漠化土地整治与开发利用[J]，干旱区资源与环境, 1994, 8(2): 77-86.
[34] 李取生, 裘善文. 松嫩平原沙地资源开发与农业发展研究[J]. 地理科学, 1997, 17(3): 259-264.
[35] 肖洪浪, 李福兴, 龚家栋, 等. 中国沙漠和沙地的资源优势与农业发展[J]. 中国沙漠, 1999, 19(3): 199-205.
[36] 赵廷宁, 丁国栋, 王秀茹, 等. 中国防沙治沙主要模式[J]. 水土保持学报, 2002, 9(3): 118-123.
[37] 肖生春, 肖洪浪. 干旱区沙地资源农业利用模式的经济生态综合评判[J]. 中国沙漠, 2003, 22(1): 63-68.
[38] 陈平平. 谈浑善达克沙地综合治理模式[J]. 水土保持学报, 2003, 17(5): 74-76.
[39] 薛娴, 王涛, 吴薇, 等. 中国北方农牧交错区荒漠化发展过程及其成因分析[J]. 中国沙漠, 2005, 25(3): 320-328.
[40] 郝慧梅, 任志远. 北方农牧交错带县域经济可持续发展模式实证研究——以固阳县为例［J］. 干旱地区农业研究, 2006, 24(3): 34-137.
[41] 黄永强. 基于循环经济的我国北方农牧交错带农业发展研究[J]. 山西农林科学, 2008, 36(12): 7-9.
[42] 胡兵辉, 袁泉, 海江波, 等. 毛乌素沙地农业生态系统优化模式研究[J]. 干旱地区农业研究, 2009, 27(1): 212-218.
[43] 张宏霞, 邵莉莉. 毛乌素沙地绿洲农业开发技术探讨[J]. 安徽农学通报, 2011, 17(7): 21-22.
[44] 李东方, 刘廷玺, 刘小燕, 等. 科尔沁沙地沙丘和草甸的地温与冻融过程分析[J]. 人民黄河, 2012, 34(5): 82-85.
[45] 张晖, 马超群, 赵永华, 等. 陕北沙地改良中土壤肥力变化[J]. 安徽农业科学, 2016, 44(22): 145-148.
[46] 马钢, 范王涛, 张阳阳. 毛乌素沙地神木市沙区农业生态系统限制因子分析[J]. 安徽农业科学, 2017, 45(1): 86-88.
[47] 冯金朝, 赵金龙, 胡英娣, 等. 土壤保水剂对沙地农作物生长的影响[J]. 干旱地区农业研究, 1993, 11(2): 36-40.
[48] 员学锋, 汪有科, 吴普特, 等. PAM 对土壤物理性状影响的试验研究及机理分析[J]. 水土保持学报, 2005, 19(2): 37-40.
[49] 王雪, 李菊梅, 徐明岗, 等. 聚丙烯酰胺对沙土改土保肥的作用[J]. 生态环境, 2008, 17(5): 2086-2089.
[50] 马云艳, 赵红艳, 严啸, 等. 泥炭和腐泥改良风沙土前后土壤理化性质比较[J]. 吉林农业科学, 2009, 34(6): 40-44.
[51] 满多清, 徐先英, 吴春荣, 等. 干旱荒漠区沙地衬膜樟子松育苗技术研究[J]. 水土保持学报, 2003, 17(3): 170-173.
[52] 杜敏, 孙国臣, 吴秀丽, 等. 新材料蓄水渗膜在呼伦贝尔沙地治理中的应用[J]. 内蒙古林业科技, 2010, 36(4): 56-58.
[53] 蒙晓, 李晶, 任志远, 等. 草地退化后陕北农牧交错带生态系统重建模式研究[J]. 水土保持通报, 2011, 31(3): 140-144.

[54] 董雯. 毛乌素沙地治理新思路[J]. 水土保持研究, 2009, 16(1): 102-106.
[55] 张宝珠, 金维林, 葛士林, 等. 呼伦贝尔沙地治理布局及治理模式[J]. 中国沙漠, 2013, 33(5): 1310-1313.
[56] WANG N, XIE J C G, HAN J C, LUO L. A comprehensive framework on land-water resources development in Mu Us Sandy Land[J]. Land Use Policy, 2014, (40): 69-73.
[57] 雷楠. 水资源约束下公草湾林场适宜开发规模研究[D]. 西安: 西安理工大学, 2015.
[58] 杨晓玉, 邵天杰, 赵景波. 腾格里沙漠沙坡头地区旱季沙层含水量[J]. 水土保持通报, 2016, 36(2): 88-92.
[59] 李万. "黄河可供水量分配方案"的法学分析[D]. 重庆: 西南政法大学, 2013.
[60] 王浩. 实行最严格水资源管理制度关键技术支撑探析[J]. 中国水利, 2011, (6): 28-29.
[61] 孙雪涛. 贯彻落实中央一号文件实行最严格水资源管理制度[J]. 中国水利, 2011, (6): 33-34.
[62] 赵西宁, 吴普特, 王万忠, 等. 水资源承载力研究现状与发展趋势分析[J]. 干旱地区农业研究, 2004, 22(4): 173-177.
[63] 韩霁昌. 砒砂岩与砂复配成土技术与造田工程示范[M]. 西安: 陕西科学技术出版社, 2014.
[64] 王愿昌, 吴永红, 李敏. 砒砂岩地区水土流失及其治理途径研究[M]. 郑州: 黄河水利出版社, 2007.
[65] 钱正英. 以开发沙棘资源作为加速黄土高原治理的一个突破口——关于在山西省开发沙棘的调查报告[J]. 水土保持应用技术, 1986(2): 1-4.
[66] 王俊峰, 张永江, 赵旭波. 论沙棘治理砒砂岩的突出贡献[J]. 沙棘, 2002, 15(2): 36-38.
[67] 吴永红, 胡建忠, 闫晓玲, 等. 砒砂岩区沙棘林生态工程减洪减沙作用分析[J]. 中国水土保持科学, 2011, 09(1): 68-73.
[68] 佚名. 黄河中游砒砂岩治理实验示范基地在内蒙古准格尔旗设立[J]. 人民黄河, 2013, 35(5): 8.
[69] 肖培青, 姚文艺, 刘慧. 砒砂岩地区水土流失研究进展与治理途径[J]. 人民黄河, 2014, 36(10): 92-94.
[70] 张腾飞. 砒砂岩侵蚀区水土流失治理新模式探讨[J]. 亚热带水土保持, 2016, 28(2): 44-46.
[71] 付广军, 廖超英, 孙长忠. 毛乌素沙地土壤结皮对水分运动的影响[J]. 西北林学院学报, 2010, 25(1): 7-10.
[72] 李晓丽, 苏雅, 齐晓华, 等. 高原丘陵区砒砂岩土壤特性的实验分析研究[J]. 内蒙古农业大学学报(自然科学版), 2011, 32(1): 315-318.
[73] 赵海霞, 李波, 刘颖慧, 等. 皇甫川流域不同尺度景观分异下的土壤性状[J]. 生态学报, 2005, 25(8): 2010-2018.
[74] 中华人民共和国农业部. 关于全国耕地质量等级情况的公报[J]. 中华人民共和国农业部公报, 2015, (1): 58-64.
[75] 伍光和. 自然地理学[M]. 北京: 高等教育出版社, 2009.

第 3 章　灌溉用水试验及灌溉制度设计

在缺水的陕北农牧交错带内，通过砒砂岩与沙复配成土，能够将原有的未利用沙地进行整治改造，初步实现沙地变农田的新增耕地目标。由第 2 章可知，研究区内降水少、地表水系不发达，且暴雨降水强度大、水资源利用率低。虽然具有光照充分的优势，但仅靠雨养则农田水分供给不足，难以完成沙地农业利用的任务，灌溉则成为沙地农业利用必不可少的辅助手段。农作物的灌溉制度是指作物播种前及全生育期内的灌水次数、每次的灌水日期和灌水定额。灌溉制度通常要求灌溉供水能够满足作物各生育阶段的需水量要求，是灌区规划及管理的重要依据。研究区域水资源稀缺的现实使沙地农业灌溉制度的合理确定成为必需，合理的灌溉制度既满足作物的基本生长需求，又能最大限度地提高水资源利用率，实现高效利用。

本章在已建立的榆阳区大纪汗试验小区内开展小区典型农作物试种，试种以玉米和马铃薯为典型的粮食作物和经济作物，通过节水灌溉试验，探明两种作物在全生育期内的用水过程、土壤含水率的动态变化，通过试验气象条件下测定的作物需水量推演进而确定作物在全生育期内的灌溉制度。本章采用试验法确定作物在节水条件下的灌溉制度，使得在用水量最少的情况下，获得较好的经济效益、社会效益和生态效益。

本章通过研究土壤含水率随时间的动态变化来确定作物根系吸收水分的情况，因此不考虑作物冠层截留水分，以作物根系吸收水分情况来计算作物需水量。将作物全生育期分为不同的生育阶段，通过水分动态监测及合理的灌溉使土壤水分变动于作物根系能够有效利用的含水量区间阈值之内，试验获得作物根系层土壤含水率及其随时间变化的规律，以及适宜的灌水时间、灌水频率、灌溉水量等作为拟定合理的灌溉制度的数据基础，并通过田间试验对拟定的灌溉制度加以验证与修正，建立科学的灌溉制度。

3.1　试验区概况

3.1.1　试验小区的位置与条件

榆阳区位于陕西省榆林市的中北部、陕北农牧交错带中部长城沿线两侧、无定河中游，东与神木市毗邻，西北与内蒙古自治区接壤，东南与佳县、米脂县交接。本次灌溉试验的试验小区设立于榆阳区小纪汗镇大纪汗村，位于长城以北约10km处的毛乌素沙地南缘，处于东经109°29′50″～109°31′44″，北纬38°26′23″～38°27′02″，该地区干旱少雨，年平均温度6.0～8.5℃，1月平均气温9.5～12℃，7月平均气温22～24℃，大于等于10℃的积温3000℃。年降水量为250～440mm，其中7～9月降水量占全年降水量的60%～75%，以8月最多，雨热同期。年际降水变化大，多雨年为少雨年的2～4倍，最大日降水量可达100～200mm。降水多以阵雨形式出现，历时短，地表径流含沙量大，是黄河中上游流域水土流失最严重的地区。干燥度指数2.5～3.0；大于5m/s的起沙风速每年有220～580次。沙丘高度在10m以下，属于典型的风沙草滩区，周边分布有大量的风沙土地及片状分布的砒砂岩。例如，距试验小区约5km的井克梁村，砒砂岩分布面积约1km^2；距试验小区约25km的杨家滩村，砒砂岩分布面积约2.7km^2；距试验小区约15公里处的黄土梁村，砒砂岩分布面积约0.6km^2。这些区域砒砂岩集中分布，而且均为盖沙区砒砂岩。

3.1.2 试验小区的布设

试验小区土壤类型以风沙土为主，小区所用砒砂岩采自榆林市大纪汗村境内

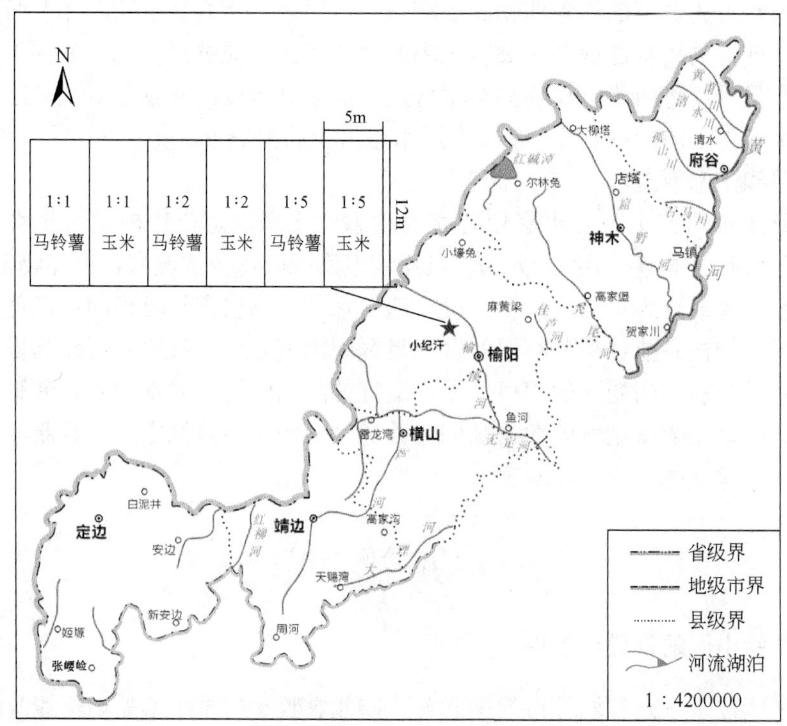

图3.1 试验小区位置与布设图

约5km处的梁地。试验中将砒砂岩与沙的体积混合比例设置为1∶1、1∶2和1∶5三种复配比例，分别种植玉米和马铃薯，共计3×2个试验样地，试验样地所在的位置及样地布设情况见图3.1，试验样地种植前后的实景见图3.2。

(a)种植前

(b)种植后

图 3.2　试验小区实景图

3.1.3　节水灌溉方式及优选

节水灌溉是以最低限度的用水量获得最大的产量或收益，也就是最大限度地提高单位灌溉水量的农作物产量和产值的灌溉措施[1]。高效节水灌溉主要是通过水泵提水加压，管道输水，然后利用喷头、微喷头、滴头等灌水器对田间进行灌溉。利用灌水器灌溉的不同方式主要分为喷灌、微灌两大类。微灌又可再分为微喷灌和滴灌两种主要的方式，其他类型灌溉方式，如涌流管（小管出流）、渗灌及滴箭等，在日常灌溉中不经常使用。以下仅对比喷灌和滴灌两种常用的节水灌溉方式。

1. 喷灌

喷灌是利用管道将具有一定压力的水送到灌溉地段，并通过喷头喷射到种植区的上方，分散成细小水滴，均匀地喷洒到田间而对作物进行灌溉的一种方法。作为一种先进的机械化、半机械化灌水方式，喷灌具有保土、保水、保肥、省工和提高土地利用率等效果，其主要优点具体表现如下[1]：①节水效果显著，水资源的有效利用率可达 80%，一般情况下，喷灌与地面灌溉相比，1m^3 水可以当 2m^3 水用；②田间管道布置稀疏，喷头的射程较大，覆盖区域一般都在 7m 以上，作物增产幅度大，一般为 20%～40%，其原因是取消了农渠、毛渠、田间灌水沟及畦埂，增加了 15%～20%的播种面积；③投资成本低、喷头用量少，减少了农民用于灌水的费用和劳动力投入，特别是随着技术的提高塑料喷头的应用更加节约成本；④灌水均匀，土壤不易形成板结，有利于抢季节、保全苗，大大减少了田间渠系建设及管理维护和平整土地等的工作量。

但是喷灌也存在一定的缺点：首先，由于喷头每小时出流水量较大、射程远，会造成在近喷头区域水滴打击强度明显高于远端；其次，喷灌受风向风速影响较大，易造成不均匀喷洒或因风而增加漂移损失；最后，由于喷头所需工作压力相对较大，会增加取水水泵的扬程以及电机的功率导致后期运行成本相对较高。

2. 滴灌

滴灌是利用塑料管道将水通过直径约 10mm 毛管上的孔口或滴头，将水以水滴形式送到作物根部土壤进行局部灌溉。滴灌是一种满足作物需水要求的灌溉方法，通常不但利用低压管道系统进行根部土壤缓慢供水，同时也能将溶于水的化肥均匀而缓慢地滴在作物根部的土壤中，供水和施肥同步进行。滴灌的灌水器主要为滴头，按滴头结构、出流形式的不同主要分为内镶式滴头和压力补偿式滴头，一般工作压力为 100kPa。

滴灌是目前干旱缺水地区节水效率最高的一种节水灌溉方式，其灌溉水的利用率可达 95%，因而与喷灌相比具有更高的节水增产效果，同时可以结合施肥，提高肥效一倍以上，适用于果树、蔬菜、经济作物以及温室大棚灌溉，在干旱缺水的地方也可用于大田作物灌溉。

滴灌不足之处是滴头易结垢和堵塞，在灌溉之前需对水源进行严格的过滤处理以免堵塞；另外，滴灌管网铺设密度高，不利于田间耕作；管网及喷头铺设成本高，投资力度大，不易被农民所接受；一次灌溉出水量较小，灌溉消耗时间长，在蒸发量大的地区较容易导致过多的能源消耗；后期需要严格的管理维护工作，运行成本略高。

通过两种常用节水灌溉方式对比研究可知，滴灌比喷灌效率高，而喷灌具有比滴灌成本低、破坏小、易维护的特点，两种灌溉方式均有明显的节水效益。本章针对陕北农牧交错带水资源及耕地资源短缺的特点，考虑滴灌因管网铺设密度高，不利于田间耕作，且铺设成本高，投资力度大，不利于农户接受，加之后期需要严格的管理维护工作，运行成本略高，砒砂岩与沙复配成土的初级阶段仍不利于大范围推广使用。因此，采用喷灌作为推荐的灌溉节水方式进行试验研究。

3.1.4 典型作物种类选择

陕北农牧交错带农作物布局沿长城呈南北二大区域性过渡特征，长城以北风沙滩区灌溉农业较为发达，农业生产以玉米、马铃薯、水稻、油料、蔬菜和农作物制种为主；风沙区以杂交玉米为主的制种业已成为当地区域性主导产业，并已成为全省最大的杂交玉米生产基地；长城以南黄土丘陵区主要是旱作农业区，作物以禾谷类、豆类等秋杂粮为主。

1. 玉米种植条件

玉米适应性较强，对土壤条件要求不是非常严格，我国的黑土、草甸土、黄壤及红壤等都可以种植玉米。但是玉米根系庞大，需要的养分、水分很多，为了保证高产稳产，需要满足 4 个条件：①土壤结构良好。玉米根系发达，需要良好的土壤通气条件，土壤空气含氧量为 10%～15%最适宜玉米根系生长，如果含氧量低于 6%，就会影响根系正常的呼吸作用。因此，高产玉米要求土层深厚、疏松透气、结构良好，土层厚度 1m 以上，活土层厚度 30cm 以上。②土壤有机质与矿物质营养丰富。高产玉米对土壤养分的含量要求是褐土有机质含量 1.2%以上，棕壤土 1.5%以上；土壤全氮含量大于 0.16%，速效氮含量为 60mg/kg 以上，水解氮含量为 120mg/kg；土壤有效磷含量为 10mg/kg；土壤有效钾含量为 120～150mg/kg；土壤微量元素硼含量大于 0.6mg/kg。③土壤水分状况适宜。玉米生育期间土壤水分状况是限制产量的重要因素之一。据测试，玉米苗期土壤含水率为田间持水量的 70%～75%，出苗到拔节为 60%左右，拔节至抽雄为 70%～75%，抽雄至吐丝期为 80%～85%，受精至乳熟期为 75%～80%，乳熟末期至蜡熟期为 70%～75%，蜡熟至成熟期为 60%左右。当土壤含水率下降到田间持水量的 50%时，就需要灌溉。④土壤质地对玉米生长有不同影响。质地黏重的土壤结构紧密、通气不良，干时易板结，春季地温上升迟缓，玉米苗期生长缓慢。但随着夏季地温升高，土壤微生物活动加强，有效含量增多，使玉米生长旺盛。而砂质土壤质地疏松、通气良好，早春地温上升快，出苗率高，玉米幼苗生长迅速，但土壤保水保肥性差，有效养分供应不足，影响中后期生长。

2. 马铃薯的种植条件

土壤不但是种植马铃薯的物质基础，而且能够保障马铃薯生长过程所必需的水分、养料以及温度。因此，土壤条件对马铃薯种植具有非常重要的影响。马铃薯适应性广、耐旱、耐瘠薄、生育期比较短、产量高、增产潜力大，是开发农田、节约水资源、调整优化作物种植布局、提高粮食生产能力的最佳作物[2]。为了保障马铃薯的高产稳产，必须满足下列三个条件：①马铃薯是块茎作物，对于土壤质地以及土壤的通透性具有较高的要求。因为砂壤土疏松透气，回温快，有利于马铃薯及时出苗，便于根系的生长和块茎的膨大；砂壤土透水性好，不容易积水，减少了薯块因缺氧、气孔张开，感染病菌的风险。②幼苗期是根系发育和茎叶快速生长的关键时期，保持土壤通透性，且需要土壤湿度维持在田间持水量的 60%～70%。结薯和块茎膨大期是总产量 80%的形成时期，这个时期对干旱极其敏感，土壤湿度需持续保持在 70%～80%，切忌忽干忽湿。③土壤质地对马铃薯产量影响随土壤水分有所区别，砂土或黏土在湿润条件下马铃薯产量和淀粉含量较高，干旱条件下会比较低[3]。④马铃薯是好钾作物，每生产 1000kg 鲜薯需要吸收氧化钾 11kg、纯氮 5.5kg、五氧化二磷 2.2kg。

3. 沙打旺的种植条件

沙打旺是一种绿肥作物，适应性强、枝叶繁茂、产草量高，还有具有抗旱、抗寒、耐盐、耐瘠薄等优点[4]。沙打旺防风固沙能力很强，能有效减少风沙危害、保护果林、防止水土流失。沙打旺根部发达并具有根瘤，固氮能力强，改良土壤结构、提高土壤肥力的效果较为显著，各种侵蚀地和固定沙丘，都能种植沙打旺。沙打旺的鲜草产量可高达每亩 4000～4500kg，可采取移草压青或割青沤肥办法，以培养地力，提高农作物产量。沙打旺作饲料的营养价值较高，可直接作马、牛、羊、骆驼、猪、兔子等大小牲畜青饲料，但其适口性较差；也可制成青贮、干草和发酵饲料，可在天然草场和人工草场放牧直接喂饲，也可割草喂饲。此外，沙打旺秸秆还是一种很好的燃料。

沙打旺种植需满足以下条件：①沙打旺具有较好的环境适应性，对土壤类型要求不严，各类土壤都能种植，在肥力水平较低的土壤种植，也可获得一定的产量；沙打旺种植适宜选择的土壤质地是排水良好的沙土或砂壤土种植。②除出苗前的干旱会影响出苗外，沙打旺对水分条件有良好的适应性，在年降水量 300～1000mm 的地方均能生长良好，因其根系发达，能从深层土壤中吸收水分，从而更加抗旱。据相关报道，生长在贫瘠干燥、退化草地上的沙打旺，70 天无雨情况下仍生长良好。③沙打旺种子小，顶土能力弱，种植深度不宜过深，以 1cm 左右为宜。

4. 复配土种植的适用性分析

在研究区内，在推荐的复配比例区间内，随着砒砂岩在沙中复配比例的提高，复配土壤的毛管孔隙度由 25%升高到 33%，复配土为砂壤和砂质壤土，土壤质地疏松，通气良好，能满足玉米生长的土壤结构与质地条件。土壤有机质与矿质营养缺乏的问题可以通过耕作过程合理施肥加以解决。研究区地表水资源极度匮乏，但地下水相对丰富，适当的灌溉工程措施可满足玉米种植所需的水分条件。2015 年，榆林市玉米产量 70.47 万 t，占全市粮食产量的 49.3%，是榆林市主要粮食作物，具有较好的种植基础。2006～2016 年，榆林市玉米播种面积从 168.89 万亩扩增到 230.79 万亩，产量从 45.6 万 t 增加到 77.16 万 t。种植技术日渐先进，科技含量逐年提高，产业链条初步形成规模，玉米产量稳定，质优价高且增产增效显著。按照对全国玉米价格趋势的研究分析，自 2008 年执行临储收购政策之后，国内玉米价格开启长达近三年的持续上涨通道，并在2011 年均价达到历史高点 2560 元/t；2012～2014 年，玉米市场价格上涨趋于饱和，但仍被政策保护的玉米市场继续触顶，涨至历史新高点 2700 元/t；2015 年开始，在执行“市场化收购+补贴”新政策后，玉米价格经历狂跌，但在 2017 年有回暖趋势。因此，本章综合现状规模、技术方法及市场发展情况，将玉米选做典型的粮食作物进行试验，分析合理的灌溉制度，以及作为进行沙地农业开发规模研究的依据。

交错带北部风沙滩区发育砂壤土，是马铃薯最为理想的生长土壤，南部丘陵沟壑区为黄绵土，也适宜于马铃薯的生长发育。研究区土地广阔、土质疏松、土壤富含钾素、光照充足、雨热同季、昼夜温差大、海拔高、环境污染小，出产的马铃薯块茎均匀、薯型整洁、适口性好，具有较高知名度。“十二五”以来，北部风沙草滩区以脱毒种薯繁育为主、西部白于山区以鲜食菜用薯为主建立马铃薯基地。2015 年，榆林市马铃薯种植面积达 263.6 万亩，鲜薯总产量 234.3 万 t，折粮总产量 46.8 万 t，产量占全市粮食总产量的 30%以上，已成为陕西省第一、全国第三的马铃薯生产大市。同玉米一样，马铃薯在农牧交错带也有广泛的种植基础和良好的开发前景。马铃薯是粮食、经济类、蔬菜、饲草兼用型作物。2016 年，《农业部关于推进马铃薯产业开发的指导意见》[5] 指出“为贯彻落实中央一号文件精神和新形势下国家粮食安全战略部署，推进农业供给侧结构性改革，转变农业发展方式，加快农业转型升级，把马铃薯作为主粮产品进行产业化开发……”，该指导意见虽然首次提出将马铃薯作为主粮产品，但考虑到马铃薯作为主食被消费者接受还需一段时间、主粮化的相关政策和制度还没到位、马铃薯产业化技术水平还不足够先进[6]，又由于本章试验开展较 2015 年还早一些，现仍以马铃薯作为典型经济作物代表进行灌溉制度的试验确定，以及作为进行沙地农业开发规模研究的依据。

最后，沙打旺这种绿肥植物因为环境适应性好；根系发达、易吸持水分、抗旱能力较好；植株生长快，地表与地下部分均具有较好的固沙能力，因此以沙打旺作为典型饲草类作物进行沙地农业开发规模研究。

3.2　灌溉试验材料与方法

3.2.1　土壤有效水分阈值

早期，学者们认为只要作物在生育时期遭遇水分亏缺就会造成减产，为了获得作物高产，必须在作物的整个生长期都充分供水，以追求土地最高生产力水平。近年来，世界淡水资源变得越来越紧缺，人们对于农业生产力水平评价除了单一的产量因素外，越来越看重对于灌溉用水的有效利用率，各国对提高旱地农作物水分利用效率的研究和农区基础设施的改进加以重视，致力于高效节水可控微灌技术和旱地农业的技术进步，一些发达国家（如美国、加拿大等）已经把旱地农区建设成重要的粮食、牧业生产基地。在此背景下，出现了调亏灌溉的概念。调亏灌溉是基于作物本身生理状态进行的节水灌溉，是在作物生长的某些特定阶段施加一定程度的水分胁迫，用来使作物后期抗旱能力增加，促使同化物在作物不同器官之间重新分配，最终达到节水及高产的目的[7]。调亏灌溉根据作物本身的调节和补充效应进行节水，属于生物节水的范畴。从作物的生理角度考虑，水分胁迫并不总是表现为负面效应，适时适量的水分胁迫也能对作物的生长、产量及其品质产生一定的积极作用。

土壤水分的有效性是土壤学、植物学及生态学关注的热点，是制约旱区陆地生态系统生产力的主要限制因子之一，全球气候变化对区域生态建设和植被功能提升带来了严峻挑战。陕北农牧交错带年均降水量小，且有效的天然降水在年际间变幅大，年内分布不均，常常导致植物生育期内的降雨无法满足植物的正常生长，灌溉成为农业发展的必需。为有效利用灌溉水分，总结水分胁迫下作物的生理参数变化，获取玉米对于干旱的胁迫机制，从而为作物的调亏灌溉寻找到最佳水分阈值具有重要意义，为最终达到既节水灌溉，又提高产量提供依据。

1. 作物生长阶段划分

3.1.4 小节依据榆林市沙土地性质、生态环境的特点选择适种的典型作物，试验小区内种植的粮食作物为玉米，经济作物为马铃薯。采用灌溉用水试验测定土壤含水率，分析作物生长过程中土壤释水速率，进而对作物的生育阶段以及整个生育期的需水量进行研究，最后按照试验结果，有针对性地进行玉米和马铃薯的灌溉制度的合理确定。由于地块数量有限，饲草作物沙打旺则参考《中国主要作物需水量与灌溉》中的灌溉制度，采用折减系数法获得[8]。

根据玉米及马铃薯不同生长期的状态，结合实验区当地传统玉米和马铃薯种植技术，同时参照《陕西省作物需水量及分区灌溉模式》对其生育期的生长阶段进行划分[9]，如表 3.1 所示。

表 3.1　玉米及马铃薯生长阶段划分

作物	生育阶段/d	生长阶段	日期
玉米	播种期/10	播种-出苗	5.09～5.18
	幼苗期/30	出苗-拔节	5.19～6.18
	拔节期/35	拔节-抽穗	6.19～7.24

续表

作物	生育阶段/d	生长阶段	日期
玉米	抽穗期/30	抽穗-灌浆	7.25～8.23
	灌浆期/25	灌浆-成熟	8.23～9.18
	生育期/130	—	5.09～9.18
马铃薯	播种期/20	播种-出苗	5.09～5.28
	幼苗期/20	出苗-现蕾	5.29～6.18
	块茎形成期/30	现蕾-始花	6.19～7.18
	块茎膨大期/30	始花-盛花	7.18～8.17
	淀粉积累期/35	盛花-成熟	8.17～9.23
	生育期/135	—	5.09～9.23

2. 玉米的需水规律与水分阈值

玉米分布区域主要在干旱半干旱地区，经常干旱缺水而使玉米减产，因此进行节水灌溉，提高玉米的水分利用效率成为玉米稳产、增产的必然选择和重要保障。结合前人试验研究成果，合理确定玉米各生育阶段的有效水分阈值。龚雨田等[10]试验研究及模拟分析表明，玉米生育期水分胁迫（55%～60%）抽穗期＞拔节期＞灌浆-成熟期＞苗期。这与玉米形状的变化基本相同。在水分不足的情况下，充分保证玉米拔节期与抽雄-吐丝期正常灌水，可减少产量降低；其余生育期可以适当地进行节水，减少灌溉量。郝树荣等[11]试验表明，玉米前期重度水分胁迫（50%～60%）条件下，复水后效性明显，尤以苗后期胁迫、拔节初期短历时轻旱后效性最佳。刘学军等[12]试验得出，相对含水率的上限阈值为种植期 80%、苗期 55%、拔节期 85%、抽穗灌浆期 80%，下限阈值为：种植期 60%、苗期 45%、拔节期 50%、抽穗前期 60%。寇明蕾等[13]试验得出，苗期和拔节期土壤相对含水率大于 55%时，水分亏缺对夏玉米的生长、发育及干物质的形成影响不大，复水后产生明显的补偿或超补偿效应。而当小于 50%时，则抑制了夏玉米的生长发育及干物质形成，复水后补偿效应不明显。郭旭新等[14]试验表明，苗期-拔节期控水至 55%～75%不会造成减产，反而会驱使增产，出现补偿或超补偿效应；苗期-拔节期控水至 45%～65%，水分生产率最高。张玉书等[15]总结得出，对于任何土壤类型，土壤相对含水率在 70%～80%才能满足玉米出苗阶段的水分需求量。石耀辉等[16]总结得出，苗期田间持水量控制在 60%左右会促进根系发育，进而有助于地上部分物质生产。张志川[17]以试验结合模拟得出，夏玉米对水分胁迫的阈值下限保持在田间持水量的 50%左右。谭国波等[18]认为，拔节期为玉米营养生长和生殖生长期，不同缺水程度对产量影响均较大，减产效果明显，因此土壤水分低于田间持水量的 70%应及时补水灌溉。对以上研究成果进行总结，结合研究区水资源状况综合确定玉米在五个生育阶段土壤的有效水分阈值区间如表 3.2 所示。

表 3.2　玉米生育期有效水分阈值　（单位：%）

生育阶段	上限阈值	下限阈值
播种期	80	50
幼苗期	55	50
拔节期	85	50
抽穗期	80	60
灌浆期	80	60

3. 马铃薯的需水规律与水分阈值

土壤水分是影响作物生长发育重要因素之一。马铃薯块茎产量和品质与生育期内土壤水分供应状况关系紧密。由于马铃薯具有高产、耐贫瘠等优势，在世界范围内得到大面积的种植，已经成为继水稻、小麦、玉米之后的第四大粮食作物。日益匮乏的淡水资源正越来越显著地限制着农业生产的发展。研究降低马铃薯用水消耗量、提高水分利用效率是马铃薯耕作节水的重要途径。

田伟丽等[19]认为水分利用效率是作物受干旱或水分胁迫反应生理生态机制研究的关键，也是提高作物产量和水分利用效率的基础。研究显示，发棵期水分利用效率最高并不是在土壤相对含水率高无胁迫的情况，而在于持续的中度水分胁迫(45%)，这表明适度控水有利于提高植物水分利用效率，中度水分胁迫时，气孔关闭、蒸腾减少、水分利用效率提高；土壤相对含水率为 85%时，气孔打开、蒸腾增加、水分利用效率降低。肖厚军等[20]发现当出苗和块茎形成期土壤相对含水率为 50%时，水分利用效率高，出苗较好，后期相对含水率在 60%时水分利用效率高，故在有条件的情况下，调节土壤水分使其前期稍缺、中后期充足可提高马铃薯产量。田英等[21]提出马铃薯最佳的水分下限指标为苗期 65%、块茎形成期 75%、块茎增长期 80%、淀粉积累期 60%～65%；马铃薯不同阶段的需水量不同，呈现前期耗水强度小、中期逐渐变大、后期又减小的近似抛物线的趋势。白雅梅[22]研究表明，在较低水分条件下种植的马铃薯在块茎膨大期有较好的抗旱性。从出苗到花芽形成期相对含水率 25%，然后使土壤水分上升到 45%，经过这种处理得到的产量高于土壤水分一直保持 45%的处理，原因是经过抗旱锻炼的马铃薯净同化率高于一直在湿润状况下的马铃薯的净同化率。刘素军等[23]研究认为，田间持水量的 75%～85%处理下马铃薯各项生理指标变化幅度较小，且产量最高，高于 85%或低于 75%，都会造成叶片相对含水率和根系活力降低。金光辉等[24]认为马铃薯块茎不同时期对水分需求并不相同，进入膨大期后，马铃薯对水分的需求量急剧增加，对水分也最为敏感，此时缺水会降低块茎膨大速率，导致严重减产；若土壤水分过多，会造成茎叶徒长根系发育不良，进而影响块茎产量形成，以含水率 75%为宜；要适量水分，以延长植株绿叶寿命，促进有机物向块茎运输，利于块茎产量形成。

对以上研究成果进行总结，结合研究区水资源状况综合确定马铃薯在五个生育阶段土壤的有效水分阈值区间，如表 3.3 所示。

表 3.3　马铃薯生育期有效水分阈值　（单位：%）

生育阶段	上限阈值	下限阈值
播种期	85	25
幼苗期	85	45
块茎形成期	85	60
块茎膨大期	85	75
淀粉积累期	85	60

3.2.2　灌溉试验设计

1）土地工程措施

高产玉米一般要求土层厚度在 1m 以上，活土层厚度在 30cm 以上；马铃薯种植也要求保证松土层深度达 30cm。因此，3.1.2 小节布设的试验小区面积为 12m×5m，每个小区均在表层 0～30cm 土层范围内，参照 2.3 节的实验结果，将砒砂岩粉碎至约 4cm 的粒径（4cm 粒径占 50%以上），按砒砂岩与沙以 1∶1、1∶2、1∶3 的复配比例进行复配，并采用大型翻旋机进行翻旋均匀复配，翻旋深度为 30cm，30cm 深度以下为实验小区的原始沙土。

2）施肥措施

6 个小区均采用相同的施肥处理，种植前施基肥磷酸二铵 335kg/hm^2，复合肥（$N\text{-}P_2O_5\text{-}K_2O$=12-19-16）375kg/hm^2，然后用旋耕机将表层复配土与肥料在 30cm 范围内旋耕均匀。

3）灌水方式

陕北农牧交错区内地表水十分稀缺，且无较好的工程及使用条件，本试验采用小区附近已建地下水水井取水作为灌溉水源。按照 3.1.4 小节对典型作物品种的选择，以玉米和马铃薯这两种种植基础广泛、适种性好、技术成熟及发展前景较好的作物作为代表。限于试验小区的建设规模，试验区喷灌系统采用中心支轴式喷灌设施。进口处安装水表计量灌溉用水水量。

4）灌水时间

依据土壤质地性质设置的土壤有效含水量阈值，试验中当土壤含水率下降到接近最低阈值时进行灌水，按照计划湿润层深度计算次灌水量。灌水后土壤含水率下降至下限阈值的时间即为一次灌水有效时间。

5）试验仪器

试验仪器采用 CNC503B 中子水分仪，在试验区共预设 6 根水分含量测管（①～⑥），分布于试验田间，种植作物分别为玉米、马铃薯。

6）单次测量

采用中子水分仪以 10cm 为步长探测 0～130cm 土壤水分含量相关参数，并通过回归分析得到土壤水分含量值。

7）测量时间

由一次灌水后开始测量，测量时间均在每日上午的 8：00，测量持续数天直至土壤水分降至水分下限阈值为一轮。

8）重复试验

按作物全生育期内五个生育阶段进行试验，每阶段试验次数为 2～3 轮，每轮测量数据用以分析次灌溉水量有效持续时间，取各次灌溉水量的平均有效利用时间作为本生育阶段作物灌溉需水量计算的依据，累积全生育期实际用水量，即为总灌溉需水量。

3.2.3 材料与方法

1）土壤含水率中子水分仪法测量

试验过程中利用中子水分仪以 10cm 为步长从地表（即 0cm 处）开始探测深度为 0～10cm、10～20cm、20～30cm、40～50cm、60～80cm、80～100cm、100～120cm、120～130cm、130cm～140cm 共 9 层的土壤水分含量。在作物全生育期内根据作物生长阶段共分五个段进行试验，每阶段均选择无降雨、无灌溉的时段进行测量。

2）烘干法测量

每处样点均采用烘干法进行对照。在中子仪测点周围寻找无根系或根系较少区域，利用土钻取对应土层的土样。取出的土样需迅速用保鲜袋封装，以免水分蒸发影响试验结果。

3）试验数据处理

(1)中子水分仪。中子水分仪的水分含量数据需通过标定方程求得。CNC503B 中子水分仪的标定方程如下：

$$W=A\frac{R}{R_s}+B \tag{3.1}$$

式中，R_s为标准计数 STD 值；R 为每层计数值，即中子仪读数；W 为水分含量；A 为斜率；B 为截距。

想要得到斜率 A 和截距 B 的值，必须得到一系列 R/R_s 比值和对应的含水量 W 值，以便通过这些数据拟合求出 A 和 B。之后测得的数据可以通过已标定好的方程进行代入得到水分含量数据。

试验中利用中子仪测得的数据为土壤体积含水率，转化为质量含水率的公式如下：

$$\theta_v=\theta_m\cdot\gamma \tag{3.2}$$

式中，θ_m 为土壤质量含水率，%；θ_v 为土壤体积含水率，%；γ 为土壤容重，g/cm^3。

（2）烘干法。

$$\theta_m=\frac{W_1-W_2}{W_2-W_3}\times 100 \tag{3.3}$$

$$\theta_v=\theta_m\cdot\rho_b \tag{3.4}$$

式中，θ_m 为土壤质量含水率，%；θ_v 为土壤体积含水率，%；W_1 为铝盒质量+湿土质量，g；W_2 为铝盒质量+干土质量，g；W_3 为铝盒质量，g；ρ_b 为土壤容重，g/cm^3。

数据均采用 OriginPro 9.1 进行绘图，并采用 Excel 对数据进行计算。

3.3　田间试验分析及作物需水量计算

3.3.1　土壤水分的时间结构特征

为研究一次灌水持续时间，对玉米和马铃薯全生育期内不同阶段复配土壤含水率随时间的变化特征进行分析。本小节以砒砂岩与沙复配比为 1∶2 的小区试验结果为代表，选定玉米的关键生长期为拔节期和抽穗期，马铃薯为块茎膨大期和淀粉积累期进行时间特征分析。对砒砂岩与沙复配比为 1∶2 土壤中的含水率随时间变化情况绘图，玉米拔节期含水率变化见图 3.3，抽穗期含水率变化见图 3.4。马铃薯块茎膨大期含水率变化见图 3.5，淀粉积累期含水率变化见图 3.6。

由玉米拔节期土壤各层水分变化情况可以看出，所有土层的含水率随时间变化的总体呈下降趋势（图 3.3）。0～30cm 土层（上层土壤）含水率始终高于其他土层含水率，说明复配土有效提高了土壤的持水、保水特性。80cm 以下土层（下层土壤）随土层深度增加逐渐升高，这与该地区地下水埋深较浅，下层土壤及时得到地下水补充有关。同时，上层土壤含水率下降趋势最为明显，平均下降幅度达到 4%以上。其次是下层土壤，其在地下水补给的情况下，走势较为平缓，130～140cm

土层甚至在 72h 后呈现出保持平稳直至轻微升高的状态。

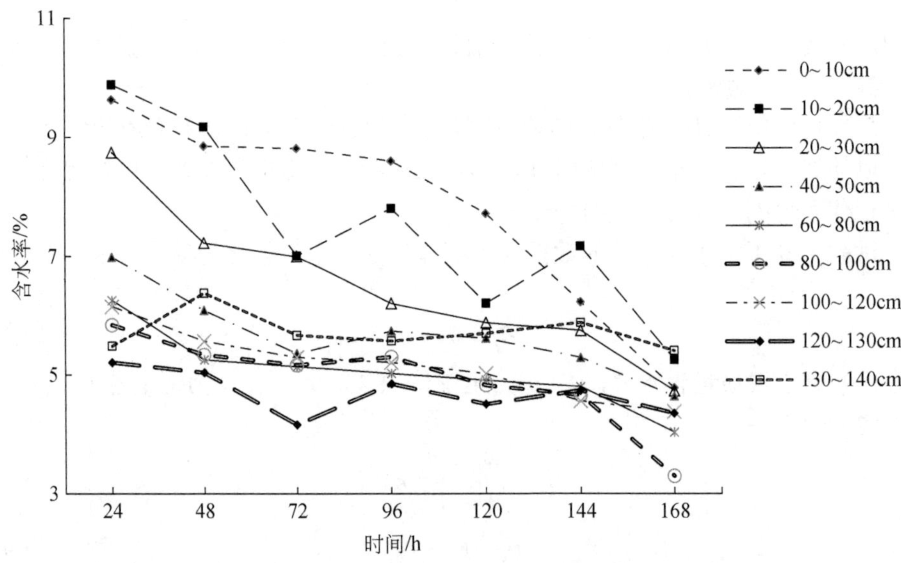

图 3.3　玉米拔节期含水率的时间变化图

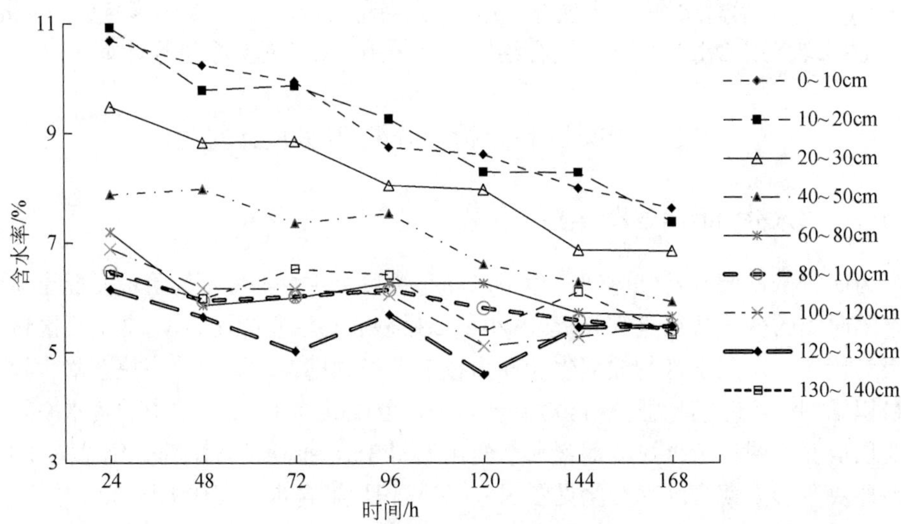

图 3.4　玉米抽穗期含水率的时间变化图

由玉米抽穗期土壤各层水分变化情况可以看出，上层土壤依然保持含水率较高状态，且 40～50cm 土层土壤含水率也高于中下层，在 40cm 处出现了明显的水分高低断层现象（图 3.4）。由此可以看出，在玉米生长至抽穗期时，除因叶片面积增加而蒸发量减少可提高上层土壤持水性以外，由于根系发展，土壤颗粒一直处于运移状态，上层土壤中砒砂岩颗粒逐渐向下运移，土壤持水保水性的提高不仅限于旋耕层 30cm 范围内，有效改善了土壤结构，使土壤理化性质朝着良性发展。抽穗期玉米根系可生长至 80cm 以上长度，对中下层土壤的吸水性加强，下层土壤受到根系吸水和地下水二者影响，随时间变化出现波动。中层土壤中，60～80cm 和 80～100cm 土层仅在 48h 内出现较大幅度下降，之后水分保持较为稳定。

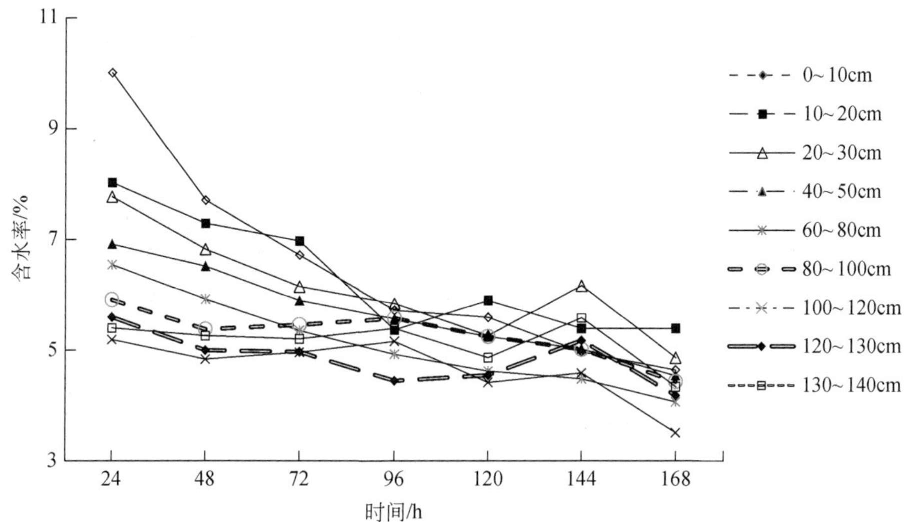

图 3.5　马铃薯块茎膨大期含水率的时间变化图

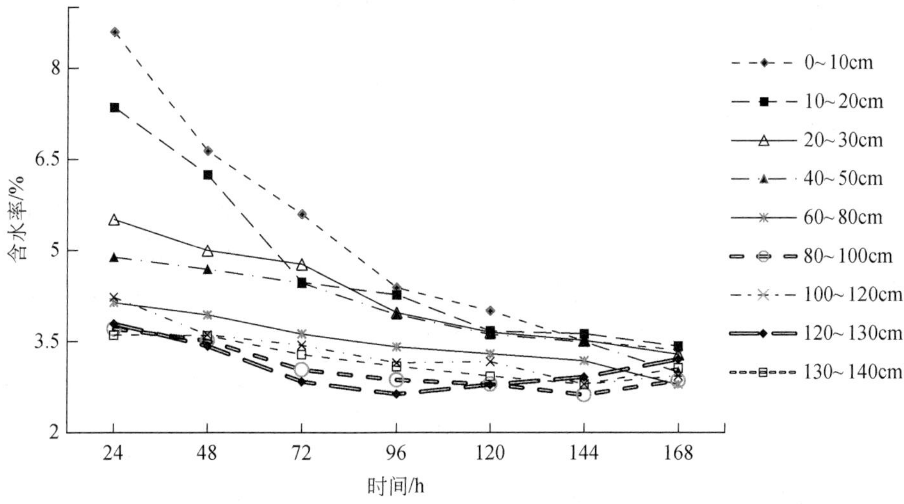

图 3.6　马铃薯淀粉积累期含水率的时间变化图

由马铃薯块茎膨大期土壤各层水分变化情况可以看出，相较于玉米，马铃薯种植土壤的含水率随时间更为平稳，但含水率较低（图 3.5）。由于马铃薯根系较浅，中下层土壤受到吸水扰动较少，水分保持自然下渗，补充了下层土壤水分。96h 内是马铃薯土壤含水率下降速度较快的阶段，作物吸水强度较大，之后短时间内保持平稳后出现波动。

由马铃薯淀粉积累期土壤各层水分变化情况可以看出，与玉米抽穗期相仿，40cm 深度土层内土壤含水率与中下层土壤含水率出现明显的分层现象，说明马铃薯种植土壤中随作物生长也出现了砒砂岩颗粒向下运移的现象（图 3.6）。淀粉积累期内，土壤含水率波动幅度不大，主要吸水阶段集中于 120h 内，之后便趋于平缓。随时间推移，各土层内含水率逐渐集中，上下层土壤含水率最大差值仅 0.63%。

土壤含水率与降水量关系密切，较多的降水量对应较高的土壤含水率[25]。朱首军等[26]对淳化县地埂花椒-小麦-苹果复合模式的试验地 2m 深的土壤水分进行观测，发现不同测点不同时间段的含水量不同，但是总体趋势基本一致。周启友等[27]研究发现，降雨使土壤整体含水量增加，但是其空间分布结构和模式并没有发生根本变化，随着降雨停止，土壤逐渐干燥，土壤含水率的空间分布结构几乎完全返回到降雨前的模式，使土壤进一步干燥，土壤含水率的空间分布结构还是没有发生根本变化。以上研究均说明，土壤水分的空间分布模式可以保持一定的时间稳定性。根据玉米及马铃薯不同土层深度的土壤含水率随时间变化情况可以发现，0～30cm 土层含水率始终处于较高状态，这与复配土集中存在于 30cm 土层内有关，证明复配土壤持水保水效果良好，同时该土层随时间推移含水率变化幅度最大，曲线波动情况也较明显；30cm 以下深度的土层含水率虽处在较低状态，但曲线相对平缓，波动较少。同时，玉米种植模式下的土壤含水率整体高于马铃薯，这与玉米生长中后期叶片覆盖度较大、地表蒸发相对较小有关。

包含等[28]对毛乌素沙地春玉米种植模式下的土壤水分动态特征进行了研究，结果显示玉米根系的主要吸水层是 20～30cm 深土层，30～40cm 土层是相对干燥层，因此可利用 30cm 左右深土层的土壤水分含量来判断玉米是否需要灌溉；胡兵辉等[29]对毛乌素沙地玉米及马铃薯生长过程中农田土壤水分的时空变化格局进行了分析，发现马铃薯田块里 20cm 以内土层的土壤水分含量变化较为剧烈，20～30cm 土层的水分含量趋于平缓，30cm 以下不属于马铃薯根系主要吸水层。由于本次试验对于农田土壤的处理是每个小区在表层 30cm 覆盖不同混合比例的复配土壤，30cm 深度以下为当地原始沙土。因此，综合本小节分析，玉米及马铃薯均采用 30cm 以内土壤平均含水率随时间的变化情况计算一次灌水的有效持续时间。

3.3.2　土壤水分的垂直结构特征

在土壤垂直剖面上，绘制不同复配比及不同作物种植模式下土壤含水率分布曲线，如图 3.7 所示。作物生长初期，所需水量较少，土壤含水率显著小于作物生长中后期。由于上层土壤受外界影响较大，随深度加深，各土层平均含水率的变化幅度逐渐减少。三种比例下，表层 0～30cm 土层的含水率始终处于较高状态，这与砒砂岩覆盖层集中于 30cm 内有关，砒砂岩有效增加了土壤的持水保水特性。这说明土壤水分动态分布受土壤质地影响，由于复配土壤集中于 0～30cm 深土层，30cm 以下为原状沙土，在三种复配土壤中 0～30cm 深土层土壤含水率较高，30～80cm 深土层处于较低值，受入渗作用和地下水的影响 80～130cm 深土层水分含量逐渐升高。30～80cm 为各复配比土壤的较低值区域。80cm 深度以下，受入渗作用和地下水的影响，土壤含水率开始逐层增加。复配比 1∶1 与 1∶5 的土壤在 -100cm 深处均出现明显拐点，复配比 1∶2 的土壤在 80cm 深处出现拐点，但变幅不大。

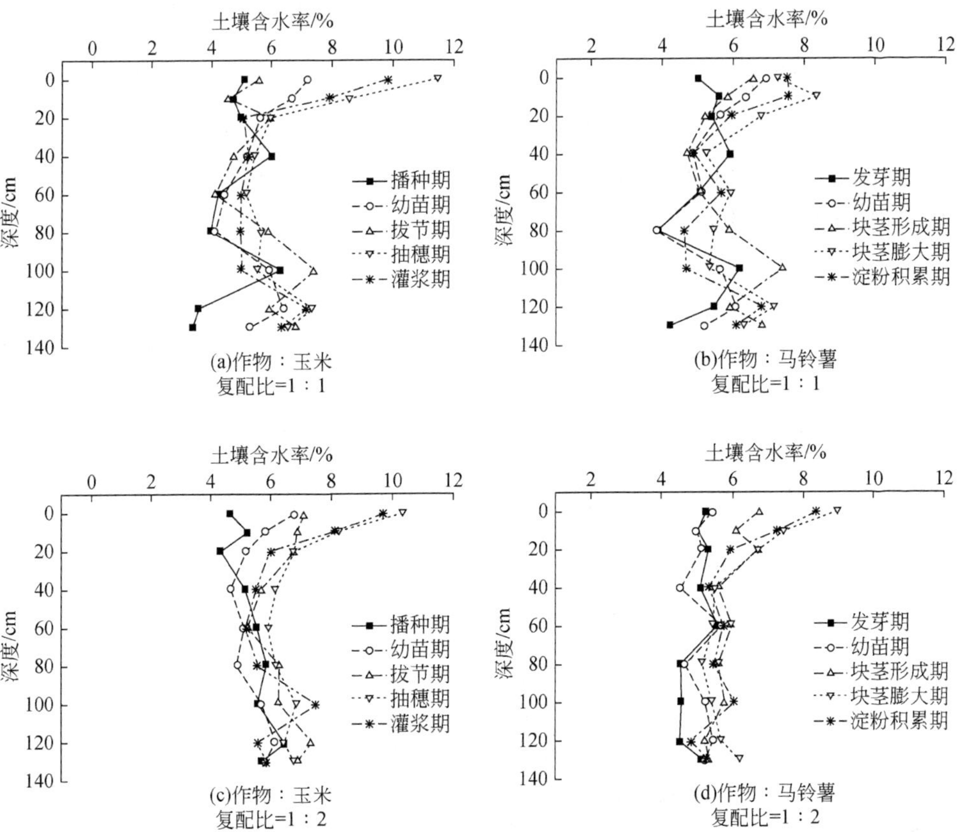

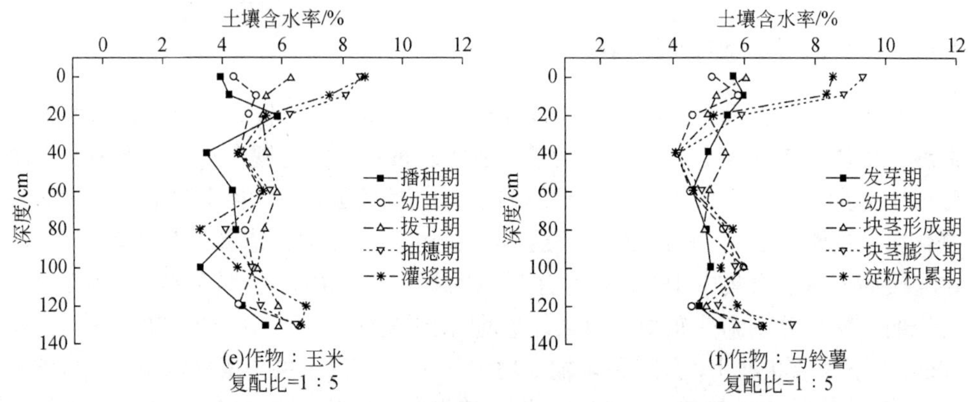

图 3.7　玉米、马铃薯种植模式下三种复配比的含水率垂直分布

从图 3.7 可以看出，玉米和马铃薯种植模式下在砒砂岩与沙 1∶2 复配土壤中的含水率总体最高，也最稳定，各生育期内土壤含水率分布相对较均匀。在实验结束后，对作物收获产量进行核算，发现复配比 1∶2 土壤下作物产量也最高。因此，在进行下一步计算时，将该配比下的实验结果作为主要参考依据。

3.3.3　次灌溉水量计算

试验开始时土壤含水率不足及经过自然释水过程土壤含水率下降到所设定的下限阈值均需要实施灌水，一次灌水量的大小根据计划湿润层深度 H 确定。次灌水量 $Q_{灌}$ 可按式（3.5）计算。

$$Q_{灌} = (\theta_f - \theta) \cdot \gamma \cdot H \cdot F \tag{3.5}$$

式中，H 为计划湿润层深度（m）；θ_f 为田间持水率，%；θ 为土壤初始含水率（质量），%；γ 为土壤容重，g/cm^3，γ 随着不同复配比例的复配土壤而不同；F 为种植面积，12×5m^2。

以前期实验结果为依据，不同复配土壤质地及容重如表 3.4 所示。

表 3.4　砒砂岩与沙复配土壤不同配比下的质地性质

复配比（砒砂岩∶沙）	土层深度/cm	质地	土壤容重/(g/cm^3)
1∶5	0～30	砂壤	1.37
1∶2	0～30	砂壤	1.52
1∶1	0～30	壤土	1.56
原始沙土	30～140	砂土	1.61

作物在不同生育阶段土壤计划湿润层深度 H 不同，参考《中国主要作物需水量与灌溉》[8]，玉米及马铃薯在不同生长阶段的土壤计划湿润层深度如表 3.5 所示。

表 3.5　作物不同生长阶段的土壤计划湿润层深度　　（单位：cm）

作物	H_1	H_2	H_3	H_4	H_5
玉米	20	40	50	70	50
马铃薯	20	30	40	50	40

注：H_1、H_2、H_3、H_4、H_5 分别表示作物在发芽期、幼苗期、块茎形成期、块茎膨大期和淀粉积累期的计划湿润层深度。

3.3.4　次灌水有效持续时间

前期砒砂岩与沙复配成土的土壤特性研究中，已知砒砂岩与沙 1∶5、1∶2、1∶1 三种复配比例的复配土壤田间持水量分别为 7.65%、9.92%和 11.72%，根据表 3.2、表 3.3 可计算得出玉米和马铃薯各生育阶段可接受的土壤水分下限阈值。

试验开始时，按前期土壤的基础含水量及土壤计划湿润层深度计算次灌溉水量在自然水分损失情况下对土壤含水率进行监测，当土壤含水率低至下限阈值时进行下一次灌水，两次灌水的时间间隔为上次灌溉水量的有效持续时间。玉米的拔节期和马铃薯的块茎形成期均为作物生长期内耗水量较大的时期，也是作物生长的关键期，这里以玉米的拔节期和马铃薯的块茎形成期监测结果为例说明土壤含水率随时间的变化情况，并用来计算次灌水的有效持续时间。

1）玉米的次灌水持续时间

图 3.8 为砒砂岩与沙复配比 1∶2 的复配土 30cm 土层内，在种植玉米拔节期自然释水条件下土壤含水率随时间变化情况。

根据图 3.8 分析可知，拔节期内次灌水后，利用插值法将最低阈值 4.96%插值进所测土壤含水率，可知玉米土壤含水率下降至下限阈值的持续时间约 257.1h，即 10.7d 左右。同理，试验分析可得玉米在播种期、幼苗期、抽穗期和灌浆期次灌溉水量的有效持续时间，见表 3.6。

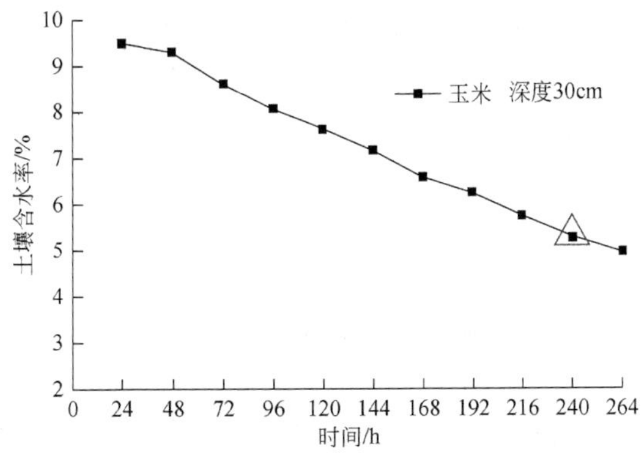

图 3.8　玉米拔节期复配比 1∶2 土壤含水率随时间变化情况

2）马铃薯的次灌水持续时间

图 3.9 为砒砂岩与沙复配比 1∶2 的复配土 30cm 土层内，种植马铃薯条件下，在块茎形成期自然释水条件下土壤含水率随时间变化情况。

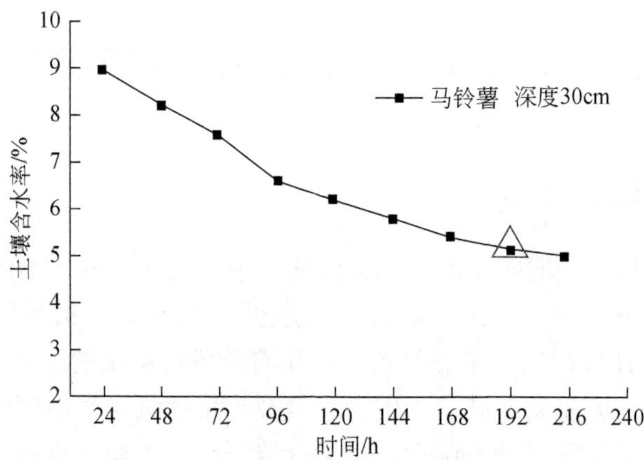

图 3.9　马铃薯块茎形成期复配比 1∶2 土壤含水率随时间变化情况

根据图 3.9 分析可知，块茎形成期内次灌水后，马铃薯土壤含水率下降至下限阈值 5.95%的持续时间约 204.1h，即 8.5d 左右。同理，试验分析可得马铃薯在播种期、幼苗期、块茎膨大期和淀粉积累期次灌溉水量的有效持续时间，见表 3.6。

表 3.6　玉米及马铃薯生育期内一次灌水有效持续时间

作物	播种期/d	幼苗期/d	拔节期/d	抽穗期/d	灌浆期/d	平均/d	生育期/d	需灌溉总次数/次
玉米	12.6	14.7	10.7	13.9	14.9	13.4	130	9.7
马铃薯	10.2	9.8	8.5	9.6	12.1	10.0	135	13.5

3）玉米和马铃薯生育期灌水次数

根据此方法计算出砒砂岩与沙 1∶1、1∶2、1∶5 复配土壤玉米及马铃薯生育期内不同阶段一次灌水的有效持续时间，如表 3.6 所示。实际生育期内玉米和马铃薯各自的灌溉次数分别取 10 次和 13 次。

3.3.5　试验小区作物需水量测算

玉米从拔节期开始耗水量逐渐增大，至作物成熟后耗水量又逐渐减少，且拔节期是玉米生长的关键期，以砒砂岩和沙复配比 1∶2、玉米拔节期为例，计算拔节期玉米需水量。

已知：每块试验小区面积为 12m×5m，玉米拔节期计划湿润层深度 H=50cm=0.5m，田间持水量 $\theta_{\mathrm{f}} = 9.92\% = 0.092\mathrm{cm}^3/\mathrm{cm}^3$。最低限度土壤含水率为

$\theta_0 = 5.06\% = 0.0506\text{cm}^3/\text{cm}^3$。

拔节期测量平均至 240h 时土壤含水率为θ=5.303%，接近最低阈值，以此时开始计算所需灌溉水量，则一块试验小区一次需水量的计算结果为

$$\begin{aligned} Q_{灌} &= (\theta_f - \theta) \cdot \lambda \cdot H \cdot F \\ &= (0.0992 - 0.05303) \times 1.52 \times 0.5 \times 12 \times 5(\text{m}^3) \\ &\approx 2.1\text{m}^3 \end{aligned} \tag{3.6}$$

依据试验观测，将玉米种植模式下 1∶2 复配比土壤灌至田间持水量后，持续时间约 257.1h，即约 11d，在拔节期 30d 内，需灌溉约 3 次才可满足作物正常生长。每阶段灌溉次数根据作物生长期长度和不同阶段计算需水量进行调整。

依据此法计算出每个小区玉米及马铃薯生育期各阶段作物需水量，如表 3.7、表 3.8 所示。

表 3.7　单个小区玉米各阶段作物需水量

作物	作物组成/%	灌水次序	作物生育期	需水量/(m^3/小区)			灌水次数/次
				1∶1	1∶2	1∶5	
玉米	100	1	播种期	0.6	0.6	0.7	1
		2	幼苗期	0.7	0.7	0.8	2
		3	拔节期	2.0	2.1	2.0	3
		4	抽穗期	2.7	2.6	2.8	2
		5	灌浆期	1.6	1.3	1.5	1
需水总量/(m^3/小区)				15.0	14.8	15.4	

表 3.8　单个小区马铃薯各阶段作物需水量

作物	作物组成/%	灌水次序	作物生育期	需水量/(m^3/小区)			灌水次数/次
				1∶1	1∶2	1∶5	
马铃薯	100	1	播种期	0.6	0.5	0.5	2
		2	幼苗期	0.6	0.6	0.6	3
		3	块茎形成期	1.4	1.3	1.3	3
		4	块茎膨大期	1.3	1.3	1.4	3
		5	淀粉积累期	1.2	1.2	1.2	2
需水总量/(m^3/小区)				13.5	13.0	13.3	

3.3.6　沙地农业喷灌节水灌溉制度

喷灌的试验年份为 2014 年，榆阳区年降水量为 406.04mm，降水频率为

41.82%，属于平水年。将单个小区的需水量换算为亩均作物需水量，制订出平水年综合节水措施下玉米及马铃薯的灌溉制度，详见表 3.9、表 3.10。

表 3.9　平水年复配土壤及喷灌措施下玉米灌溉制度

作物	灌水次序	作物生育期	1∶1		1∶2		1∶5		灌水次数/次
			灌溉定额/(m^3/亩)	灌水定额/(m^3/亩次)	灌溉定额/(m^3/亩)	灌水定额/(m^3/亩次)	灌溉定额/(m^3/亩)	灌水定额/(m^3/亩次)	
玉米	1	播种期	165	6.6	162.8	7.7	169.4	7.7	1
	2	幼苗期		7.7		7.7		8.8	2
	3	拔节期		22.0		23.1		22.0	3
	4	抽穗期		29.7		28.6		30.8	2
	5	灌浆期		17.6		14.3		16.5	1

表 3.10　平水年复配土壤及喷灌措施下马铃薯的灌溉制度

作物	灌水次序	作物生育期	1∶1		1∶2		1∶5		灌水次数/次
			灌溉定额/(m^3/亩)	灌水定额/(m^3/亩次)	灌溉定额/(m^3/亩)	灌水定额/(m^3/亩次)	灌溉定额/(m^3/亩)	灌水定额/(m^3/亩次)	
马铃薯	1	播种期	145.2	5.6	143.1	5.6	143.8	5.5	2
	2	幼苗期		6.6		6.6		6.7	3
	3	块茎形成期		14.8		14.2		14.4	3
	4	块茎膨大期		14.4		14.3		14.3	3
	5	淀粉积累期		13.3		13.3		13.3	2

参考《行业用水定额》(陕西省地方标准 DB 61/T 943—2014)，陕北风沙滩区玉米不同水平年灌溉定额为：湿润年 145m^3/亩、平水年 195m^3/亩、干旱年 250m^3/亩；马铃薯不同水平年灌溉定额为：湿润年 60m^3/亩、平水年 150m^3/亩、干旱年 180m^3/亩。

按倍比系数折算出其他年份复配土壤及喷灌措施下玉米的灌溉定额，复配比 1∶1、1∶2 和 1∶5 比例下在湿润年分别为 123.1m^3/亩、121.5m^3/亩、126.4m^3/亩，干旱年分别为 217.8m^3/亩、214.9m^3/亩、223.6m^3/亩；马铃薯在三种比例下灌溉定额，湿润年分别为 60.0m^3/亩、57.8m^3/亩、59.04m^3/亩，中等干旱年分别为 179.9m^3/亩、173.4m^3/亩、177.1m^3/亩。

3.4 节水性能与适用性分析

3.4.1 节水性能分析

本章考虑平水年情况下作物的灌溉定额，根据《行业用水定额》(陕西省地方标准 DB 61/T 943—2014)中陕北地区长城沿线风沙滩区农业作物的用水定额，其中玉米灌溉定额为 195m^3/亩，马铃薯灌溉定额为 150m^3/亩；参考《陕西省作物需水量及分区灌溉模式》[9]，陕北长城沿线风沙滩区平水年玉米全生育期需水量为 290m^3/亩，马铃薯全生育期历年平均需水量为 230m^3/亩。本小节进行节水效果分析，将本章制订灌水定额与二者进行对比分析，节水效果详见表 3.11。

表 3.11 作物灌溉定额节水效果分析

作物	复配比	复配土+喷灌灌溉定额/(m^3/亩)	节水效果/%	
			《行业用水定额》	《陕西省作物需水量及分区灌溉模式》
玉米	1∶1	165.0	15.38	43.10
	1∶2	162.8	16.51	43.86
	1∶5	169.4	13.13	41.59
马铃薯	1∶1	145.2	3.20	36.87
	1∶2	143.1	4.60	37.78
	1∶5	143.8	4.13	37.48

从表 3.11 中可以看出，玉米在喷灌条件下均为复配比 1∶2 土壤下节水效果最佳，其次为 1∶1 复配土壤；马铃薯在喷灌条件下均为复配比 1∶2 土壤下节水效果最佳，其次为 1∶5 复配土壤。

从总体来看，本次制订的灌溉制度在一定程度上能够起到节约水资源的效果，对于交错带内农业耕作长期粗放用水方式具有一定的改善作用，可以为沙地农业开发利用过程中的作物灌溉节水提供参考。

3.4.2 灌溉制度的适用性分析

灌溉制度是沙地农业开发中用水量计算的依据。沙地作物灌溉用水实验地点设在榆林市榆阳区小纪汗镇大纪汗村，所得的灌溉制度能否用于其他区域还需要进行进一步的分析。为探讨该灌水实验制订出的作物节水灌溉制度是否适用于农牧交错带其他区域，从降雨、蒸发、水资源分布等方面探讨不同区域的时空差异，并作灌溉制度的适用性分析。

1. 降雨

根据《榆林市水资源综合规划》，陕北农牧交错带 6 县（市、区）年平均降水量为 316.4～445.0mm，详见表 3.12。榆阳区、神木市、府谷县降水量在 400mm 以上，横山区、靖边县、定边县降水量在 400mm 以下，该区以小壕兔、小纪汗、横山区、杨桥畔、红柳河一线附近为 400mm 降雨等值线。400mm 降水量以上尚可发展旱作农业，该区农牧交错的典型性可见一斑。降水季节分配不均，冬季（12～次年 2 月）降水仅占全年的 2%～3%，7～9 月为全年的雨季，占全年降水量的 59～76%，雨季集中于 7～9 月，而气温以 6～8 月三个月较高，以 7 月最高，雨热基本同季，有利于秋作。

表 3.12　陕北农牧交错带各县（市、区）年降水量参数表

行政分区	多年平均年降水量/mm	C_v	不同频率年降水量/mm			
			20%	50%	75%	95%
榆阳区	408.6	0.28	444	350	285	207
神木市	433.8	0.27	508	404	332	244
府谷县	445.0	0.29	501	392	317	227
横山区	397.0	0.24	458	367	303	226
佳县	399.3	0.24	480	400	344	272
靖边县	394.7	0.25	496	401	334	252
定边县	316.4	0.26	421	338	279	208

注：C_v 表示变异系数。

通过对比陕北农牧交错带 6 县（市、区）的多年平均降水量可知，除府谷县位于 400～500mm 区域以外，400mm 等雨量线横跨定边县、靖边县、横山区、神木市、榆阳区，多年平均年降水量均在 400mm 上下。表明单从降水量来讲，研究区所涉及的县（市、区）内部没有明显的时空差异性。

2. 蒸发与干旱指数

根据《榆林市水资源综合规划》中的水面蒸发资料，榆林市多年平均水面蒸发量为 1216mm，各县（市、区）多年平均水面蒸发量见表 3.13。各县（市、区）的多年平均水面蒸发量中，府谷县最大，为 1477mm；神木市最小，为 1110mm。

表 3.13　陕北农牧交错带各县气象站干旱指数统计表

行政分区	多年平均水面蒸发量/mm	多年平均降水量/mm	干旱指数
榆阳区	1135	408.6	2.8
神木市	1110	433.8	2.7
府谷县	1477	445.0	4.1
横山区	1242	397.0	3.3
靖边县	1159	394.7	2.9
定边县	1375	316.4	3.0

从多年平均水面蒸发量看，陕北农牧交错带各县（市、区）的干旱指数均大于 1，为 2.7～4.1，均值为 3.1，属干旱气候区，分布趋势大体为：由南向北逐渐增大。

3. 气温

陕北农牧交错带 6 县（市、区）年平均气温 7.9～9.1℃，最热月平均气温 22.2～24.0℃，最冷月平均气温-8.4～-9.9℃，极端最高气温 35.9～38.9℃，极端最低气温-24.0～-32.7℃，是陕西省气温最低的区域，气温年较差 30.5～33.7℃，气温日较差 11.2～13.9℃。区内气温日间高、植物光合作用强，夜间低、植物呼吸弱、消耗少，非常有利于沙漠地区作物和果品的糖分和淀粉的积累，这种独特的气候资源使沙漠地区成为优质瓜果、蔬菜等特色品种的优生区。大于等于 0°C 积温为 3524.2～3970.5℃，大于等于 10℃的活动期积温一般在 2847.2～3428.7℃（表 3.14）。无霜期 134～153d，气温低，无霜期短，使作物的生长期短，代谢作用减缓，直接影响生物量的增加，不利于作物和林草生产，但基本能满足一年一熟的农作物及温带林草的生长发育要求。

表 3.14　农牧交错带沙地年平均气温、年较差、积温　（单位：℃）

项目	榆阳区	神木市	府谷县	横山区	靖边县	定边县
年平均气温	8.0	8.5	9.1	8.6	7.9	7.9
气温年较差	33.2	33.7	32.3	32.0	30.5	30.9
≥0℃积温	3700.2	3774.1	3970.5	3803.5	3524.2	3575.6
≥5℃积温	3552.3	3681.5	3801.4	3307.5	2847.2	3086.7
≥10℃积温	3206.6	3247.8	3428.7	3307.5	2847.2	3086.7
≥15℃积温	2563.8	2745.0	2815.3	2617.6	2241.5	2294.7
≥20℃积温	1366.5	1666.4	1754.4	1237.6	721.0	899.7

4. 耕地资源

在陕北农牧交错带沙土地总面积中，风沙土占 63%，其质地松散、团粒结构差，透水性强、不抗旱，易被风蚀。耕作风沙土 0～20cm 耕层平均有机质含量 0.32%、全氮含量 0.021%、全磷含量 0.09%，显碱性。微量元素中，除铜较丰富外，铁不足，硼、锰、锌奇缺，肥力极其低下。肥力相对较高的滩地仅有 20.24 万 hm^2，占总土地面积的 13.46%，包括占总面积 2.37%的 3.33 万 hm^2 的平缓沙地，人均不足 0.13hm^2，而且大部分是砂壤土，易漏水漏肥，易遭风沙埋压，抗风蚀、水蚀能力差。因此，加大农田投入力度、改良沙土、增施有机肥、提高作物生产的集约化程度是当务之急。

5. 灌溉制度的适用性分析

（1）降水量小，相对变率大，但雨热同期，对农作物生长有利。陕北农牧交错带风沙区 6 县（市、区）年平均降水量为 316.4～445.0mm，除定边县外，均处在 400mm 降水等值线附近。400mm 降水量以上尚可发展旱作农业，该区农牧交错的典型性可见一斑。降水季节分配不均，冬季（12 月～次年 2 月）降水仅占全年的 2%～3%，7～9 月为全年的雨季，占全年降水量的 59～76%，雨季集中于 7～9 月，而气温以 6～8 月较高，以 7 月最高，雨热基本同季，有利于秋作物和林草生长，但易出现春旱及春夏连旱。

（2）干旱、暴雨、大风、冰雹等自然灾害频繁，农牧业发展压力巨大。陕北农牧交错带地处亚洲内陆腹地，大陆性气候特性很强，季风进退早晚和到达的深度时常波动，持续时间长短不一，使降水量在空间、季节和年际间分布极不均匀，导致干旱屡有发生，俗称“十年九旱”，几乎每年在不同时间和地点都有不同程度发生，是陕西省干旱多发区。

短时间、高强度的暴雨（降水强度达 50mm/d 为暴雨，降水强度 100mm/d 为大暴雨），常伴有大风、冰雹等灾害性天气，给水库、基本农田建设带来毁灭性破坏，但范围较小。

大风（瞬时风力达到八级及八级以上或瞬时风速≥17m/s）是陕北长城沿线风沙区主要的气象灾害之一，是沙漠扩张的主要动力，使沙丘南移、良田毁坏、公路阻塞，给农牧业生产和交通运输及人民生命财产带来极大威胁。由于该区地处毛乌素沙漠南缘，气温日较差大，气压梯度大，是大风的多发区。

由于下垫面不均或局地急剧增热，产生强劲的上升气流而形成的强对流天气所致，常伴有狂风、暴雨，时间虽短，危害极大。该区平均每年有冰雹日 1.9d，最早在 2 月 19 日（1966 年靖边县），最晚是 11 月 5 日（1972 年靖边县），早晚跨度 10 个月。主要集中在夏季到初秋（6～9 月），占全年降雹总日数的 69%，其中

8 月、9 月分别为 17%和 16%。从冰雹的日变化看，一天中任何时候都可出现，但中午及午后较多，说明受太阳辐射日变化所造成的局地热力作用对冰雹的产生和发展具有重要影响。

（3）地形平缓，土质松散，透水性强，降水易于下渗、汇集，地下水较为丰富。河谷区潜水主要赋存于无定河、榆溪河、海流兔河、秃尾河、乌兰木伦河等河川的一级阶地和河漫滩地中。一般河流下游切割较深，基岩裸露，潜水的水力联系被破坏，含水层厚度小，且不连续，排泄作用加强，赋存条件差。而河流的上游地段，河床切割浅，一级阶地及高漫滩地连续分布，滩面平坦，降水入渗及地下水赋存条件较好，地下水埋深一般较浅。

平原区潜水主要分布于靖边县平原，水位埋深较浅，最浅处不足 1m，一般在 10m 以内，南部最深为 30～50m。含水层主要为细砂和亚砂土，下部为薄层和砂砾层，含水丰富。但是由于水位浅，径流排泄不畅，蒸发浓缩作用较强，盐分积累快，水质变化大。

沙漠滩地潜水主要分布于定边县、靖边县、榆阳区北部。含水介质由松散粉细砂组成，由于地形起伏和古河流湖沼变迁的影响，含水层岩性及厚度变化较大，相差也很悬殊，一般在 40～80m。一般沙漠中部的一些洼地，补给条件好，易于形成富水地段。河谷附近因地下水排泄较快，地下水位低，富水性较差，水质一般较好。风沙区地形四周高、中间低，有利于大气降水补给。

黄土斜坡区潜水主要分布于靖边县平原的南部以及横山区、榆阳区、神木市、府谷县等地。水位埋深随斜坡部位和地形条件而异，定边县平原南部黄土斜坡区含水层厚度为 12～16m。水位埋深厚度变化较大，一般在 0.6～30m，地下水补给条件差，有利于径流的形成，因此地下水量较贫乏。

（4）水资源贫瘠，但易于开发利用，发展高效节水农业具有一定潜力。陕北长城沿线风沙区有八里河、无定河、芦河、海流兔河、榆溪河、秃尾河等河流，自产径流总量 15.60 亿 m^3，流量较稳定，河渠较宽广，易于引灌利用。地下水资源量为 15.77 亿 m^3，埋藏浅、水质好，且有降水入渗率达 80%以上的大片沙地作贮水库，水量较稳定，易于引提灌溉。扣除地表地下水资源重复量，区域水资源总量为 24.00 亿 m^3，人均水资源量为 915m^3，耕地水资源占有量为 3009m^3/hm^2，为陕西省耕地每公顷占有量（12750m^3）的 24%。可见，水资源对工农业生产和生态建设的制约作用不容忽视，耕地面积广阔，土地瘠薄，风蚀严重，退耕还林草势在必行。根据该区自然资源的特点和生态恢复重建的历史机遇，充分发挥水土资源相对丰富的优势在农业生产中的作用，发展灌溉高效节水农业是其必然选择。

综上所述，陕北农牧交错带 6 县（市、区）在降雨、干旱、耕地以及水资源等方面虽随着地域范围的不同具有不同程度的差异性，但均具有高度的一致性和相似性。因此，研究过程中，在榆阳区小纪汗镇建设的实验小区所进行的砒砂岩与沙复配土储水性能研究实验、沙地农作物灌溉用水实验等的结果基本可以通用于陕北农牧交错带6个县（市、区）。在个别区域进行应用时可对所制订的节水灌溉制度定额进行适当调整。例如，定边县多年平均降水量316.4mm，可通过校正系数法对定额进行调整。

3.5 小　　结

（1）陕北农牧交错带水资源紧缺的形势，使沙地农业灌溉制度的合理确定成为必需，合理的灌溉制度既满足作物的基本生长需求，又能最大限度地提高水资源利用率，实现有限的水资源的高效利用。本章在已建立的榆阳区大纪汗试验小区开展小区典型农作物试种，以玉米和马铃薯为典型的粮食作物和经济作物代表，开展节水灌溉试验，探明作物在全生育期内的用水过程、土壤含水率的动态变化。在喷灌条件下土壤含水率的动态变化表明：①上层土壤（0～30cm 土层）含水率始终处于较高状态，这与复配土集中存在于30cm 土层内有关，证明复配土壤持水保水效果良好，同时该土层随时间推移含水率变化幅度最大，曲线波动情况也较明显；②由于根系发展，土壤颗粒一直处于运移状态，随着时间推移，上层土壤中砒砂岩颗粒逐渐向下运移，土壤持水保水性的提高不仅限于30cm 范围内，在作物生长后期40cm 范围内的含水率也明显提升，说明复配土有效改善了土壤结构；③中层土壤（40～80cm）含水率虽处在较低状态，但曲线相对平缓，波动较少；④下层土壤（80～140cm）含水率由于地下水埋深较浅，受地下水补给影响，随土层深度下降含水率出现小幅度回升。

（2）根据喷灌试验结果，通过研究土壤含水率的动态变化来确定作物根系吸收水分情况，以作物根系能够有效利用的含水量区间为基础，计算得到作物适宜的灌水时间、灌水频率、灌溉水量等制订合理的灌溉制度。复配比1∶1、1∶2、1∶5土壤下，玉米在喷灌条件下灌水定额分别为165m^3/亩、162.8m^3/亩、169.4m^3/亩；马铃薯在喷灌条件下分别为145.2m^3/亩、143.1m^3/亩、143.8m^3/亩。

（3）本书制订的灌溉制度在一定程度上能够起到节约水资源的效果。将本书制订灌溉定额与陕西省行业用水标准《行业用水定额》以及《陕西省作物需水及分区灌溉模式》中典型作物定额进行对比发现，玉米在复配比1∶2土壤下节水效果最佳，分别为16.51%和43.86%，其次为1∶1复配土壤，分别为15.38%和43.10%；马铃薯在复配比1∶2土壤下节水效果最佳，分别为4.60%和37.78%，其次为1∶5复配土壤，分别为3.20%和36.87%。

（4）分析了陕北农牧交错带所涉及的6县（市、区）在降水、蒸发与干旱指数、气温与土地资源等四个方面的空间变化特征，用以对灌溉用水试验及所得的灌溉制度在各县（市、区）内的适用性分析。分析表明，沙地农作物灌溉用水实验等的结果基本可以通用于陕北农牧交错带范围内的 6 个县（市、区）。在个别区域进行应用时可对所制订的节水灌溉制度定额进行适当调整。例如，定边县多年平均降水量 316.4mm，可通过校正系数法对定额进行调整。

参考文献

[1] 黄修桥. 灌溉用水需求分析与节水灌溉发展研究[D]. 杨凌: 西北农林科技大学, 2005.

[2] 邓明华. 土壤条件对马铃薯种植的影响分析[J]. 农业开发与装备, 2016, (5):136-136.

[3] 康玉林, 高占旺, 刘淑华, 等. 马铃薯块茎产量淀粉与土壤质地含水量的关系[J]. 中国马铃薯, 1997, (4):201-204.

[4] 中国科学院冰川冻土沙漠研究所沙坡头沙漠实验研究站农业组. 介绍一种优良绿肥作物——沙打旺[J]. 宁夏农林科技, 1973, (3):17-19.

[5] 种植业管理司. 农业部关于推进马铃薯产业开发的指导意见农（农发[2016]1 号）[J]. 中华人民共和国农业部公报, 2016, (3):4-7.

[6] 王兴宗. 论马铃薯主粮化战略的现实困境与实现路径[J]. 粮食问题研究, 2016, (4):33-36.

[7] 元楠楠. 水分胁迫下玉米拔节期的生理参数响应研究[D]. 长春：吉林大学, 2015.

[8] 陈玉民, 郭国双. 中国主要作物需水量与灌溉[M]. 北京：中国水利水电出版社, 1995.

[9] 陕西省水利水土保持厅. 陕西省作物需水量及分区灌溉模式[M]. 北京：水利电力出版社, 1992.

[10] 龚雨田, 孙书洪, 闫宏伟. 不同生育期水分胁迫对玉米农艺性状的影响[J]. 节水灌溉, 2017, (5):34-36.

[11] 郝树荣, 郭相平, 王文娟. 不同时期水分胁迫对玉米生长的后效性影响[J]. 农业工程学报, 2010, 26(7):71-75.

[12] 刘学军, 刘平, 翟汝伟, 等. 宁夏南部雨养农业区玉米生育期土壤含水率控制阈值研究[J]. 灌溉排水学报, 2013, 32(1):1-4.

[13] 寇明蕾, 王密侠, 周富彦, 等. 水分胁迫对夏玉米耗水规律及生长发育的影响[J]. 节水灌溉, 2008, (11):18-21.

[14] 郭旭新, 周富彦, 寇明蕾, 等. 水分胁迫下夏玉米的生理特性及补偿效应[J]. 灌溉排水学报, 2010, 29(3):85-88.

[15] 张玉书, 米娜, 陈鹏狮, 等. 土壤水分胁迫对玉米生长发育的影响研究进展[J]. 中国农学通报, 2012, 28(3):1-7.

[16] 石耀辉, 周广生, 杨秋玲, 等. 夏玉米对土壤水分持续减少的响应及其转折点阈值分析[J]. 生态学报, 2018, 38(8).

[17] 张志川. 用最优分割聚类法确定土壤水分胁迫阈值[J]. 灌溉排水学报, 2004, 23(5):29-31.

[18] 谭国波, 赵立群, 张丽华, 等. 玉米拔节期水分胁迫对植株性状、光合生理及产量的影响[J]. 玉米科学, 2010, 18(1): 96-98.

[19] 田伟丽, 王亚路, 梅旭荣, 等. 水分胁迫对设施马铃薯叶片脱落酸和水分利用效率的影响研究[J]. 作物杂志, 2015, (1):103-108.

[20] 肖厚军, 孙锐锋, 何佳芳, 等. 不同水分条件对马铃薯耗水特性及产量的影响[J]. 贵州农业科学, 2011, 39(1):73-75.

[21] 田英, 黄志刚, 于秀芹. 马铃薯需水规律试验研究[J]. 现代农业科技, 2011, (8):91-92.

[22] 白雅梅. 马铃薯的需水特性及水分胁迫对其生理特性的影响[J]. 中国马铃薯, 1999, (2):117-120.

[23] 刘素军, 孟丽丽, 蒙美莲, 等. 马铃薯对块茎形成期水分胁迫及胁迫后复水的生理响应研究[J]. 灌溉排水学报, 2015, 34(10):45-51.

[24] 金光辉, 冯玉钿, 吕典秋, 等. 土壤水分对马铃薯块茎产量及淀粉形成影响[J]. 东北农业大学学报, 2015, (10):10-14.

[25] 赵文举, 李晓萍, 范严伟, 等. 西北旱区压砂地土壤水分的时空分布特征[J]. 农业工程学报, 2015, 31(17):144-151.

[26] 朱首军, 丁艳芳, 薛泰谦. 农林复合生态系统土壤水分空间变异性和时间稳定性研究[J]. 水土保持研究, 2000,

7(1): 46-48.
[27] 周启友, 岛田纯. 土壤水空间分布结构的时间稳定性[J]. 土壤学报, 2003, 40(5):683-690.
[28] 包含，侯立柱，沈建根，等. 毛乌素沙地农田土壤水分动态特征研究[J]. 中国生态农业学报，2014, 22(11):1301-1309.
[29] 胡兵辉，廖允成，王克勤，等. 毛乌素沙地农田土壤水分的时空变化格局[J]. 水土保持通报，2011, 31(5):144-148.

第 4 章　沙地农业利用节水技术

4.1　研究区水资源及开发利用现状

4.1.1　水资源总量

1. 地表水资源

陕北农牧交错带位于长城沿线以北、毛乌素沙漠南缘一带，西部连接宁夏沙区，东至窟野河，东西长近 400km，南北宽 80km。区内地势平坦，风积沙丘绵延起伏，96.8%的土地已经沙化，65%的地区被风沙覆盖。区内河流主要有黄河水系和陕西省唯一的内陆水系。黄河为晋陕界河，从府谷县入境，流经府谷县、神木市等地区。内陆水系大的有八里河和红碱淖，八里河是陕西省最大的内陆河，发源于定边县东南白于山地，消失于东部石涧沟乡，流长约 51km，流域面积 1374km^2。

根据《榆林市水资源综合规划》，陕北农牧交错带各行政区地表水资源量见表 4.1。由表可知，交错带内自产径流总量约为 14.43 亿 m^3，自产径流分布极不平衡，大致趋势是由西南向东北方向递增。定边县风沙滩地区，年平均径流深仅为 10～20mm，单位面积产水量为 1 万～2 万 m^3/km^2，神木市境内秃尾河上游为该区的高值区，年平均径流深 160mm 以上，单位面积产水量为 16 万 m^3/km^2。其他地区径流深 40～60mm，单位面积产水量为 4 万～6 万 m^3/km^2。

表 4.1　各行政分区地表水资源量

行政分区	面积/hm^2	多年平均天然径流量		C_v	C_s	不同保证率多年平均天然径流量/10^{4}m^3			
		径流深/mm	径流量/10^{4}m^3			20%	50%	75%	95%
榆阳区	7053	45.06	31774	0.16	2.5	35930	31440	28190	24032
神木市	7635	54.63	41702	0.27	2.5	50627	40441	33584	25601
府谷县	3212	56.87	18001	0.28	2.5	22307	17674	14572	10986
横山区	4084	43.99	17668	0.15	2.5	20170	17796	16067	13843
靖边县	5088	42.65	20993	0.13	2.5	24015	21543	19720	17337
定边县	6920	21.21	14203	0.37	2.5	18839	13850	10712	7390
合计	—	—	144341	—	—	—	—	—	—

注：C_v表示变异系数，C_s表示偏态系数。

2. 地下水资源

交错带内地下水资源按含水介质和水力特征可分为河谷区潜水、平原区潜水、沙漠滩地潜水、黄土斜坡区潜水四类。其中长城以北沙漠中部的一些洼地，地下水补给条件好，易于形成富水地段；河谷附近因地下水排泄较快，地下水位低，富水性较差，水质一般较好；长城以南的黄土斜坡区降水量少，丘陵沟壑发育，有利于潜水排泄，不易储存，地下水储量贫乏，而且埋藏较深，很难利用，仅有零星泉水出露于沟谷，旱地农业生产主要靠天然降水。府谷县境内存在碳酸盐类岩溶裂隙水地区，该地区地下水类型为岩溶水，是府谷县地下水侧向径流补给主要发生区域，该部分计为地下水资源量的一部分。按照风沙滩区和山丘区地下水资源进行划分，地下水资源分布情况见表 4.2。

表 4.2 地下水资源分布情况

行政分区	风沙滩区		山丘区		合计	
	面积/hm^2	地下水资源量/10^4m^3	面积/hm^2	地下水资源量/10^4m^3	面积/hm^2	地下水资源量/10^4m^3
榆阳区	5112	42495	1941	4519	7053	47014
神木市	2612	21713	5023	16024	7635	37737
府谷县	—	—	3212	9764	3212	9764
横山区	631	5245	3453	4334	4084	9579
靖边县	1961	16302	3127	3563	5088	19865
定边县	2629	21854	4291	4802	6920	26656
总计	12945	107609	21047	43006	33992	150615

陕北农牧交错带地下水资源量约为 15.06 亿 m^3，埋藏浅，水质好，且有降水入渗率达 80%以上的大片沙地作贮水库，水量较稳定，易于引提灌溉。

3. 水资源总量

农牧交错带地表水资源总量约为 14.43 亿 m^3，地下水资源总量约为 15.06 亿 m^3，扣除重复计算量 6.77 亿 m^3，水资源总量约为 22.72 亿 m^3。按 2015 年交错带内人口 232.39 万人计，则人均水资源量为 977m^3，低于陕西省人均水资源量的 1290m^3，全国人均的 2300m^3，是人均水资源占有量较低的区域；按 2015 年交错带内耕地面积 74.34 万 hm^2 计，耕地水资源占有量为 3056m^3/hm^2，仅为陕西省耕地水资源占有量（12750m^3/hm^2）的 24%，全国耕地水资源平均占有量（25500m^3/hm^2）的 12%，表明水资源对当地经济社会发展的制约作用不容忽视，为保证土地利用和粮食安全，发展灌溉高效节水农业是其必然选择。交错带内水资源总量在各县（市、区）内分配不均，榆阳区与神木市水资源总量之和占交错带内水资源总量的 54.3%。各县（市、区）水资源总量及各水量分布情况见表 4.3。

表 4.3　水资源总量及各水量分布情况

行政分区	计算面积/hm^2	年降水量/mm	地表水资源量/10^4m^3	地下水资源量/10^4m^3	重复量/10^4m^3	水资源总量/10^4m^3
榆阳区	7053	360	31774	47014	12642	66146
神木市	7635	415	41702	37737	22131	57308
府谷县	3212	404	18001	9764	7762	20003
横山区	4084	376	17668	9579	5951	21296
靖边县	5088	410	20993	19865	9524	31334
定边县	6920	346	14203	26656	9728	31131
总计	33992	2311	144341	150615	67738	227218

4.1.2　水资源开发利用情况

1. 供水量

交错带内各县（市、区）供水量最多的榆阳区为 24139 万 m^3，占全区域供水总量的 36%；最少的定边县为 4901 万 m^3，占全区域供水总量的 7.4%。在各项供水设施中，蓄水工程供水最多的榆阳区为 4693 万 m^3，占研究区蓄水工程供水总量的 53%；蓄水工程供水最少的定边县无蓄水工程。引水工程供水最多的榆阳区为 8833 万 m^3，占全区域引水工程供水总量的 44.7%；最少的定边县为 149 万 m^3，占全区域引水工程供水总量的 0.8%。提水工程供水最多的榆阳区为 2533 万 m^3，占全区域提水工程供水总量的 37%。地下水供水最多的榆阳区为 8080 万 m^3，占区域地下水供水总量的 26.6%；供水量最小的横山区为 1202 万 m^3，占区域地下水供水总量的 4%。各县（市、区）的供水情况见表 4.4。

表 4.4　2015 年各行政分区供水量统计　　（单位：万 m^3）

行政分区	地表水供水量						地下水供水量	其他水源供水量	总供水量
	蓄水	引水	提水	人工载运	调入水量	小计			
榆阳区	4693	8833	2533	0	0	16059	8080	0	24139
神木市	2659	4378	1931	0	790	9758	4273	0	14031
府谷县	708	190	1288	0	0	2186	4063	0	6249
横山区	665	5613	688	18	0	6984	1202	0	8186
靖边县	117	564	335	0	0	1016	8329	25	9370

续表

行政分区	地表水供水量						地下水供水量	其他水源供水量	总供水量
	蓄水	引水	提水	人工载运	调入水量	小计			
定边县	0	149	0	0	207	356	4477	68	4901
合计	8842	19727	6775	18	997	36359	30424	93	66876

在各供水水源中，地表水源供水量所占比例最大，占总供水量的 54.4%，其中引水工程供水量最大，占总供水量的 29.5%；地下水源供水量占 45.5%，其中微咸水供水量达到 1.2%；集雨工程和污水处理再利用等其他水源供水量相对较少，仅占 0.1%。

2. 用水量

2015 年交错带 6 县（市、区）用水总量为 66876 万 m^3。用水量最多的是榆阳区，用水量为 24139 万 m^3，占研究区总用水量的 36%；用水量最少的定边县为 4901 万 m^3，占研究区总用水量的 7.4%。2015 年各行政分区用水情况见表 4.5。

表 4.5　2015 年各行政分区用水量统计　（单位：万 m^3）

行政分区	农业	工业	第三产业	生活		生态环境	合计
				城镇居民	农村生活		
榆阳区	16797	4295	518	1475	528	526	24139
神木市	3870	7650	645	790	660	416	14031
府谷县	2993	1685	270	443	397	461	6249
横山区	7103	288	33	132	570	60	8186
靖边县	7646	671	180	400	378	95	9370
定边县	3911	440	49	248	193	60	4901
合计	42320	15029	1695	3488	2726	1618	66876

由表 4.5 可知，农业是交错带内第一用水大户，占总用水量的 63.3%；其次为工业用水，占总用水量的 22.5%，用水量占比最少的是生态环境用水量，占总用水量的 2.4%。陕北农牧交错带各类用户的用水组成表明农业在研究区内的重要地位，也表明农业的节水水平是关系到整个交错带用水效率的关键要素。

3. 用水水平

交错带内 2015 年总用水量为 66876 万 m^3，按当时人口 232.39 万人计，人均总用水量为 287.8m^3/a，高于榆林市平均水平的 226.9m^3/a，也高于陕西省平均水平的 240.4m^3/a，表明尽管处于水资源相对缺乏的区域，交错区内用水总量仍然十分巨大。

按 6 县（市、区）2015 年 GDP 总量为 2385.25 亿元计，万元 GDP 用水量为 28m^3，用水指标低于榆林市的 29.4m^3，陕西省平均水平的 50.2m^3，表明区域总体经济发展水平较高。6 县（市、区）工业 GDP 为 1519.3 亿元，万元工业产值用水量为 9.8m^3。

2015 年交错带 6 县（市、区）水田和水浇地实灌面积为 163.40 万亩，灌溉用水量为 31106 万 m^3，农田灌溉用水指标为 190.37m^3/亩，低于榆林市的 199.45m^3/亩，低于陕西省平均水平的 317.2m^3/亩，表明陕北农牧交错带农业发展缺水严重。

2015 年，城镇人口为 63.94 万人，农村居民人口为 168.45 万人，相应的城镇居民生活用水指标为 149.5L/（人 · 日）、农村居民用水指标为 44.3L/（人 · 日）。按照 2015 年《陕西省国民经济和社会发展统计公报》和《榆林市国民经济和社会发展统计公报》提供的城镇与农村居民人口，按照 2015 年《陕西省水利统计年鉴》提供的供用水量，计算得陕西省城镇居民生活用水指标为 144.54L/（人 · 日）、农村居民用水指标为 83.07L/（人 · 日），榆林市城镇居民生活用水指标为 90.79L/（人 · 日）、农村居民用水指标为 81.90L/（人 · 日）。数据表明，交错带 6 县（市、区）城镇居民生活用水指标稍高于陕西省平均水平，明显高于榆林市平均水平，农村生活用水指标显著地低于陕西省和榆林市平均水平，表明城镇用水浪费现象明显，但农村生活用水水平一定程度上受当地水资源条件限制。

4.1.3 水资源利用存在问题

1. 水资源总量不足，时空变化明显

陕北农牧交错带水资源总量为 22.72 亿 m^3，人均水资源量为 977m^3，低于陕西省人均水资源量的 1290m^3，全国人均水资源量的 2300m^3，是人均水资源占有量相对较低的区域；耕地水资源占有量为 3056m^3/hm^2，仅为陕西省耕地水资源占有量（12750m^3/hm^2）的 24%，全国耕地水资源平均占有量（25500m^3/hm^2）的 12%，表明陕北农牧交错带水资源短缺问题对当地经济社会发展的制约作用不容忽视，已成为制约经济发展、城市建设、生态保护、环境治理等诸多方面的瓶颈。

陕北农牧交错带水资源时空分布不匀。径流的年内分配和降水的年内分配关系十分密切，汛期（6～9 月）的径流量占年径流量的 36%～71%，在地区分布上变化幅度较大。汛期径流量以榆溪河、秃尾河最小，占年径流量的 36%～41%，位于府谷县的孤山川汛期径流量占全年径流量的 71%。年径流深的地区变化与降水量的地区分布极为相似，受地形及下垫面条件的影响，从东到西、由湿润到干旱的经度地带性差异更明显。降雨径流的空间分布使地区经济发展严重不平衡，水土资源的不匹配对于两种资源的协调利用形成了阻碍。

2. 水资源开发利用率空间分布不均衡

在总用水量中扣除外调水量，得到各县（市、区）地表水资源开发量，计算可得到各县（市、区）地表水资源开发利用率和地下水资源开采率（表 4.6）。由表 4.6 可知，榆阳区、横山区地表水资源开发利用率分别达 50.54%和 39.53%，超过王西琴等[1]在《中国七大河流水资源开发利用率阈值》中计算出的黄河流域 36%的上限阈值，其余县（市、区）地表水资源开发利用率较低，有较大的开发利用潜力。地下水开采率最高的为靖边县和府谷县，分别达到 41.93%和 41.61%，若考虑以地下水资源可利用量作为开采基数，则府谷县和靖边县在下地下水已出现超采现象。

表 4.6　各行政区水资源开发利用率

行政分区	地表水资源量 /10^4m^3	地表水用水量/10^4m^3	地表水开发利用率/%	地下水资源量/10^4m^3	地下水用水量/10^4m^3	地下水开采率/%
榆阳区	31774	16059	50.54	47014	8080	17.19
神木市	41702	8968	21.50	37737	4273	11.32
府谷县	18001	2186	12.14	9764	4063	41.61
横山区	17668	6984	39.53	9579	1202	12.55
靖边县	20993	1016	4.84	19865	8329	41.93
定边县	14203	149	1.05	26656	4477	16.80
总计	144341	35362	24.50	150615	30424	20.20

3. 用水效率低

由用水水平分析可知，交错带人均用水量显著高于榆林市和陕西省平均水平，表明研究区存在明显的用水浪费现象。城镇生活用水指标高于榆林市城镇生活用水，表明浪费水现象在城镇生活中较为普遍，还存在管网漏失率高等基础设施方面的不足；交错带内农业灌溉工程由于设施老化、年久失修，渠系水利用系数较低，农业灌溉用水指标高于榆林市平均指标，在缺水的陕北农牧交错带表现出明显的用水浪费现象。

4. 农业供用水矛盾突出

交错带内现有水利设施老化、设计标准不高，水利工程供水在中等干旱年严重不足。由于农业为主要用水户，缺水主要表现为农业灌溉缺水，若遇到中等干旱年份或特殊干旱年份，农业用水供需存在较大缺口。此外，交错带内尚有部分耕地没有灌溉条件，特别是山区，抗旱能力低。部分农业灌溉为目标的水库因生活、工业用水挤占，农业灌溉用水更难以得到保证。

4.1.4　区域农业节水可行思路及技术

陕北农牧交错带在陕西省农业利用和粮食生产中起着极其重要的作用，该区域农业用水占 63.3%，除了农业经济是该区域重要的经济来源导致农业用水量多以外，农业用水还存在有效利用率低、灌溉水浪费严重、效益差、用水工艺设备落后等问题，使得土地资源、光热资源等优势没能很好地被利用。由于水资源相对贫乏，发展并提高水资源的利用率、提高灌溉水效益为中心的高效节水农业成为干旱区农业发展的重点和关键所在。在灌溉用水量不增加的情况下，保障我国粮食安全的一个重要的选择就是大力发展节水农业。

农业节水应以提高农业用水效率为中心，以建立节水高效农业为目标，以建立农业节水的水源配置体系为支撑，以建立多元化、多层次、多目标的节水农业种植模式为先导，以建立健全农业用水管理制度、政策措施为保障，加快农业节水的发展步伐，不断改善农业生产条件引导生态环境持续健康，尽快形成适应研究区域水资源状况的农业种植结构，促进水土资源的可持续利用以及生态环境的协调发展。陕北农牧交错带农业节水的可行思路和技术如下。

（1）以“节水优先”为原则缓解水量不足的问题。习近平总书记提出的“节水优先、空间均衡、系统治理、两手发力”十六字方针中，节水优先就是要坚持节约优先，着力提高水资源综合利用水平。治水包括开发利用、治理配置、节约保护等多个环节；在缺水问题面前，当前的关键环节是节水，从观念、意识、措施等各方面都要把节水放在优先位置；我国的水情决定了我们必须立即动手，加快推进由粗放用水方式向集约用水方式的根本性转变。一段时间以来，节水工作取得了明显的成效，但用水方式粗放、水资源利用效率低、浪费严重的问题依然存在。贯彻落实节水优先的方针，必须从观念、意识、措施等方面入手，像抓节能减排一样抓好节水。其中，农业节水是重点，应加快转变农业用水方式，控制和减少大水漫灌，大力发展节水型现代农业，切实提高农业用水效益，同时积极推广先进的节水技术，努力降低吨粮耗水。

（2）以“空间均衡”为原则提出农业控制性发展思路。农业的发展要充分考虑水资源承载能力和水资源的可持续利用，遵循以供定需的原则发展农业节水。根据区域水土资源状况、自然和气候条件、农业生产经营方式、作物种类、经济发展水平等以水定农业种植结构，以水定农业经济在交错带的布局，以水定农业的发展速度和开发利用规模，在用水中统筹好生产、生活和生态用水，在土地利用中协调好水、土地与生态，做到量水而行，协同发展经济、社会、生态综合效益最佳的高效农业。合理规划农业种植结构，除要考虑包括水资源在内的各项自然条件外，还涉及对粮食、经济作物的市场需求。不同的农业种植结构直接影响到农业用水量，合理的农业种植结构应该是在满足每一区域范围内对粮食、经济作物的市场需求前提下的“适水型”农业种植结构。

（3）“以土养水”是提高水资源利用效率的可行思路。作物的产量与温度、光照、水分、肥料等因素有密切关系[2]。在其他因素不变的条件下，作物的需水量与土壤的质地与肥力相关，良好的土壤结构和质地，水资源利用效率高。水分是影响作物生长的主导因素，因此可以在耕作过程中，以较优的土壤特性为目标，寻求最适宜的耕作方案改善土壤的理化性质，提高农业水资源利用效率。

（4）建立适用于农牧交错带的农业节水技术体系。当地区农业发展与水资源利用产生矛盾或造成一定用水压力时，在水资源短缺、节水意识不强，用水效率差的背景下，节水是解决水资源供给不足的首要任务。本章从改善土壤物理特性、改进灌溉技术与设施以及采用合理的耕作方式等多个角度探索节水的可能性，充分挖掘节水潜力，为下一步区域水土资源均衡发展、以土养水奠定节水技术基础。本章以前期研究成果为依据，将砒砂岩与沙复配成土以提高土壤持水能力这一工程手段的实现过程定义为成土节水技术；将第 3 章灌溉试验及灌溉制度优选的研究成果用于指导农业生产，总结形成灌溉节水技术；并结合前人在耕作方面的研究与进展，总结分析形成耕作节水技术，三者互相配合，将节水渗透到沙地农业利用的事前、事中和事后节水的全过程，实现最大限度地节水。

4.2　沙地农业利用的成土节水技术

成土节水技术是指以研究成果为依据，通过砒砂岩与沙复配成土工程建设，使复配土具有比原状沙地较好的持水性能，提高水资源利用效率从而实现节水。砒砂岩与沙复配成土工程包括土地平整工程、砒砂岩与沙复配工程、灌溉工程、道路工程、电网工程、防护林工程等，目前各项工程设计与施工均应严格按照国家和省级行政单元土地开发整理工程的有关可规定，参照陕西省土地工程建设集团编制的《砒砂岩与沙复配成土造田工程技术规范》（报批稿）进行工程建设。

4.2.1　土地平整工程

研究区内未利用沙地、荒地开发前均为高低起伏的风沙草滩地，相对高差小于 20m，土地平整工程是复配成土过程中首先要完成的重要任务。需根据坐标控制点及水准测量点准确确定平整田块区域并指定开挖区域和填筑区域；使用履带式推土机推土平整的方法，辅以人工协助，采取就近原则挖高填低；以每个小田块为一个施工单元，用推土机推平田块中的沙丘至设计高程，施工过程中使用水准仪、全站仪或 GPS-RTK 等工具对平整田块的高程、坡度进行把控。

4.2.2　砒砂岩与沙复配成土工程

土地平整工程完成后进行砒砂岩与沙复配工程，复配选用的砒砂岩应首先取样检测机械组成和重金属，粉黏粒含量应大于 68%，重金属含量应符合《土壤环境质量 农用地土壤污染风险管控标准（试行）》（GB 15618—2018）中的二级标准。

复配土层厚度应达到 30cm 以上，容重应不大于 1.45g/cm^3，复配后保证砒砂岩岩块直径小于等于 4cm。覆砒砂岩厚度可根据砒砂岩与沙的黏粒含量通过式（4.1）进行计算。

$$H = 30\times(C_{复配土} - C_{沙})/(C_{砒砂岩} - C_{沙}) \tag{4.1}$$

式中，H 为覆砒砂岩厚度，cm；$C_{复配土}$、$C_{沙}$、$C_{砒砂岩}$分别指复配土、沙、砒砂岩中的黏粒含量，%。

采用自卸式翻斗车等机械拉运砒砂岩至项目区，以每个田块为一个施工单元，砒砂岩摊覆后对砒砂岩厚度进行全面采点测量，以保证覆砒砂岩厚度均匀符合设计要求。使用翻旋深度不小于 30cm 的旋耕机械纵横交叉旋耕，重构旋耕次数可根据砒砂岩粒径、耕作层混合均匀程度适当调整。

复配土壤化学养分含量一般较低，新增耕地应以增施有机肥为主，第一年土质成分调节应以改善土体中基础养分为目的，以基本可满足作物生长为目标，化学养分施用量采用式（4.2）进行计算。

$$Y = (Q-S)\times 30\times B\times 10 \tag{4.2}$$

式中，Y 为某肥料养分施用量，kg/hm^2；Q 为土壤某养分含量设计值，mg/kg；S 为土壤某养分含量测定值，mg/kg；30 为耕作层厚度，cm；B 为耕作层容重，g/cm^3。

4.2.3　灌溉与排水工程

复配土农田灌溉排水工程主要包括水源、灌溉输水管道、蓄水池、灌溉工程设施和排水工程等。研究区地表河网密度小，地表水资源工程十分有限，主要的灌溉水源工程均为地下水源井。农用井工程应按照规划建设，施工应符合《机井技术规范》（GB/T 50625—2010）中机井施工的有关规定，完工洗井至出水量达到要求方可投入使用。机井应配套蓄水池工程，并按取水许可证的水量开采地下水，严格控制超量开采。灌溉输水管道工程施工应符合《农田低压管道输水灌溉工程技术规范》（GB/T 20203—2006）中施工与设备安装的有关规定。灌溉工程的施工应符合《喷灌工程技术规范》（GB/T 50085—2007）中的有关规定。喷灌区域设置中心支轴式喷灌机，由已建的地下水源井抽水通过地埋输水管道输水至区域中心蓄水池，再经由中心支轴式喷灌机自配的加压泵抽水供给喷灌机进行喷洒灌溉；对喷灌机控制灌溉之外的边角连片大面积用地，可采用暗管输水的形式进行灌溉。

4.2.4 其他配套工程

其他配套工程包括输配电工程、道路工程、农田防护与生态保持工程。

1）输配电工程

高压线路沿路架设，变压器采用杆上架设（包括 10kV 跌落式熔断器、10kV 避雷器），泵站、机井宜采用专用直配输电线路供电，低压线路根据实际采用空架或地埋。配电室主要包括低压配电箱、低压补偿电容器、水泵启动器或软启动器。电力线路设备安装应符合《10kV 及以下架空配电线路设计技术规程》（DL/T 5220—2005）。

2）道路工程

田间道一般采用砼道路，面层宽度宜为 3～4m，两侧路肩各宽 0.5m，厚度宜为 15～20cm，可采用砒砂岩作为路基；生产路一般采用砒砂岩道路，路面宽度宜为 1～3m，两侧路肩各宽 0.25m，厚度宜为 10～15cm。

4.2.5 工程节水技术方案

复配成土工程节水技术即通过试验实现成土方案的优选，将选定的合理的复配土方案用以指导复配成土工程，使原状沙地的质地得到改良、持水性能增强，以确保作物生长过程中外界补水需求的合理削减，通过提高沙地对水资源的利用效率以实现节水的技术，在沙地工程改造的物理过程中实现节水。为了保障该工程节水技术的实现，复配成土过程应参照成土工程节水方案完成，该方案包括三个环节，即推荐合理的复配比例区间、选择适宜的砒砂岩颗粒粒径以及持水性能较好的复配模式。

1. 复配比例方案

通过对砒砂岩与沙不同比例混合，得出随着砒砂岩复配比例的增加，土壤砂粒含量降低，粉粒和黏粒含量增加，土壤质地发生了变化，从沙土-砂壤-壤土-粉壤。砒砂岩∶沙为 1∶5 是土壤质地由沙土成为砂壤的临界点，砒砂岩与沙的复配比例大于 1∶1 时，土壤质地为粉壤，且随着比例提高土壤质地不再发生变化。从土壤质地角度分析，复配比例（1∶5）～（1∶1）为最优区间。

全沙的饱和导水率高，土壤渗漏严重。复配比例（1∶5）～（1∶2）是混合样品的饱和导水率下降趋势成为由快到慢的转折点。而后随着复配土壤中砒砂岩比例的升高，饱和导水率降低趋势趋于平缓。因此，复配比例（1∶5）～（1∶2）能够达到较为理想的导水范围。

从复配土样品的土壤水力学性质来看，随着砒砂岩比例的增加，饱和含水率与萎蔫点之差的变幅不大，毛管孔隙度不断增加。复配比例为 1∶2 是 θ_s-FC 与

FC-θ_{wp} 大小关系从大到小的转折点。说明随着砒砂岩比例的增高至 1∶2 以上时，土壤的有效水含量开始提升，持水性能在逐渐增强。

综上所述，基于对不同比例复配土壤的土壤质地、饱和导水率、水力学性质以及有机质含量等方面的实验结果，提出砒砂岩与沙复配成土的合理配比方案为（1∶1）～（1∶5），对砒砂岩与沙复配成土工程造田具有指导意义。

2. *砒砂岩颗粒粒径方案*

砒砂岩岩块在沙土中形成小“水库”，吸持大量的水分。当土壤水分充足时，砒砂岩岩块从环境中吸收水分并保存起来，减少了沙地的水分渗漏；当干旱缺水时，其所吸持的水分在基质势作用下，缓慢释放到环境中，降低了土水势，供植物吸收利用的水分增加，有效防止了水分的流失和无效蒸发，达到保墒抗旱的作用，减少了沙地水分的深层渗漏和快速蒸发，提高了灌溉水或降水的利用效率，为植物增产提供有利条件。由试验结果可知，直径为 2～4cm 的砒砂岩岩块是有利于水分吸收和保持的粒径范围，较大的岩块（5cm 及以上）水分吸收缓慢造成土壤含水率较低，其中 4cm 直径的砒砂岩岩块混合后吸水持水能力最好，其次是 2～3cm 的岩块，因此以 4cm 直径的砒砂岩岩块作为推荐方案。为实现砒砂岩颗粒粒径推荐方案，可将砒砂岩岩块破碎至直径为 5cm（5cm 以上的岩块占 70%以上）翻耕搅拌实现成土。根据实践经验，经翻耕后保证砒砂岩岩块直径 4cm 以上的岩块占 50%以上，能满足前期实验中最佳持水能力的粒径需求，复配土质地由砂土转向粉壤，达到改良沙土质地的目的。

3. *砒砂岩与沙复配模式方案*

对砒砂岩裸露、覆沙及充分混合 3 种状态进行比较发现，裸露状态更有利于水分的吸收，有沙覆盖则有利于水分保持，而充分混合则具有更佳的保水持水特性，同时有利于土壤结构改善和可持续性发展，因此最佳复配方式是在 30cm 范围内使砒砂岩与沙充分混合，通过翻耕搅拌实现复配成土。

4.3　沙地农业利用的灌溉节水技术

同其他区域相比，陕北农牧交错带是陕西省乃至全国水资源十分短缺的区域，水资源严重不足已经成为制约国民经济可持续发展的瓶颈，发展节水灌溉则成为农业的不二选择。现将第 3 章灌溉试验及灌溉制度优选的研究成果用于指导农业生产，总结形成灌溉节水技术。

4.3.1　灌溉节水技术方案

按照 3.3.6 小节研究得到的灌溉制度对作物生长期内的灌溉用水进行指导。以 1∶2 复配土喷灌种植玉米为例，全生育期共计灌水 9 次，其中拔节期共需灌溉 3 次，拔节期每次每亩地灌溉水量 23.1m^3，灌溉时间间隔为 11 天，其他作物生育阶段灌水计划详情参照 3.3.6 小节；由于灌溉试验在榆阳区开展，第 3 章对灌溉用水试验所得的灌溉制度的适用性进行了详细的分析，该灌溉制度基本可直接用于其他县（市、区），若当年降水量差别较大，可采用校正系数法进行校正应用。

4.3.2　节水灌溉技术的实现

节水灌溉技术的实现包括灌水方法、灌水措施和灌水制度三个方面。

1）灌水方法

喷灌机集增压、输水、喷洒、行走等装置于一体，可移动、可人为控制灌水量，适用于大规模、地形相对平坦的作业区，可对作物进行适时适量的灌溉等特点，复配成土工程对土地的平整恰好满足了喷灌设备对地形的要求。

中心支轴式喷灌机由十几个塔架支撑一根很长的喷洒支管，喷灌机的转动支轴一般固定安装在灌溉面积中心的钢筋混凝土基座上，支轴座中心下端与井泵出水管或压力管相连，上端通过旋转机构（集电环）与旋转弯管连接，取水点位置固定。由于灌溉作业面积为圆形，方田的四个角难以照顾到，需采用其他措施补充灌溉。平移式喷灌机外形和中心支轴式喷灌机相似但运动方向是横向平移，不能沿纵向移动，相邻塔架间也不能转动，随取水的中心塔架的移动取水点的位置也在不断变化。两种喷灌机的喷灌系统同传统灌溉方式相比，具有灌溉均匀、质量高、节水量大、节省劳动力等优势。但是喷灌技术还是具有一定的缺点，受风力风向影响大，蒸发损失也较大，而且一次性投资、耗能较大等，这些因素严重地制约了喷灌技术的发展。

2）灌水措施

灌溉中可充分利用的灌水措施是中耕保墒、秸秆覆盖等辅助手段来减少土表蒸发，从而达到节水目的。中耕保墒具体做法是在每次灌后将表层耙松，断毛细管，使表土以下土中的水分不会在毛管作用下被送到表面蒸发掉；秸秆覆盖具体做法将作物秆茎或其他植物茎叶切碎后铺在土表以有效减少土表水分蒸发。

3）灌溉制度

在第 3 章的研究中，针对玉米和马铃薯两种作物各自的五个不同生育阶段，按作物的生理需水要求，分别制订土壤有效水分的上下限阈值区间用以指导试验，通过灌溉田间试验对中水年合理的灌溉制度进行探索，并推算至其他干旱年。以马铃薯块茎膨大期为例，初次灌溉水量为 14.3m^3/亩次，按试验结果次灌溉水量可持续供给作物生长的时间为 8.5d，则块茎膨大期内约灌水 3 次，期间还可采用地表秸秆覆盖的形式减少地面蒸发。开始使用本灌溉制度指导灌溉时还需对土壤水分及作物生长情况进行跟踪监测，以修正因为气候年际变化所带来的影响。

4.4　沙地农业利用的耕作节水技术

4.4.1　保护性耕作技术

保护性耕作技术是由于长期受困于风沙、水土流失及这两大问题所引起的土地过度开垦、植被严重破坏、土壤剧烈侵蚀，导致土壤肥力不足、有机质含量显著降低并产生经济损失，而由美国在 20 世纪 30 年代发展起来的农业耕作技术。美国保护性耕作信息中心对保护性耕作的标准定义为“播种后地表残茬覆盖面积在 30%以上，免耕或播前进行 1 次表土耕作，用除草剂控制杂草的耕作方法”[3]。

起源于国外的保护性耕作技术主要包括作物残茬覆盖技术与少耕、免耕耕作技术。随后保护性耕作技术逐渐在我国开展和实现应用。经过多年发展，保护性耕作已经从单一的免耕少耕法发展成为以免耕少耕为基础，以配套机具为支撑的集秸秆残茬覆盖、少免耕、深松、地表作业及水肥管理和病虫草害防治等技术为一体的机械化保护性耕作技术体系，即对农田实行少耕、免耕，在保证种子萌发的前提下，尽可能减少土壤耕作，并用作物秸秆、残茬覆盖地表，用化学药物来控制作物杂草和病虫害，从而减少土壤风蚀、水蚀，提高土壤肥力和抗旱能力的一项先进农业耕作技术[4]。前人多年的研究和实践证明，保护性耕作技术一般均能改善土壤理化性质、调节土壤水热矛盾、促进植株生长及养分的吸收利用、减少人工等成本投入，从而提高农作物的产量和收益。

根据对土壤的影响程度可以人为地将保护性耕作技术划分为三种类型：①以改变耕作区的微地形为主：主要包括等高耕作、沟垄种植、垄作区田、坑田等。②以增加地面覆盖为主：包括残茬覆盖、秸秆覆盖、地膜覆盖和砂田覆盖等。主要目的是用作物秸秆、残茬或它物覆盖地表，保护土壤，减少风蚀、水蚀，降低雨滴对表土的直接冲击，减少结壳，提高土壤下渗能力和降雨利用率，增加雨水入渗，减少地面径流形成；另外，通过秸秆等的覆盖遮挡太阳辐射、减少表土水分蒸发、有效地降低表土层的蒸发量。③以改变土壤物理性状为主：为了减少对耕地表土层的反复碾压而带来的物理性状的破坏，最大限度地减少失墒，在农业生产中，大量采用少耕、免耕，并与留茬、覆盖、深松浅松等相互配合以改善土壤水分条件及物理性状。少耕、免耕对土壤搅动少，土壤水分蒸发少，因而抵御干旱灾害能力增强，有利于降低生产成本，提高作物产量，并使土壤最大限度地保持原状，维护土壤生物的生存环境，使土壤中的有机活体不断累积。同时结合秸秆、残茬等覆盖地表，减少土壤水蚀、风蚀，达到保水、保土、保肥的目的，从而减少土壤水分的无效消耗，提高土壤有机质含量。

1. 免耕少耕技术

免耕技术是指土壤不经过翻耕而直接进行播种的一种耕作方式，一般用免耕播种机一次完成破茬开沟、播种、施肥、覆土和镇压作业，或用带状旋耕播种旋肥机一次完成带状破茬开沟、播种、施肥、覆土和镇压作业[3]。免耕是一种有利于农业可持续发展的农作措施，具有保持水土、增产增收和节能环保等优点，从而被广泛应用于我国旱地农业中。免耕的主要特点表现在：首先，作物残茬的存在能够减少土壤水分的无效蒸散发，提高土壤储水能力；其次，作物残茬的固定作用减少了土壤风蚀和水蚀的发生，起到防止水土流失的作用；再次，由于免耕减少了土壤扰动，基本上不破坏土壤结构和植被，土壤生物活性得到提高，从而提高了土壤质量，且免耕能够调节土壤水分和温度变化，有利于作物生长和产量的提升；最后，免耕简化了栽培过程，减少人工等成本投入，对于欠发达地区来说，具有较好的农业经济效益。。

和免耕技术相比，少耕技术是用旋耕机或圆盘耙进行表土作业，作物生长期进行化学或人工除草及病虫害防治，少耕技术通常与秸秆还田配合使用，作物用联合收获机或人工收获后，将秸秆粉碎用旋耕机或圆盘耙进行表土作业，春季直接用免耕播种机播种。少耕经表土作业后，秸秆与土壤混合在一起，易腐烂，并能防止起堆或焚烧；播种质量易保证，缺点是增加了作业成本、覆盖量少、保墒效果差。

综上所述，免耕少耕可减少无效的耕作次数，充分发挥土壤自调节作用。传统机械翻耕凭借机械的作用，通过一系列耕作措施来完成作物种植的准备工作，导致一系列生态经济问题，如工序繁多、生产成本高以及破坏土壤结构使土壤易受侵蚀等。而通过保护性耕作，减少对土壤的机械扰动或不扰动，尊重土壤本身自我调节的客观自然规律。保护性耕作减少土壤扰动，为土壤中的生物创造了适宜的生存条件，因此保护性耕作能够增加土壤生物的多样性。免耕少耕虽能减轻或避免机械作业的副作用，但在一定程度上减轻机械作业会产生使土壤下沉变紧和田间土壤紧实度不均的副作用。

2. 秸秆覆盖技术

早期传统农业耕作中，农户大多人工收获作物，秸秆基本被原地焚烧，作物残体中原有的有效成分变成废气排入空气中，大量能源被浪费。焚烧造成资源浪费、环境污染、生态破坏，同时影响交通及百姓生活，已成为一大公害和火灾隐患。秸秆覆盖是在前茬作物收获后收集作物秸秆，以原状秸秆或粉碎后覆盖在土壤表面或均匀拌和在表层土壤中。按照田块的微地形、秸秆形式以及对秸秆处理方式的不同，常见的秸秆覆盖有条带覆盖、留茬覆盖、压实覆盖、粉碎覆盖、浅松覆盖[5]等类型。

秸秆覆盖是一种有利于农业可持续发展的农作措施，具有很好的调节土壤温度和水分的作用，从而被广泛应用于我国旱地农业中。秸秆覆盖的主要特点表现在：首先，对农田进行地表覆盖，能减少被太阳直射的面积，进而减小土壤的蒸发量和无效损失，对于增大土壤含水率和作物增产均有一定的实际意义；其次，秸秆覆盖主要利于促进土壤含水能力的提高，尽量吸纳降水，防止因径流产生形成的土壤水分损失，从而使有限的天然降水能够用于作物生长；再次，秸秆覆盖具有很好的调节土壤温度的作用，覆盖物的存在减少了太阳辐射进入土壤，使得土壤温度受气温变化的影响较小，有利于土壤温度变化的稳定；最后，秸秆覆盖能够改善土壤团粒结构，使土壤蓄存毛管水的能力增强，有效水分含量和水分利用效率得到提高，发挥出团粒结构“小水库”“肥料库”“空气走廊”和水分损失少的关键作用。也有研究表明，秸秆覆盖对作物的生长、土壤有机质也具有改善作用，能够促成土壤表层有机质的积累，但该作用一般在 5～10 年后才可以得到明显发挥[6]。此外，覆盖措施能够抑制杂草的生长。

3. 深松与浅松技术

土壤长期免耕或少耕会使土壤耕层变薄，并在犁底形成黏重板结，通透性差，使根系难于在土壤中穿插，作物难以利用深层土壤水，影响正常的生长发育，同时土壤蓄水容量也减小。深松是指通过拖拉机牵引深松机具或采用深松机，疏松土壤，打破犁底层，改善耕层结构，增强土壤蓄水保墒和抗旱排涝能力的一项耕作技术。浅松技术通常作业深度控制在 10cm 左右，使还田的秸秆有序地覆盖在地面上，增加土壤肥力。深松作业后耕层土壤不乱，动土量小，减少了翻耕后裸露的土壤水分蒸发损失。一般深松作业的疏松耕层 25～35cm，隔两年以上进行一次[7]。深松是一种有利于农业可持续发展的农作措施，具有很好的调节土壤三相比和提高土壤蓄水容量的作用，被广泛应用于我国旱地农业中。深松的主要特点表现在：①深松创造了“虚实并存”的土壤结构。虚部使雨水迅速下渗，雨后又有利于土壤通气，促进好气微生物活动分解，促进土壤矿质化作用，加速养分释放；实部毛管的存在可保证土壤深层水分上升，满足作物生长需要，促进土壤腐殖化作用，以积累肥力。虚实结合协调蓄水和供水矛盾、耕层土壤矿化和腐殖化的矛盾，最大限度地协调土壤中水、气、热状况的土壤环境。②深松作业增加了地表的粗糙度，与秸秆覆盖配合可延缓径流产生，提高入渗率浅翻间隔深松，遇旱能上保下供，遇涝则上跑下渗，抗旱防涝效果明显。③土壤深松打破了犁底层，加深了土层，有效地促进了作物根系生长，发达的根系有利于作物产量的提高。

深松浅松能把下层紧实的土层松碎，加厚工作层，增加土壤空隙度，降低土壤容重，改善土壤透水性能，增加土壤蓄水容量，为作物利用雨水创造有利条件。通常第一年实施保护性耕作的地要进行深松处理，以后根据土壤压实情况隔 2～3 年深松 1 次[8]。

4. *地膜覆盖技术*

地膜覆盖具有保温、保水、保肥、改善土壤理化性质，提高土壤肥力，抑制杂草生长，减轻病害的作用，在连续降雨的情况下还有降低湿度的功能，从而促进植株生长发育，提高产量。因此，地膜覆盖抗旱保墒能力在干旱半干旱少水源和无源地区尤为重要，但因地膜成本较高，多用于经济作物，如蔬菜、瓜果、花生、棉花及烟草等生产，随着超薄膜的出现及其成本的降低，塑料薄膜覆盖在玉米、冬小麦、薯类等作物得到广泛应用[9]。地膜覆盖具有如下特点：①能有效地提高土壤温度，尤其是春季低温期间采用地膜覆盖白天受阳光照射后可提高土壤温度。②能显著地减少土壤水分蒸发，使土壤湿度稳定，长期保持湿润，有利于根系生长。③保温保湿的作用有利于土壤微生物增殖，腐殖质转化成无机盐的速度加快，有利作物吸收。地膜覆盖还可减少养分的淋溶、流失、挥发，提高养分的利用率，但因植株长势好，应注意追肥。④地膜覆盖可以避免因灌溉或雨水冲刷而造成的土壤板结现象，可以减少中耕的劳力，并能使土壤疏松，通透性好，保持良好的土壤的物理特性，使土壤中的肥、水、气、热条件得到协调。

4.4.2 保护性耕作的实施效果

保护性耕作是指以保土、保水、保肥为主要目的并提高旱地农业生产力的耕作措施。通过有效的耕作技术改良土壤结构，提高土壤肥力和透水、蓄水能力；增加地表覆盖度，就地拦截降雨，减少水分蒸发，增长地表水的入渗时间，防止径流的发生，减少土壤的流失。保护性耕作的主要功效表现在以下几个方面。

1）提高土壤水分含量

李明等[8]通过对免耕、少耕与传统耕作条件下土壤含水率的测定，得出土壤层 20～40cm 和 40～60cm，玉米全生育期内免耕和少耕处理的保护性耕作较传统耕作土壤水分含量提高了 0.8%～5%，既留蓄了降水，又减少了蒸发，具有明显的节水效果。赵满全等[7]研究显示，小麦留茬含水率在封冻前提高了 1.68%，在播种前提高了 1%～3%；玉米留茬则提高了 6%～9%，有力地保障了作物的增产增收。王碧胜等[10]2003～2013 年的监测结果表明，免耕处理的水分含量分别高于传统耕作和少耕处理 1.90%和 1.66%；与传统耕作相比，免耕与少耕的 11 年累计耗水量分别降低了 177.1mm 和 94.2mm。周怀平等[11]研究发现，长期秸秆还田可以减少玉米生育期耗水量，提高水分利用效率，而且秸秆覆盖还田效果好于秸秆粉碎还田。胡强等[12]研究表明，在砂壤土红枣生育期内覆盖处理较不覆盖情况下同期的土壤含水率相比提高了 2.03%～7.54%。以上研究表明免耕、少耕和秸秆覆盖相互配合可以有效地提高土壤水分含量，对于降水量少，水资源短缺的地区发展农业十分重要。

2）改善土壤结构

保护性耕作对改善土壤理化性质具有积极的作用。免耕情况下不破坏土壤生物的生存环境，土壤动物数量明显增加，有利于改善土壤结构、增加土壤有机体含量，提高土壤肥力；留茬或秸秆覆盖能防止土壤板结，大量的秸秆和根茬还田，使土壤内部结构形成一定的间隙，既有利于水分渗透，又有利于根系发展。赵满全等[7]经过对小麦田 0～30cm 土层测定表明，5 年免耕播种地块的土壤坚实度下降了 10%～15%。石长春等[13]提到，覆盖免耕对表层土壤的影响高于下层土壤，表土层中有机质、全氮含量高于对照实验。还有研究表明，保护性耕作技术比翻耕土壤有机质年均提高 0.03%～0.05%。谢红梅[4]发现，秸秆、残茬覆盖地表能够改善土壤团粒结构，团粒结构好的土壤可以蓄存大量的毛管水，使田间持水能力提高，这是发挥土壤水库的关键，并且对水的调节能力增强。水沿毛细管移动，作物需要的多，水分上移得快，作物需要的少，水上移就慢，因而可提高天然降雨利用率和灌溉水分利用效率，同时减少土壤风蚀、水蚀和无效蒸发。由以上研究可知，免耕、少耕和秸秆覆盖等保护性耕作技术可以通过保护土壤动物原生生活环境、防止土壤板结、形成团粒等直接或间接方法改善土壤结构，从而使土壤的持水性能等得以提高，既有利于水分的有效利用，也有利于土壤肥力的积累。

3）防止和减缓水蚀作用

保护性耕作大大减少了对土壤的扰动，并且地表经常有秸秆、残茬等覆盖，有效地减少了地表径流的产生，因而对控制水土流失具有极其显著的作用。按照李明等[8]免耕覆盖与传统作业对照，可减少土壤流失 73%～80%。贾彦宙等[14]研究表明，与耕翻相比，少耕可减少地表径流 23%～72%，减少土壤流失 24%～64%；免耕减少地表径流 59%～10%，减少土壤流失 71%～100%；采用少耕技术，地表有 30%的残茬覆盖时，土壤的逸流损失可减少 30%～50%。武占强等[15]认为，保护性耕作可减少水土流失和地表水分蒸发，提高蓄水保墒能力，在北方旱作区可减少地表径流量约 50%，减少土壤流失约 60%。由以上研究可知，免耕、少耕和秸秆覆盖等保护性耕作技术的应用，可以有效地减少地表径流的产生，加大土壤下渗能力、降低水蚀，这对于降水年内变化剧烈、多暴雨、易水蚀的陕北农牧交错带来说，在实现保护性耕作的基础上能有效地减缓水土流失，在实现农业耕作经济效益的同时兼顾了环境效益和社会效益。

4）防止和减少风蚀

赵满全等[7]在免耕播种以及地表残茬、秸秆覆盖模式下经过测试，条播作物留茬秸秆覆盖率在30%以上，穴播作物留茬秸秆覆盖率在20%以下，麦茬地可减少风蚀58.8%，玉米茬地减少35.9%。石长春等[13]提到秸秆覆盖和少免耕结合可明显地减少农田土壤损失，覆盖可减少 71.24%的沙尘量，耕作能减少 14.17%的沙尘量，并认为保护性耕作把秸秆根茬留在地表，利用根茬固土、秸秆挡土，可以有效地减少扬尘和土粒被运移，保护性耕作可使地表湿润，增加团粒结构，也是减少风蚀的重要因素。李明等[8]通过风洞装置对试区留茬和秸秆覆盖下的风蚀量进行测定，得出该保护性耕作可以减少风蚀 70%～80%，是解决水土流失、遏制沙尘暴的最有效途径。杨涛等[16]采用积沙仪分析表明秸秆覆盖具有较好的降低扬尘、减少土地沙化的作用，且秸秆长度越大，抗风蚀效果越好。以上研究表明，一方面秸秆还田后地表覆被增大，降低了近地表风速，也减少了风对地面的直接吹蚀；另一方面，还田后有机质的提升增加了粉沙之间的黏结性能，提高了沙粒的起动风速，减少了沙尘源。因此，保护性耕作技术在促进农业发展的同时，也是农牧交错带风沙区控制沙尘，阻止风蚀的有效措施。

5）提高土壤肥力

赵满全等[7]对小麦田试验研究结果显示，免耕种植技术实施5年，土壤有机质含量提高0.04%～0.08%，速效磷、速效钾和水解氮也有不同程度的提高。杨涛等[16]对榆林风沙区不同秸秆长度试验研究结果表明，0～20cm 土层随着秸秆还田量及秸秆长度的增大，土壤中有机质含量以及原有沙质土壤的保肥持水能力相应提高。贾彦宙等[14]研究发现，采用保护性耕作对土壤的扰动小，土壤有机质积累明显，作物残茬主要在地表分解，因此土壤有机质表层积累更明显；同时土壤中不易移动的养分也很容易在表层富集。谢红梅[4]认为，秸秆粉碎覆盖还田能有效地培肥地力，提高有机质含量，且由于取消了深耕翻地，也避免了降雨冲蚀和径流造成的养分损失，两种效果加在一起，使有机质含量年均增长 0.093%～0.100%，土壤质量不断得到改善。以上研究表明，秸秆覆盖和减少耕作等保护性耕作措施，因有大量作物残茬和秸秆覆盖地表，这些秸秆在水分和土壤微生物的作用下，腐烂并自然分解产生有机质，从而培肥地力；此外，免耕少耕基本不破坏土壤生物的原生存环境，作物残茬又为土壤生物区系提供了食物来源和适宜的生长场所，增强了土壤生物的活性，土壤生物活体数量上升，从而改善了土壤物理结构和化学性质，也会适当提高土壤肥力。另外，保护性耕作减少了对土壤的翻耕，使土壤中的有机质与氧气接触的概率大大降低，减缓了有机物的分解。因此，保护性耕作可提高土壤有机碳和有机氮的含量，尤其在表土层。保护性耕作下土壤中的速效氮、速效钾的含量都有不同程度的增加。

6）经济效益明显

汪可欣等[17]研究表明，四种覆盖处理技术具有 5%～10%的增产幅度，表明地表覆盖度与表层耕作相结合可使其水、热、肥等优势得以更加充分的发挥，为作物生长发育提供有力的生长环境，使得增产效果明显。赵满全等[7]提出，免耕播种比传统播种平均增产麦类增幅为 7%左右；莜麦增幅为 13%左右；油菜籽增幅为 4%～7%；马铃薯由于带状保护，增幅为 6%左右。武占强等[15]研究得出，每亩实施机械化保护性耕作技术的玉米平均减少 3～5 道作业程序，节约人畜等用工 25%～50%，提高玉米产量 13%～16%，劳动力和机械投入减少，劳动生产率提高，节本增效和可持续发展的效果明显。杨涛等[16]对整杆还田、1m 杆还田、33cm 杆还田与作物留茬对比可知，产量分别提高 8.8%、7.1%和 8.2%。闫小丽等[18]对横山区大古界村 2004～2006 年保护性耕作与传统耕作模式相比，保护性耕作模式的单位面积玉米产量增加了 480kg/hm^2，平均增产率达到 6.27%，增收 1590.5 元/hm^2。以上研究表明，采用保护性耕作措施的经济效益主要体现在增产和降低投入两个方面：一方面土壤结构改善、土壤肥力增长、水分利用效率提高可有效增加作物的产量；另一方面免耕、少耕等技术在人、畜、机械等方面的节水也减少了投入，间接提升了经济效益。

4.4.3　保护性耕作存在的问题

保护性耕作采用免耕、少耕技术代替传统的翻耕，并采用作物留茬和秸秆覆盖、秸秆还田等方法，减少土壤风蚀、水蚀、提高土壤水分利用效率、促进土壤结构良性发展、肥力累积，是先进有效的农业发展技术，但在保护性耕作实施的过程中，仍然存在一些不容回避的问题，值得重视并解决。

1）土壤压实问题

长期免耕易造成土壤压实，不利于作物生长，因此实践中常常将免耕和深松结合起来进行应用推广，使土地虚实结合以协调蓄水和供水的矛盾。深松有利于土壤通气，加速养分释放，使土壤养分有效化；未深松部分保证土壤深层水分上升，满足作物生长需要，增强土壤腐殖化作用，促进肥力增长。

2）杂草与虫害问题

传统的深翻和中耕是消灭杂草的最有效手段，由于应用免耕少耕技术后减少了该工序，杂草的原生生态环境得以保持，大量使用除草剂会对土壤形成污染。同时，秸秆为农田害虫和植物病原体提供了寄居和栖息场所，病虫害发生强度可能会增加，随后还需解决农药的使用、除草剂的过量使用、秸秆覆盖所带来的病虫草害以及有机肥的施用形成的环境污染等问题，大面积的秸秆覆盖还会给耕作带来困难，对作物的播种产生影响，但是一定量的覆盖又会对杂草起到抑制作用，怎样协调两者的矛盾成为亟待解决的问题[19]。

3）土壤温度与产量问题

秸秆覆盖会导致土壤表层及下耕层温度降低，特别在春季气温回暖时，土壤温度回升缓慢将会对作物的播种、发芽造成影响，降低出苗率，推迟生育期，最终导致作物减产。同时，由于地表覆盖残茬、不平整等原因造成播种质量较差。有研究表明，秸秆的覆盖量过大，会造成作物根部呼吸减弱，有害气体增加，且有些作物秸秆产生的他感化合物会对所覆盖的作物产生抑制及自毒作用，因此应该合理安排秸秆种类和覆盖作物[13]。在榆林沙区，由于 10 月份中旬还田后到第 2 年播种季节，期间干旱少雨，还田后的玉米秸秆难以腐烂，播种时未腐化的秸秆严重影响玉米穴播机的播种质量，进而影响玉米的出苗率[16]。

4.4.4 耕作制度节水方案

通过人们不断的探索与研究，伴随着以保护生态环境、实现农业资源可持续利用和发展绿色有机农业保障人们身心健康为目的的保护性耕作在世界范围内推广应用，逐渐被人们所重视并采纳，保护性耕作被认为是现代农业生产可行的一种新型农业生产技术模式。

保护性耕作与传统耕作比较有以下显著的优点：减少劳力与机械投入、减少工序、节约时间与燃料、降低作业成本；改善土壤可耕性、增加土壤有机质、保持土壤水分、提高水分有效性和利用效率；减少大孔隙引导土壤团粒结构形成、提升土壤生物数量、提高土壤肥力；增加地表粗糙度和地面盖度、消减地表径流、提升起沙风速、减少土壤侵蚀；避免焚烧秸秆、减少大气污染、提高大气质量。研究区属干旱半干旱大陆性气候，丘陵坡地和草原沙漠交错地带，水资源短缺、土地沙化严重、水土流失剧烈，对农业造成严重影响。区内作物以一年一熟种植制度为主，一般为春季播种。种植的作物主要有小麦、燕麦、莜麦、玉米、马铃薯、荞麦、豆科、牧草等。该区农业生产存在的主要问题是冬春季土壤裸露，风大风多、土壤风蚀、沙化土地漏水漏肥严重、旱灾频发，作物产量低，农业经济水平较低。针对上述情况，在该区域需要解决的主要农业生产问题是：①干旱少雨，沙地水分利用效率差；②降雨相对集中，坡地多，黄土沟壑区水土流失严重；③冬春季节风力强劲，风蚀沙化使土壤质地变化，肥力降低造成土壤退化。需针对这些问题制订合理的耕作制度方案。

陕北农牧交错带位于陕北毛乌素沙地东南缘，区内地表组成物质疏松，干旱与大风几乎同期，完全具备风力侵蚀沙化过程所需的自然条件，因此该区域土壤风蚀沙化以及风沙危害均剧烈，沙尘灾害十分频繁，生态环境异常脆弱，土壤退化是制约粮食生产的重要因素之一。又由于该区域无霜期短、干旱少雨、降水年内分配不均而形成春旱，土壤水分不足也是制约粮食生产的又一重要因素。因此，探索适合该区应用的保护性耕作模式，实现防风固沙、减少水土流失、提高水分利用效率，成为亟待解决的问题。

经过对前人研究成果及现有实践效果进行分析，适应于研究区的主要保护性耕作方式有：在沙化土地中采用留高茬、秸秆覆盖和免耕少耕技术相结合、带状种植；在黄土沟壑区以免耕、少耕和垄沟种植相结合，适当地辅以地膜覆盖技术。

1）留茬覆盖结合免耕少耕技术

秋季收获时，用收割机进行收割，由于近地表风沙流中 95%的含沙量分布在 0～30cm 高度中，留茬高度以 30cm 为宜。考虑到研究区内冬春季节风力强劲，极易形成扬沙天气，若秸秆覆盖地表也容易被大风吹走，可利用秸秆粉碎后均匀还田，并在冬季无天然降雪的情况下适当浇灌形成冻盖层，既解决了风蚀问题，又有利于提高春季播种质量，又不过分影响播种作业，保土、保墒效果好，且机械作业成本低。由于沙土质地疏松，不易形成压实的耕层，一般不需要进行深松或浅松，通常在第二年春季实行免耕播种，需要利用化学除草剂配合覆盖、种植制度（休闲、间作和轮作等）来控制杂草。

2）带状间作留茬技术

采用马铃薯与小麦、燕麦、谷子和油菜等作物带状间作，条播作物在秋季收获留茬高度约 30cm，用以保护马铃薯收获后的裸露耕地，以减少春季大风对马铃薯耕地的侵蚀，可减轻风蚀 40%～80%，种植宽度可选择 6～12m，第二年马铃薯耕作带再用来轮作条播作物，条播作物耕作带则轮作马铃薯或免耕种植其他条播作物。

3）垄沟覆膜耕作技术

在田间起垄后，于秋季或早春用薄膜全地面覆盖，沟内播种，利用膜面集雨、覆盖减少蒸发，垄沟内种植的方法进行耕作。地膜与地面贴紧时，在垄沟内以一定的间隔打渗水池，使收集到的雨水补充给土壤，采用该种方法，天然降水的利用率可提高 30%左右，因补水和减少蒸发使土壤水分状况良好，可实现增产 30%左右。对于旱作农业区水源不足、土壤水分利用效率低均具有较好改善作用，通过该技术可使玉米和马铃薯等高产作物得以在该区域大面积种植。

4）土壤质地改良技术

利用砒砂岩与沙通过控制合理配比、砒砂岩颗粒级配和复配方式等形成有明显改良效果的复配土壤，可以基本满足作物生长的需求，被视为成土节水技术；从水资源节约的角度来看，该节水技术通过与合理耕作、施肥（尤其多施有机肥）制度和合理的灌溉技术等结合，可以促进复配土的结构和性质稳定以及良性发展，有效增加耕地资源，促进土地的可持续利用和发展。

从保护性耕作角度来看，砒砂岩与沙复配成土能够实现农业生产的目的，促进农业经济发展中水资源的利用效率提升、促进土壤肥力的生长发育，提高土壤含水率，提升地表覆盖率、降低风蚀和水蚀，因此也可被看作是一种保护性的耕作技术。

综上所述，根据研究区农业发展的实际需要，应因地制宜地选择多种保护性的耕作措施，最终达到有效地改进土壤质量、提高用水效率、遏制土地沙化、改善生态环境、促进农业开发及水土资源持续发展的目的。

4.5　沙地农业节水技术体系

在陕北农牧交错带前期的沙地整治利用与示范中，首先明确了水资源是制约沙区农业发展的主要因素之一，同时也是砒砂岩与沙复配成土的核心问题。如果区域水资源量无法满足灌溉水量要求，即使合理的砒砂岩与沙配比，也不能达到复配成土造田并进行农业种植的目的，因此水资源是陕北农牧交错带沙地农业发展的关键性因素，在支撑农业发展的因素中占有决定性地位。解决水问题的根本在于“开源节流”，在水资源匮乏、生态环境脆弱的陕北农牧交错带，节水是解决水资源供给不足的首要任务。

4.5.1　节水技术体系

发展节水农业是一项系统工程，是在农业生产过程中，采取各种工程和非工程措施及手段，用以减少“供水～用水～耕作～灌溉～收获”等各个环节中水资源量的需求，提高水资源利用效率的重要工程。因此，针对农业生产的整个流程，提出了从改善土壤物理特性、改进灌溉节水技术及采用合理的耕作方式等多个角度探索节水的可能性。

通过前期砒砂岩与沙复配成土壤水分试验、节水灌溉实验以及参照前人研究成果对陕北农牧交错带适宜耕作制度的设计与实施，从降低耗水与需水、提高供水效率以及用水效率等三个角度入手，通过工程成土方案制订、灌溉制度实现和保护性耕作制度组建三个方面构建陕北农牧交错带沙地农业开发利用的节水技术体系框架及主要内容。沙地农业节水技术体系框架如图 4.1 所示。

该体系以节水为核心目标，成土工程、灌溉制度以及保护性耕作三个方面相互支撑、相互促进，通过工程技术节水、灌溉技术节水和耕作节水的综合，在陕北农牧交错带构建了符合地域特色的节水技术体系。该体系的研究与应用，在区域水资源严重短缺及土地资源不足、粮食安全存在隐患的背景下，促进了土壤形成，并使其具有一定的保水保肥能力，提高土壤水分利用效率，促进土壤结构良性发展，为农业经济发展创造条件。

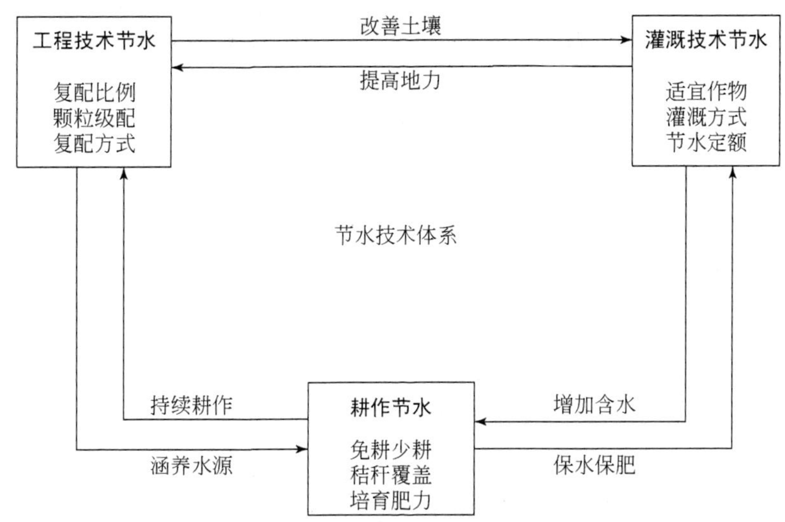

图 4.1　陕北农牧交错带沙地农业节水技术体系框架

结合陕北农牧交错带生态环境、农业生产特点及水土资源情况，根据对农业生产综合节水各关键环节的分析，提出从工程技术节水、灌溉技术节水以及以用水效率提高为目的的耕作节水三个方面构建毛乌素沙地农业开发利用的节水技术体系，即技术体系中的三类节水功能。

（1）工程技术节水功能。工程技术节水就是通过砒砂岩与沙复配成土以工程手段实现沙地利用过程的第一步骤节水任务，在 4.2 节已有描述。成土工程技术使原来未利用的沙土质地得以改良，持水能力有了提升，在缺水的干旱半干旱地区以该类沙地作为农耕地进行耕作具备了初步条件，使沙地农业利用成为可能。以实验为基础，成土工程节水通过复配土壤对水分利用效率的提升来实现节水功能。

（2）灌溉技术节水功能。本小节所指的灌溉技术节水，一是指喷灌技术与传统的地面灌溉相比具有节水的功能；二是本章在选定的砒砂岩与沙最佳复配方案的基础上，进一步实验研究不同作物种植中灌溉方式、灌溉技术与用水量间的关系，确定合理、高效的节水灌溉制度。同样，以实验为基础，灌溉技术节水通过适当灌溉，减少灌溉过程中的用水浪费和无效灌水，在满足作物生长需求的基础上，尽可能地降低灌水需求以实现节水。

（3）耕作制度节水功能。耕作制度节水是按照前人研究结论及实践经验，针对选定的复配方案、作物种类及灌溉技术与制度以及土壤的理化性质，设计适宜的保护性耕作制度。保护性耕作制度的节水特性是通过减少径流形成、提高雨水的下渗率及利用率、减少土壤表面蒸发，最大限度地实现天然降水的高效利用；通过秸秆覆盖有效地提高土壤有机质含量，改良土壤质地与结构，使土壤涵养水源的能力进一步增强，间接实现开源。因此，保护性耕作制度通过争取水源和提高用水过程的效率实现节水。

综上所述，以工程节水、灌溉节水及耕作制度节水三类功能为基础提出的陕北农牧交错带沙地农业节水技术体系，既涵盖了农业生产的各个环节，保证了体系覆盖面的完整性，又体现了各自构成要素的特点和相互衔接、相互支撑的关系。

4.5.2 节水效果分析

受研究年限的限制，本章现已实现的节水技术还未能包括保护性耕作技术的节水效果。基于4.2节和4.3节的研究，结合陕北农牧交错带的生态环境及沙地农作物种植的特点，选用喷灌作为研究区内的主要灌溉方式；对适宜当地生长的玉米和马铃薯，通过测量作物生长过程中不同生长阶段的土壤含水率，计算出这两种作物的需水量，并进一步得出两种作物的灌溉制度，以求得该作物的农业需水量。将复配土壤及喷灌措施下灌溉制度与《行业用水定额》（陕西省地方标准DB 61/T 943—2014）中的节水灌溉定额相比，复配比1∶2时玉米和马铃薯灌溉节水效果分别达到了16.51%和4.60%，与《陕西省作物需水量及分区灌溉模式》中作物需水量相比，复配比1∶2时玉米和马铃薯灌溉节水效果分别达到了43.86%和37.78%。

4.5.3 节水技术体系的适用范围及条件

1. 节水技术体系的适用范围

在节水技术体系的各组成部分中，复配成土工程节水工作的开展与砒砂岩的分布情况和运输成本相关；灌溉节水工程的应用除了对局部地形有要求，还可通过工程措施加以消除外无其他条件限制；保护性耕作节水所需材料大都为就地取材，也无其他限制条件。因此，陕北农牧交错带沙地农业节水技术体系的适用范围只需考虑砒砂岩与沙复配成土工程技术的适用性。

在我国，砒砂岩分布区总面积1.67万km^2，集中分布在晋、陕、内蒙古接壤地区的黄河两岸，在内蒙古自治区鄂尔多斯市的东胜区、准格尔旗、伊金霍洛旗、达拉特旗、杭锦旗，在陕西省的神木市、府谷县、榆阳区等地，山西省的河曲、保德两县和清水河县等。本书利用砒砂岩作为改良沙土的重要资源，在技术应用过程中为必不可少的资源，因此本沙地农业技术体系的适用范围包括：

（1）砒砂岩分布范围内。可直接利用砒砂岩对沙地进行复配成土技术操作。

（2）毛乌素沙地位于农牧交错带范围内。砒砂岩区位于毛乌素沙地内部，约占毛乌素沙地总面积的27.5%，基于砒砂岩与沙复配成土技术的可操作区域，在砒砂岩分布区域以外可以通过运输方式将砒砂岩运至周围区域进行复配。经多年在陕北农牧交错带沙地治理的经验统计，砒砂岩与沙复配成土的耕地亩均投资 0.8 万元，较传统沙地复配黄土造地，仅黄土远距离运输费一项每亩节约 0.7 万元。因此，通过运输砒砂岩至砒砂岩分布区以外区域进行沙地复配是可行的，但需进行经济分析与论证其经济上的合理性。

2. 节水技术体系的适用条件

该系列技术开展需要具备以下条件：首先，满足上述适用范围或与适用范围条件相当的区域；其次，必要的资金投入或国家规定耕地开垦费专项用于耕地开发。除了平整和复配土壤的工程措施投入外，还需要必要的资金投入以完善灌溉和耕作等配套性的投入；再次，必要的技术人员和实验、工程设备和前期的规划设计；然后，现代农业的跟进；最后，各级政府和当地农民群众的大力支持和积极参与。

4.5.4　节水技术体系的推广价值

砒砂岩与沙复配成土技术实现了沙地治理理念的巨大转变，由过去的消极防治沙漠转化为综合利用沙漠，由单纯追求生态效益转向了生态与经济效益兼顾。作为一项综合性很强的成土造地技术，它集沙地整治、成土造田和规模化现代农业发展于一体，将“沙害”和“砒砂岩害”转变为“土地资源”，形成一个良性循环发展的新型治沙造地思路。这一治理方式的变革，除了在造地过程中产生可观的经济效益外，也将改变农牧交错带沙地治理以单纯的国家投入为主的思路，实现包括各级政府、国内外企业、当地农户多元主体参与的沙地治理方式。这种治理理念体现了科学发展观和系统观的思想精髓。开创性的理念与室内试验和大田成土实践的结合，确保了技术模式的整体先进性，将极大地改变风蚀和水蚀治理的方式方法，提高交错带内沙地治理的效率和效果，产生广泛而深远的社会、经济和生态环境效益。

1）技术的社会价值

在农牧交错带开展复配成土造田工程，有利于保持耕地总量动态平衡，拓宽建设用地空间；有利于优化土地利用结构，促进土地集约利用；有利于改善农业生产条件和基础设施建设，提高农业生产率；有利于促进节约集约用地，促进农民增收、农业增效、农村发展。更重要的是，通过引入大规模现代化农业，不仅改变了传统的农业生产方式，更加使当地干部群众的思想产生变化，并推动了农业生产以及其他产业结构的转型和效益的提升；同时还有利于缓解粮食供给平衡、保障粮食生产、落实地方粮食储备，为确保粮食安全做出贡献。

2）技术的经济价值

在整治后的沙地上建设大规模现代化农业，将改变传统小农生产效益低的现实。为落实设计中的现代农业模式，在基本农田建设期间，施工方可根据现代设施农业的要求进行，并和后期农业种植公司实现无缝对接，一切的施工和土壤改良都朝这个方向走。因此，当地村民可以从土地租金中获得收益（原有的荒沙地由 10 元/亩提高到现在新开发耕地的 200 元/亩）。农民可以利用这个资金，投资建设养猪场，形成农畜循环经济。此外，现代化农业企业的引入也将增加地方税收和就业机会。

3）技术的生态环境价值

沙地利用的生态效益是指沙地整治行为主体进行的活动影响了自然生态系统的结构与功能，从而使得自然生态系统对人类的生产和生活产生直接或间接的生态效应。

（1）通过在沙地开发利用区综合应用节水技术措施，实行水、电、田、林、路综合治理，有效地增加耕地面积，改善生态环境。

（2）通过修建防渗管道，合理安排农田灌溉，完善农田水利设施，发展节水农业，使研究区水资源的利用效率得到较大提高，有限的水资源得到合理利用。

（3）本技术体系在沙区应用实施后，研究区内未利用地及废弃地得以开发利用，通过营造田间防护林等，提高植被、林木覆盖率及绿化率。在防风、固沙、排除空气污染、净化空气、改善沙地利用区小气候、美化环境等方面发挥重要的作用。

4.6 小 结

（1）结合前期复配成土试验与实验研究、灌溉用水试验研究，提出成土节水技术与灌溉节水技术，分析两种节水技术和实验，总结形成相应的节水技术方案。以前人在保护性耕作方面的研究成果为依据，针对陕北农牧交错带沙地利用提出了可行的耕作制度节水方案，为进一步研究沙地农业利用，实现最大限度地节水提供思路。

（2）分析了水资源在沙地农业利用中的重要性以及沙地农业节水的意义，以沙地农业节水为核心目标，结合复配成土节水、灌溉节水和保护性耕作节水三个方面，构建了适用于农牧交错带的沙地农业节水技术体系，并总结了节水技术体系的总体框架与功能。

（3）以试验小区实验结果为依据，分析了三种复配比例下，作物种植时的节水情况，结果表明三种复配比例下种植玉米和马铃薯时均有不同程度的节水效果。其中，砒砂岩与沙在 1∶2 复配比例下节水效果突出，将复配土壤 1∶2 下玉米和马铃薯喷灌措施下灌溉制度与《行业用水定额》（陕西省地方标准 DB 61/T 943—2014）中的节水灌溉定额相比，灌溉节水效果分别达到了 16.51%和 4.60%，与《陕西省作物需水量及分区灌溉模式》中作物需水量相比，复配比 1∶2 时玉米和马铃薯灌溉节水效果分别达到了 43.86%和 37.78%。

（4）结合砒砂岩的空间分布特征，与之相毗邻的沙地的分布特征，提出沙地农业节水技术体系的适用范围包括砒砂岩分布范围内以及分布范围邻近的沙地分布区。并对沙地农业利用的价值从经济、社会和生态三个方面分别进行了阐述。

参 考 文 献

[1] 王西琴, 张远. 中国七大河流水资源开发利用率阈值[J]. 自然资源学报, 2008, 23(3):500-506.

[2] 张忠玲, 马祝峰. 农业节水的重要性与措施[J]. 现代农业科技, 2008, (11):306-307.

[3] 田肖肖. 保护性耕作方式对夏玉米生长及水氮利用的影响[D]. 杨凌：西北农林科技大学, 2016.

[4] 谢红梅. 保护性耕作技术研究进展与展望[J]. 安徽农业科学, 2009, 37(5):1965-1967.

[5] 王丽学, 刘国宝, 马慧, 等. 保护性耕作对土壤水热和玉米生长情况的影响[J]. 节水灌溉, 2014(3):20-23.

[6] 杨林, 赵嘉琨, 王衍, 等. 澳大利亚机械化旱作节水农业和保护性耕作考察报告[J]. 农业技术与装备, 2001, (3):20-22.

[7] 赵满全, 郝建国, 佘大庆, 等. 农牧交错区保护性耕作技术试验研究[J]. 农机化研究, 2007, (2):122-125.

[8] 李明, 闫凯兵. 旱农地区玉米保护性耕作技术模式的试验研究[J]. 农业技术与装备, 2010, (1):40-42.

[9] 肖丰. 辽西干旱地区农业节水耕作技术[J]. 新农业, 2014, (15):39-40.

[10] 王碧胜, 蔡典雄, 武雪萍, 等. 长期保护性耕作对土壤有机碳和玉米产量及水分利用的影响[J]. 植物营养与肥料学报, 2015, 21(6):1455-1464.

[11] 周怀平, 杨治平, 李红梅, 等. 秸秆还田和秋施肥对旱地玉米生长发育及水肥效应的影响[J]. 应用生态学报, 2004, 15(7):1231-1235.

[12] 胡强, 万素梅. 保护性耕作措施对枣园土壤水分及红枣产量的影响[J]. 新疆农业科学, 2017, 54(1):95-103.

[13] 石长春, 刘雅娟, 牛钰平, 等. 保护性耕作技术研究进展及存在的问题[J]. 陕西农业科学, 2009, 55(6):206-209.

[14] 贾彦宙, 王俊英, 庞黄亚, 等. 土壤保护性耕作技术应用研究[J]. 北方农业学报, 2002, (6):12-13.

[15] 武占强, 杨涛, 曹双成, 等. 榆林沙区保护性耕作技术及存在的问题研究[J]. 陕西林业科技, 2010, (1):30-32.

[16] 杨涛, 武占强, 曹双成, 等. 榆林风沙区玉米保护性耕作技术研究初报[J]. 陕西林业科技, 2005, (3):3-5.

[17] 汪可欣, 付强, 姜辛, 等. 秸秆覆盖模式对玉米生理指标及水分利用效率的影响[J]. 农业机械学报, 2014, 45(12):181-186.

[18] 闫小丽, 薛少平, 朱瑞祥. 陕北长城沿线风沙区留茬固土保护性耕作技术模式研究[J]. 西北农林科技大学学报(自然科学版), 2009, 37(2):100-104.

[19] 魏志远, 冯焕德, 王华. 保护性耕作技术对热带果园土壤肥力的影响[J]. 农业工程技术, 2017, 37(17):17-17.

第 5 章　水资源适应性调控建模与方法

陕北农牧交错带地处干旱半干旱地区，降水量少且季节分配极不均匀。暴雨降水多，不但降低了水分利用率，还造成强烈侵蚀。本区域位于黄土高原北部与毛乌素沙地南部过渡地带，区内平均海拔高，水资源封闭运行，且很难得到客水补给，水资源缺乏严重制约了当地社会经济的发展。研究区地处陕、蒙、晋、甘、宁接壤区腹地，光照充分、雨热同季、昼夜温差大，农业气候条件适宜，是传统的农牧区，农业生产强度大、需水量大，但干旱及水资源供给严重不足，造成当地农业发展与水资源利用间的矛盾。在水资源短缺、节水意识不强、用水效率差的背景下，节水是解决水资源供给不足的首要任务。在第 2～4 章复配成土研究中，砒砂岩与沙复配得出具有一定节水效果、适宜农业生产的土壤复配模式；同时，基于小区灌溉用水试验设计了节水灌溉制度，并采用保护性耕作技术实现耕作节水，从三个方面充分挖掘了沙地利用的节水潜力，通过三种主要的节水手段使单位面积的用水量控制在较为高效的范围之内。

然而，客观上对耕地补充的需求、对农村经济发展的要求，以及农业开发利用技术的日渐成熟，易于使沙地农业利用陷入“一窝蜂”的局面。从全局的观点来看，如果过度推进项目研究成果，即使在节水的条件下，也势必使农业需水量不断攀升。当农业开发利用规模无序地扩大，用水需求超越当地的水资源供给能力时，一旦用水受限，土地的生产力还能否持续、生态环境能否持续好转或仅仅保持不变差等问题，依然是交错带农业发展所面临的严峻考验。

因此，本章以水资源与土地利用的互馈关系为切入点，深入分析水资源对土地利用的支持与制约作用，以及土地资源对水资源的响应与反馈，探讨土地开发利用过程中如何使有限的水资源得到合理利用，水资源如何最大限度地支持土地利用。

5.1　水资源与土地利用的互馈关系

土地利用指人类为获取所需的产品或服务而进行的土地资源利用活动，是人类活动作用于自然环境并影响地球系统的主要途径之一；土地利用对地球系统的直接影响就是改变了陆地表面的覆被性质，人类经济活动使森林变成农田，草地变成耕地，具有绿色植被的土地建成了城市建筑和不透水的道路、场地等。土地利用改变了地球陆地的覆被结构，从而影响地面透水率、反射率和生态系统的贮碳能力，使生物地球化学循环发生变化，同时也对区域水资源造成深刻影响[1]。水资源作为人类社会发展过程中的基础物质资料，持续不断地为人类活动提供着资源支持，尤其在土地开发利用过程中，各个环节均离不开水资源的支撑。然而水资源本身的有限性与空间分布的差异性导致其作为土地利用关键因子的同时也对土地产生一定的制约与限制作用。水资源与土地利用相互影响、相互作用、相互依存。

第 4 章通过试验以节水为核心、以提高研究区水资源利用效率为手段，为进行沙地开发利用打下基础，本章通过探讨水资源与土地利用之间的互馈关系，分析以节水利用为前提，水资源与土地利用之间如何互相影响、互相作用，为研究区内水资源对沙地农业开发利用的支持程度提供理论支撑。

5.1.1　土地利用的耗水特性

土地是一种生态系统，人类对土地的利用，必然会在不同方面对其产生影响，进而对依附于土地的生态系统及其环境产生作用。土地利用对水资源的影响，在于不同土地利用过程中普遍存在的耗水特性，由于社会经济发展，人类活动改变了水循环自然变化的空间格局和过程，这种耗水特性加剧了水资源形成与变化的复杂性[2]。

1. 农业用地的耗水特性

水资源在土地中通常以土壤水分的形式存在。土壤水分状况与植被覆盖、土地利用关系密切，一方面土壤水分影响植物的生长；另一方面植被覆盖和土地利用方式也影响土壤水分的含量与分布。土壤水分动态过程受降水和地表蒸散的影响，对土地利用方式的改变较为敏感，是影响区域植被生长及分布的重要因素[3]。农业用地本身的耗水特性来自于农用地承载的产物的耗水。例如，将水田改作旱地、非耕地，产水量会增加；水面改为水田或旱地，产水量会减小[4]。草地、草原等牧业用地的变化也有类似的效果。

在我国大部分地区，尤其是干旱半干旱地区，农业用水量在水量消耗上依然占据着用水大户的位置。2015 年全国总用水量 6103.2 亿 m^3，其中生活用水占总用水量的 13.0%、工业用水占 21.9%、农业用水占 63.1%、人工生态环境补水占 2.0%；农业用水占总用水量的第一位，而农业用水占总用水量 75%以上的有新疆、西藏、宁夏、黑龙江、甘肃、青海和内蒙古 7 个省（自治区）[5]，广泛存在的问题是节水农业发展程度不高，大量农业耗水作物的种植和生长依靠高频率和高定额的灌溉来维持，过分追求粮食产出量而忽略资源消耗。粗放的用水方式使得水资源开发利用过度，区域性地下水位下降、内陆湖干涸，进而引起土壤干旱、植被枯死、土地退化甚至沙漠化等生态问题，不仅造成水资源短缺现象进一步恶化，也对地区生态安全和可持续发展形成了新的威胁。

在水质方面，大量使用农药、化肥导致农业水源污染加剧。据统计，我国化肥施用总量从 1980 年的 1296.4 万 t 增长至 2010 年的 5561.7 万 t，年均增长率为 5%，每公顷耕地的化肥施用量接近世界平均化肥施用量的 4 倍[6]。化肥的过量使用造成了严重的环境污染，化肥的施用与流失，加剧了我国日益严重的地表水富营养化趋势，还导致地下水硝酸盐超标。农业生产方式的改变及农业生产力的提高对水质产生严重影响，富营养化日趋严重，蓝藻水华频频爆发，对滇池、太湖等饮用水源地的供水安全构成严重威胁。以滇池为例，来自农田的总氮、总磷分别占入湖总氮、总磷的 27%和 49%[7]。由于过量施用化肥和缺乏有效的调控政策，农业非点源污染已经成为工业污染和生活污染之外的第三大污染源，是造成水质型缺水的主要原因之一。

同时，农业土地利用变化对水循环过程的影响，也受到水文研究者的广泛重视。英国、美国、澳大利亚等国家进行了大量研究，共同点是强调了流域植被类型和土地利用结构与水行为要素间的关系。国内也开展了类似的研究，基本结论是流域产水量随植被覆盖的减少而增大。目前，世界上很多土地利用变化对区域水文过程产生明显影响的例子表明，近几十年的土地利用变化，使水系格局发生变化，并引起产水量、洪峰和洪涝持续时间的变化。在东亚地区以土地利用/覆盖变化为突出标志的人类活动，使 60%以上的自然植被转变为农田，草地转为半荒漠，并发生大面积的土地退化。由于覆盖变化，地表反射率、粗糙度、植被叶面积指数和地表植被覆盖度发生了明显的改变，弱化了夏季风，并强化了冬季风，从而进一步导致了干旱化的过程[1]。Bronstert 等[8]总结了可能影响地面及近地表水文过程的土地利用方式及与之相关的水文循环要素，其中影响水文过程的因素主要包括植被变化，如毁林和造林、草地开垦等、农业开发活动、道路建设以及城镇化等。改变了地表植被的截留量、土壤水分的入渗能力和地表蒸散发等，进而影响流域的水文情势和产汇流机制，改变了流域洪涝灾害发生的频率和强度。

2. 建设用地的耗水特性

随着社会经济的发展和国民经济经济结构的调整，我国城市化率的提高也相当迅速。城市人口的扩张、城乡土地利用的利润差使得城市面积越来越大。城市化对城市区域及其周边范围内水资源的影响尤为深刻：①在水量方面，城市的发展使得不透水面积增加，水分的垂直交换减少，水平方向的汇集增加，水分转化的界面及过程发生了变化；主要表现为城市地面水量调蓄作用变弱，径流系数增大，雨洪过程线变得尖而陡，峰现时间提前且洪峰流量发生频次增多，不仅给城市排水系统带来了压力，而且因雨洪不易蓄积造成当地水资源量的流失。②在水质方面，未达标工业废水和生活污水大量排放致使城市湖泊、河道等受纳水体水质严重恶化，主要表现为富营养化、有毒物质含量增加乃至黑臭，水体功能下降甚至消失殆尽，我国许多城市都面临着水生态环境功能急需恢复的困境[1,9]。③在空间分布上，随着城市人口的增多和经济的发展壮大，用地规模也在不断扩大，尤其是工业发展不断扩张、城镇居民点空间的扩张和城镇规模结构升级，改变河道径流分布，水资源需求的增长致使河流干枯、萎缩，以及由于上下游之间的水资源争夺而引起水资源空间分布的变化。④在生态环境方面，占用耕地使得农用地转化为工业用地或交通用地，改变了下垫面的组成和性质，用人工表面代替了自然地面，导致大气的物理状况受到影响；河道改变甚至萎缩、断流使得资源量愈加减少且得不到充分补给；建设用地的扩张与挤压，使得生态绿地随之减少，进而降低生态环境水源涵养功能。

5.1.2　水土资源的互馈关系

水资源是人类社会发展进程中的物质基础，对人类社会系统的运行和发展起着支撑作用。人类活动过程中，水循环的各个环节都与土地利用方式息息相关。在土地开发利用对区域水资源开发利用产生作用的同时，水资源开发利用也会对城市化产生反作用。理论上讲，水资源开发利用对土地利用既有支持作用，又有约束作用，两者之间的相互作用同时存在着正反馈和负反馈机制。

1）水资源的支持作用

水作为生命之源支撑人类生活和农业发展进而为城市化提供基础支持。水是人体和其他动植物的重要组成物质。同时，还可以满足农林牧渔业发展中动植物对水资源的需求，为农业发展提供基本保障。因此，水资源开发利用对农业发展、城镇布局和空间结构以及城镇体系的形成具有重要的决定作用[10]。人类通过水资源的开发利用，支撑了工业的快速发展，并为城市建设的全方位推进提供了可能。最后，水资源还是缺水地区生态环境的关键点，合理利用水资源可以有效支撑自然界生态系统健康持续发展。

2）水资源的制约作用

土地资源的利用与其他自然资源的利用关系密切，尤其是与水资源利用更是紧密相连，而我国水土资源分配极不平衡，水资源是土地利用的重要限制因子，特别是在严重缺水地区[1]。主要表现为水资源短缺和质量下降限制着土地利用的速度与规模，过度开发利用水资源一旦使生态用水在较长时间内小于最低临界需水量，生态系统将会逐渐退化，城市人居环境质量将会下降，也会约束土地利用规模。

3）水土资源间的关系

水资源和土地资源是区域经济社会发展的宝贵自然资源，这两种资源之间有着紧密的联系，两者相互影响、相互制约而又相互促进，同时又受到环境变化和人类活动的影响。水土资源的数量、质量和组合状态对一个国家或地区的经济、政治实力及发展前景有着深刻的影响[11]。

在自然界中，水资源、土资源是自然环境的两个主要构成要素，两者之间有着互促共生的密切联系。水资源对土壤的影响作用十分明显，影响了土壤的形成和发育过程，在一定程度上决定了土地的性质，对土地利用和改良的方式具有重要作用。水资源通过水温、持水状态等影响着土壤的物理性质，通过淋洗、盐渍化等方式影响着土壤的化学性质。19 世纪，俄国著名土壤学家道库恰耶夫创立了成土因素学说，认为土壤的起源是母质、生物、气候、地形和时间综合作用的结果，函数关系如式（5.1）所示[12]。

$$\Pi = f(K,O,\Gamma,P)\ T \tag{5.1}$$

式中，K 为土壤；O 为气候；Γ 为生物；P 为地形；T 为时间。其中，气候因素主要指水热条件，即降水和温度条件，表明水资源要素是土地重要的成土要素之一。

土地资源通常通过地表覆被的变化影响着水文循环过程，不仅对降雨、冠层截留、蒸散发、产汇流过程等产生直接影响，还可以对极端洪水事件和水环境产生影响。而伴随着人类活动加剧带来的耕地及城镇化的迅速扩张，水循环过程也发生着重大改变[13]。土地利用方式的变化以及不同的管理措施等均会导致土壤性质以及土地生产力发生改变，通过对水文循环过程的直接干预或对水文循环过程中某些因素的影响使水资源的数量和质量在时间、空间上发生变化。不合理的水、土资源利用会引发消极的环境影响，如陡坡地开垦为耕地会引发或加剧水土流失，以及引发泥石流、滑坡等地质灾害；围湖造田缩小湖面面积可能会增加洪涝灾害发生的概率和程度；对某些森林、水面、荒草地的开垦可能会破坏对生物多样性的保护；非农建设可能会导致高质量农地的损失等。而水、土资源的变化也会引起土地利用方式的改变，有些是直接的后果，如植被退化、演替和土壤盐渍化、土地退化等，有些是间接后果，如植被退化后引起的土地沙漠化等。

土地利用与水资源之间的影响是相互的、同时的，并且在时空上是变化的[14]。水土资源的互馈关系如图 5.1 所示：①水资源作为人类社会发展的基础物质资料，按照用途被分为生活用水、农业用水、工业用水和生态用水等，支撑着以人口发展、农作物灌溉、工业产品的生产加工以及生态园林景观的维持为目的的土地利用方式，进而影响到不同类型土地利用的规模、结构、质量和效率。同时，水资源作为调控因子，对土地利用的规模、结构、质量和效率进行调控；②水资源支撑经济社会的不断发展，促使土地利用规模不断扩大；而土地利用本身的耗水特性对水资源产生胁迫效应；③当土地利用对水资源的消耗达到水资源所能承载的临界值上限，水资源作为最大限制要素对土地利用产生明显的制约作用；④当土地利用受到制约，为保证人类社会不断发展，将促使土地利用规模、结构、质量和效率不断优化提升，从而延伸水资源的支持能力，减少约束作用，形成水土资源的互馈机制。

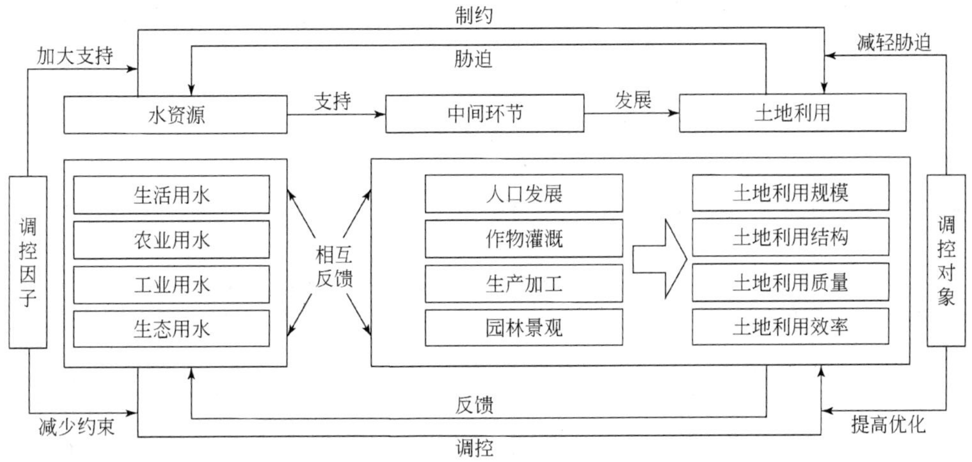

图 5.1　水土资源的互馈关系

5.1.3　水土资源协调发展的关键课题

陕北农牧交错带是相邻生态系统的边缘交汇带，是毛乌素沙漠和黄土高原过渡地区，是陆地生态系统对全球环境变化和人为干扰响应的关键地段。因其地形地貌、气候及生物等自然因素具有明显过渡性而表现出生态系统脆弱、人类活动频繁且干预强度大、土地利用方式和结构复杂等特性，是我国土地退化最严重、生态环境最恶劣的地区。为了对区域生态环境加以整治，对沙地资源加以利用，大量学者提出了引水拉沙、机械推沙和人工平整、砒砂岩与沙复配成土等方法以开垦荒地、补充耕地，使农民耕作积极性得到了有效提高，同时带动地方经济快速增长。然而，随着沙地治理规模及农牧业耕作面积的不断增加，尽管采取了多样化的节水措施，农业用水量仍然呈显著增长。可以预见，当用水量超过水资源的可持续供给能力时，则会导致地表水资源枯竭，地下水水位大幅度下降，过量使用地表及地下水资源等不合理开发行为将会引发水资源供需矛盾日益凸显，造成水资源的高负荷状态。同时，治理后的沙地在水资源供给不足的情况下，土地肥力难以持续，前期大量开发的农用土地将面临着重新撂荒的严重局面，甚至与原有的沙生生态系统相比，其抗风蚀能力及固沙能力反而会有所下降。可见，资源开发利用若仍保持现有的方式和结构，无疑会是造成大面积生态恶化和荒漠化进一步发生发展的主要原因之一。

综上所述，当以各种综合利用模式为依据的农业开发利用对当地的水资源造成明显的压力时，如果仍然保持现有的开发方式和结构，无序扩大开发利用规模，无疑会产生更严重的生态问题。因此，在水资源紧缺，生态环境脆弱的陕北农牧交错带，以节水利用为前提，探索在水资源可承载的基础上农业开发利用的适宜规模，以有序的开发促进水资源与土地资源的可持续利用，以水、土资源的可持续利用带动区域生态环境的良性循环则显得尤为必要。

5.2　水资源承载力的研究与发展现状

5.2.1　水资源承载力的概念与研究范畴

承载力最初是存在于工程地质领域的概念，属于物理范畴，是指地基的强度对建筑物负重的能力。随着社会的发展、科学技术的进步和人类认识水平的提高，承载力这一概念已逐步被引入到其他学科，并成为这些学科重要的概念之一，它通常用来描述对发展的限制程度或对某一对象的承受能力。最早提出承载力的是生态学领域，即“某一特定环境条件下（主要指生存空间、营养物质、阳光等生态因子的组合），某种个体存在数量的最高极限”，借此研究外界环境影响下种群的发展规律[15]。

20 世纪 40 年代以来，随着全球性的人口膨胀、资源短缺、生态环境恶化，人地矛盾日趋尖锐，促进承载力的研究在广度和深度上都有了跨越式的发展[16]，主要研究集中在资源、环境和生态系统三个方面的承载能力，本书主要研究讨论资源承载力。“一个国家或地区的资源承载力是指在可以预见到的时期内，利用本地能源及其自然资源和智力、技术等条件，在保证符合其社会文化准则的物质生活水平条件下该国家或地区能持续供养的人口数量”[17]，这是联合国粮食及农业组织（Food and Agriculture Organization，FAO）、联合国教科文组织（United Nations Educational，Scientific and Cultural Organization，UNESO）、经济合作与发展组织（Organization for Economic Co-operation and Development，OECD）在开展包括土地资源、水资源、森林资源和矿产资源等多种资源在内的承载力的研究项目后提出的资源承载力的概念[18]。水资源有别于其他自然资源，自身是一种资源，同时也是其它众多资源的保障，并且附有随机性等特点，因此水资源的承载力具有一定的特殊性。目前的研究主要从水资源自然属性入手，以可持续发展为目标，结合区域社会经济的发展情况，确定水资源承载力[19]，主要研究体现在以下三个角度：第一个角度是水资源开发规模理论，即在一定技术水平和水资源总量的条件下，通过水资源合理配置使用，达到支撑经济、社会正常运转的最大水资源量，也就是在现有条件下能够供给生活、工业、农业和环境等方面的最大水量；第二个角度是承载的最大人口理论，这种观点是用人口承载数量的多少来间接反映区域水资源的承载能力的大小；第三个角度认为，开发规模论和承载人口论的内涵范围过小，并将水资源承载力认为是一种对经济、社会发展的支撑能力，这样就将水资源承载力的内涵扩大，形成了水资源支撑可持续发展的能力论。

5.2.2　水资源承载力制度的发展沿革

承载力的概念不断被应用到生态、资源、环境及社会等诸多领域，其内涵得到了充分的扩展，学者们从各个角度出发，对资源承载力进行了界定与全面系统的探索，资源承载力成为关乎全人类发展的关键之一。研究的方向也从整体把握逐步细化，由宏观概念深化为具体理论与制度，由最开始对资源承载力的整体研究逐渐转向对土地资源、水资源、矿产资源、森林资源、草原资源等各方面资源承载力的全面探讨[20]。我国开展水资源承载力研究较晚，最初的研究缺乏系统性，关于水资源承载力的相关制度也仍然处于探索阶段。

改革开放以来，我国相继颁布了《中华人民共和国森林法》（1984 年）、《中华人民共和国矿产资源法》（1986 年）、《中华人民共和国土地管理法》（1986 年）、《中华人民共和国水法》（1988 年）、《中华人民共和国环境保护法》（1989 年）等诸多相关法律，我国全民所有自然资源资产有偿使用制度也逐步建立，在促进自然资源保护和合理利用、维护所有者权益方面发挥了积极作用。

水是民生之本，既具有可再生性又具有有限性，水资源的有效管理对于人民生活和国家运转有着至关重要的作用，因此逐步制订了基于资源承载力的水资源管理制度。

取水许可制度是《中华人民共和国水法》所设定的有关水资源管理方面的一项十分重要的内容。为全面实施取水许可制度，加强对水资源的统一管理，促进水资源的优化配置和可持续利用，1993 年 8 月 1 日，国务院发布了《取水许可制度实施办法》，对取水许可的适用范围、主要原则、办理程序、管理水限、审批时限、法律责任等做出了规定。

建设项目水资源论证制度是 2002 年 3 月 24 日水利部国家发展和改革委员会令第 15 号发布的，是根据《中华人民共和国水法》《取水许可制度实施办法》和《水利产业政策》的规定，基于我国有限的水资源及承载能力，针对现有取水许可审批存在的粗放简单等问题而设立的一项新的水资源管理制度。该制度是对取水许可制度的补充和完善，体现了量水而行、以水定发展的指导思想，目的就是科学规范取水许可审批，促进水资源的优化配置和可持续利用，保障建设项目的合理用水需求。

随着经济的跨越式发展，水资源过度消耗，面对新问题，国家出台了更严格的制度。2011 年中央一号文件明确提出，实行最严格的水资源管理制度，建立用水总量控制、用水效率控制和水功能区限制纳污“三项制度”，相应地划定用水总量、用水效率和水功能区限制纳污“三条红线”。

十八大以来，以习近平总书记为核心的党中央在深刻总结自然规律和实践经验的基础上，对新时代的生态文明建设提出了新要求。十八届三中全会通过的《中共中央关于全面深化改革若干重大问题的决定》明确提出，建立资源环境承载能力监测预警机制，对水土资源、环境容量和海洋资源超载区域实行限制性措施。2014 年，全国资源环境承载能力预警技术方案的主要内容被国家发改委及国土资源部、环境保护部、国家林业局等 12 部委（局）共同采纳，并报请国务院同意后联合印发了《建立资源环境承载能力监测预警机制的总体构想和工作方案》。经过几年努力探索，2016 年 7 月国土资源部出台了《国土资源环境承载力评价技术要求》（试行）；2016 年 9 月 28 日，国家发改委、国家海洋局等 13 部委（局）联合印发《资源环境承载能力监测预警技术方法（试行）》，明确了资源环境承载能力等基本概念，提出了资源环境承载能力监测预警的指标体系、指标算法、集成方法与类型划分、超载成因解析及政策预研分析方法等技术要点。2017 年 9 月首个省级国土资源环境承载力监测预警技术规程（《安徽省国土资源环境承载能力评价和监测预警技术规程》）通过专家组评审验收，这标志着资源承载力制度在我国已进入具体实施阶段。

5.2.3　水资源调控与水资源承载力的研究进展

水资源承载力是动态的，能够随着外界因素及水资源量的改变而变化。2001 年，在中国水利学会成立 70 周年的会上，水利部部长汪恕诚做了题为“水环境承载能力分析与调控”的学术报告，报告中涉及的水资源调控与水资源承载力之间的关系问题引发了学界的广泛讨论，开启了两者关系研究的热潮。学者们运用各种方法研究了水资源调控的各种方式在提高水资源承载力中的作用，并取得了丰富的成果。近年来的研究主要表现在水资源可承载规模与水资源调控两方面。

1）水资源承载力与调控对策研究

滕朝霞[21]以“泉城”济南为例，综合考虑社会、经济、生态等多种因素，利用通用数学仿真系统构建了济南市城市水资源承载力模型，分别计算了泉群常年性喷涌和季节性喷涌等不同条件下、不同水平年济南市区最大承载力，在宏观和微观两个层面上，构建了提高济南市水资源承载力的措施体系和调控模式。吴泽宁等[22]以黄河三角洲为地域依托，选取东营市为典型，从水资源、土地资源、社会经济、生态环境四方面出发，运用基于粒子群优化算法的投影寻踪评价模型，进行黄河三角洲水土资源承载力综合评价，揭示影响承载力的关键障碍因素，提出黄河三角洲水土资源的可持续利用对策。杨朝晖[23]根据新时期的要求对洞庭湖区域生态文明建设建立了水资源合理配置的数学模型，运用建立的模型和提出的调控指标及阈值，开展了洞庭湖基于生态文明的水资源综合调控应用。桂春雷[24]将石家庄市区作为城市水资源承载力量化的实证，建立了一个涉及供水、用水、排水及水处理等各个子系统以水代谢程度为运行基础和核心动力的复杂的水代谢反馈大系统，构建了基于水代谢的石家庄市城市水资源承载力模型，对水资源承载力进行了不同规划方案下的调控计算和分析。吴泽宁等[25]采用水资源承载的 GDP 总量和人均 GDP 表征城市群的水资源承载能力，从供水结构调整、水资源高效利用、经济结构调整和人口分布调整四个方面构建调控方案；基于水资源优化配置模型，分析各调控措施对提高中原城市群水资源承载能力的效果。

2）水资源可承载规模的研究

在水资源承载力与调控方式研究的基础之上，逐渐开展了以资源定规模的可持续发展模式研究，并取得了较多的科研成果。方创琳等[26]分析计算了河西走廊在水资源硬约束下的城市化水平阈值。张建勇等[27]在土地资源充足的前提下，结合供水安全等因素，认为玉州-福绵-北流一体化区域的水资源承载力应立足于水资源调节能力，其城市人口规模要控制在一定范围内。石培基等[28]以典型的干旱内陆河流域城市——武威市凉州区为研究对象，基于可利用水量、水权及水质三要素建立水资源承载能力及城市适度规模计算模型，构建了城市适度规模与实际人口的距离协调度评价模型。熊鹰等[29]应用双要素水资源承载力模型对长沙株洲湘潭城市群适度规模进行定量分析，认为城市适度规模与实际人口的距离协调度将处于濒临失调衰退黄灯阶段。

众多学者也对水资源承载下的农业开发规模做了大量研究。王韶华等[30]以农业需水量和地下水可开采模数两种方法，计算了三江平原适宜水稻种植的面积。蒋舟文[31]针对西北地区水资源利用和农业发展的现状，定量分析农业经济与生态环境系统协调发展程度，提出了水约束下西北地区农业结构调整的有效途径、激励模式和对策建议。邓宝山等[32]在水热平衡理论基础上分析了吐鲁番绿洲适宜规模及其稳定性。郝丽娜等[33]在不同水平年利用水热平衡原理建立适宜规模模型确定黑河干流中游地区耕地规模。蔡璐佳等[34]以乌兰察布市为例，计算得出在水资源约束下单位耕地面积水资源适度投入、单位耕地面积适度物质投入和家庭适度经营规模。孟祥玉等[35]为防止耕地资源过度开发利用，过度消耗水资源，根据青龙山农场实际用水情况计算了区域的适宜耕地规模。赵新风等[36]、张沛等[37]基于已实施的水资源分配方案和近 10 年的生态输水实践，依据水量平衡原理计算塔里木河流域不同水平年的最大灌溉面积。

依据上述思路，本书主要对当前社会经济发展用水需求之外的剩余水资源对沙地农业利用的可承载规模进行研究，以使沙地农业的开发利用处于水资源可持续承载的状态，确保资源开发、经济发展和生态保护间的协调。

5.3 沙地农业利用的水资源调控模型

5.3.1 水资源承载力计算方法

水资源承载力的定量化研究是指在水资源承载力的理论研究基础上，针对水资源承载力的各项具体指标，通过统计学、运筹学、系统动力学等方法对区域水资源承载力进行综合分析。由于各学者对水资源承载力的理解不同，水资源承载力的定量化研究方法可采用多种科学思想，如作物模型理论、统计学理论、运筹学理论、系统动力学理论等。常见的关于农业水资源承载力的定量研究方法主要有模糊综合评价法、主成分分析法、多目标决策分析方法、系统动力学模型等。其中，多目标决策（multiple objective decision making）是 20 世纪 70 年代发展起来的一种决策分析方法，是对多个相互矛盾的目标进行科学、合理的选优，然后做出决策的理论和方法。运用多目标决策分析水资源承载力模型简单且具有系统动力学的正负反馈特征，而且克服了目标函数一维性和可行解区域局限性的弊端。多目标决策在资源承载力研究中的基本思路是：决策人根据研究目标，预先给定一组理想目标值。因为每一目标可能超额完成、恰好完成或完不成，所以实际能完成目标与规划中目标间存在一定程度偏差，于是引入偏差变量。然后，给定一组约束条件，以求得偏差变量最小的决策变量值。决策中多目标间可能并不协调，甚至是相互冲突或矛盾的，因此在构建模型时必须首先明确目标的优先序，以便使重要目标被优先满足，再考虑次要目标。目前，多目标决策分析技术在资源规划管理领域已得到广泛的应用，相关理论也发展得比较成熟。在水资源承载力研究中，可以将多目标决策模型归纳如下：

$$\begin{cases} \min\sum(P_iD_i^+ + Q_iD_i^-) \\ Ax - D^+ + D^- = F\text{（目标方程）} \\ RX \leqslant B\text{（约束方程）} \\ X、D^+、D^- \geqslant 0 \end{cases} \tag{5.2}$$

式中，P、Q 为优先级别向量；D^+、D^- 为偏差目标的正负偏差向量；F 为目标值向量；B 为资源、技术、经验约束；X 为农作物结构及林、牧、渔结构的变量向量。

本章主要考虑陕北农牧交错带在现有水资源及其开发利用条件下，能够支持多大的沙地农业利用规模，即沙地农业开发利用适应性规模研究，该研究是基于水资源承载力的、集评价、规划和预测于一体的综合性研究。水资源承载力研究把水资源评价作为基础，以水资源的合理配置为前提，其核心是水资源潜力，将系统分析和动态分析作为研究手段，实现人口、资源、经济和生态环境的协调发展。受水资源量、社会经济和科技发展水平等条件影响，在水资源承载力研究过程中，需充分考虑水资源系统、社会经济系统以及生态系统之间的相互协调与制约的关系。因此，水资源承载力的研究归属于可持续发展研究框架下，其研究对象是水资源-社会经济-生态环境相结合的复杂系统，是基于可持续发展的方向来研究水资源与社会经济、生态环境及其他资源之间的关系。针对这一典型的复杂巨系统问题，采用多目标模型进行水资源承载力计算较为合理。

5.3.2 多目标模型建立的原则

本章基于一定的经济、社会发展水平，以可持续发展为原则，以维护生态环境良性循环发展为条件，以可预见的技术追求研究区沙地农业利用的适宜开发规模。沙地农业开发利用是一个集经济、社会、生态于一体的大系统，因此不仅会取得经济效益，也会取得社会效益及生态效益。社会效益具体表现在解决国家粮食安全、解决劳动力和建设社会主义新农村等方面；生态效益具体表现在对建设生态文明和推进可持续发展具有重要促进作用。当区域水资源不足时，只有通过经济、生态、环境等诸多方面的协调发展，选择最优的方案进行开发利用，农业才能得到可持续发展。因此，本章在研究沙地农业利用的适宜开发规模过程中，从经济效益、社会效益、生态效益三个方面的目标综合考虑。

农业的经济效益、社会效益及生态环境效益之间是一种既相互矛盾又相互竞争的关系，一个目标满足程度提高，意味着势必会有另一个目标满足程度降低，往往无法找到使所有目标同时达到最优的方案。因此，在满足水资源、耕地面积等约束条件下，本章选取经济效益、社会效益、生态效益等多个目标，来分别反映经济效益、社会效益、生态效益，建立以经济-社会-生态效益最优为目标的多目标优化模型。这些指标既能反映该地区农业生产水平和节水农业发展状况，也能体现该地区环境保护、生态意识和生态农业环境建设水平。

5.3.3 多目标优化模型基本理论

多目标优化问题是指具有两个或者两个以上目标需要同时优化的问题，且多个目标相互制约，有时还存在目标约束。模型的解并不局限于单个解，而可能是多个解的某种折中或妥协，常求解问题的 Pareto 最优解集[38]。多目标优化问题数学描述如式（5.3）所示。

$$\begin{cases}\text{Max/Min } [f_1(X), f_2(X), \cdots, f_n(X)] \\ \text{s. t. } g_j(X) \leqslant 0,\ j=1,2,\cdots,n \\ h_k(X) \leqslant 0,\ k=1,2,\cdots,n\end{cases} \tag{5.3}$$

式中，$X=(x_1, x_2, \cdots, x_i)$ 为一个 i 维向量；$f_n(X)$ 为目标函数；$g_j(X)$ 和 $h_k(X)$ 为系统约束。

多目标问题的解通常是一组非劣解或称 Pareto 最优解集合。由所有非劣最优解组成的集合称为多目标优化问题的最优解集或有效解集，相应非劣最优解的目标向量称为非支配的目标向量（non-dominated），由所有非支配的目标向量构成多目标问题的非劣最优目标前沿（Pareto front）。在实际应用中，一般从多目标优化问题的Pareto 最优解集合中挑选出一个或一些解作为所求多目标优化问题的最优解。因此求解多目标优化问题的首要步骤和关键步骤是求出其所有的 Pareto 最优解。

最优解是各种多目标优化算法的基础，为了从最优解集中选出特定的解或子集，或者说为了便于决策者决策，要求最优解集满足两个条件：①最优解集个数不能太少（太少可能漏掉有些有价值的最优解），也不能太多（太多的最优解使决策者无法比较选择）；②最优解应尽量均匀分布在 Pareto 前沿面上。

在研究多目标优化问题中，常用到如下概念[38, 39]。

1）Pareto 支配关系

对于最小化多目标问题，n 个目标分量 $f_n(X)$ 组成的向量 $\overrightarrow{f(\mathrm{X})}=[\overrightarrow{f_1(\mathrm{X})}, \overrightarrow{f_2(\mathrm{X})}, \cdots, \overrightarrow{f_n(\mathrm{X})}]$ 任意给定两个决策变量 $\overrightarrow{X_u}, \overrightarrow{X_v} \in U$ 存在如下关系：①当且仅当，对于 $\forall i \in \{1,2,\cdots,n\}$ 都有 $f_i(\overrightarrow{X_u}) < f_i(\overrightarrow{X_v})$，则 $\overrightarrow{X_u}$ 支配 $\overrightarrow{X_v}$；②当且仅当，对于 $\forall i \in \{1,2,\cdots,n\}$，有 $f_i(\overrightarrow{X_u}) \leqslant f_i(\overrightarrow{X_v})$，且至少存在一个 $j \in \{1,2,\cdots,n\}$ 使 $f_i(\overrightarrow{X_u}) < f_i(\overrightarrow{X_v})$，则 $\overrightarrow{X_u}$ 弱支配 $\overrightarrow{X_v}$；③当且仅当，存在 $i \in \{1,2,\cdots,n\}$ 使得 $f_i(\overrightarrow{X_u}) < f_i(\overrightarrow{X_v})$，同时，存在 $j \in \{1,2,\cdots,n\}$ 使得 $f_i(\overrightarrow{X_u}) > f_i(\overrightarrow{X_v})$，则 $\overrightarrow{X_u}$ 与 $\overrightarrow{X_v}$ 互不支配。

2）Pareto 最优解

当存在多个目标时，由于目标之间存在冲突无法比较，很难找到一个解使得所有的目标函数同时最优，也就是说，一个解可能对于某个目标函数是最好的，但对于其他的目标函数却不是最好的，甚至是最差的。因此，对于多目标优化问题，通常存在一个解集，这些解之间就全体目标函数而言是无法比较优劣的，其特点是无法在改进任何目标函数的同时不削弱至少一个其他目标函数。这种解称作非支配解（non-dominated solutions）或 Pareto 最优解（Pareto optimal solutions），其定义如下：对于最小化多目标问题，n 个目标分量 $f_i(i=1,2,\cdots,n)$ 组成的向量 $\overrightarrow{f(\mathrm{X})}=[\overrightarrow{f_1(\mathrm{X})}, \overrightarrow{f_2(\mathrm{X})},\cdots,\overrightarrow{f_n(\mathrm{X})}]$，$\overrightarrow{X_u} \in U$ 为决策变量，若 $\overrightarrow{X_u}$ 为 Pareto 最优解，则需满足：当且仅当，不存在决策变量 $\overrightarrow{X_v} \in U$，$v=f(\overrightarrow{X_v})=(v_1,v_2,\cdots,v_n)$ 支配 $u=f(\overrightarrow{X_u})=(u_1,u_2,\cdots,u_n)$，即不存在 $\overrightarrow{X_v} \in U$ 使得下式成立：对任意的 $i \in \{1,2,\cdots,n\}$，存在 $v_i \leqslant u_i$；或对任意的 $i \in \{1,2,\cdots,n\}$，存在 $v_i < u_i$。

5.3.4 模型的建立

1. 目标函数

本节建立基于水资源承载力的沙地农业利用适应性开发规模与布局模型，在水资源可利用量的约束下，以可支持的最大沙地农业开发规模为指标定量表现水资源对农业发展的支撑，以最优的经济、社会、生态效益为目标求解区域沙地农业发展的适应性规模及农业种植结构为目标。

本章所建立的多目标优化模型如下：

1）经济效益目标

经济效益主要指从事农业生产活动所获得的直接经济净效益，本节通过沙地农业利用所产生的经济收益与投入的成本差来衡量，经济效益目标函数见式（5.4）。

$$\begin{cases} f_1(x)=\max\begin{cases}\sum_{i=1}^{I}\sum_{j=1}^{J}[(\rho_{\text{AVG},i}^{\pm}\cdot \text{IRRIG}_{i,j}\cdot Y_{\max,j}-\sum C)\cdot x_{i,j}] \\ -C_{\text{AVG},i}^{\pm}\cdot\sum_{j=1}^{J}(\text{IRRIG}_{i,j}\cdot x_{i,j})\,\eta_j\end{cases} \\ \sum_{j=1}^{J}\sum_{i=1}^{I}x_{i,j}=\lambda^{*}\cdot X \\ \Delta x=(1-\lambda^{*})\cdot X\end{cases} \tag{5.4}$$

式中，$x_{i,j}$ 为利用不同水源 j 灌溉的不同作物种类 i 的面积，hm^2，i=1，2，…，n 为作物种类，j=1，2，3，…，m 为水源次序；$\rho_{\text{AVG},i}^{\pm}$ 为不同作物的市场平均价格，元/kg；$C_{\text{AVG},j}^{\pm}$ 为不同水源的灌溉水成本，元/m^3；$Y_{\max,j}$ 为作物 i 的最大产量，kg/hm^2；$\text{IRRIG}_{i,j}$ 为代表不同作物 i 分别使用不同水源 j 的灌溉水量，m^3/hm^2；η_j 为不同水源的用水效率；$\sum C$ 为单位面积其他运行成本，元，包括运输成本、农业灌溉机械成本、作物施肥成本、人工成本等的总和（其中，础砂岩在陕西境内的分布多集中在榆阳区、神木市和府谷县，对于础砂岩的开发利用具有经济性和便捷性等优势，因此对于横山区、靖边县以及定边县等县（区）运输成本应按照实际取不同的值）；X 为沙地开发总面积，hm^2，除耕地外还包括道路面积、林网面积及其他面积等；λ^{*} 为耕地系数，%，根据前期研究所建设的示范区内沙地开发土地规模中耕地面积占沙地总开发面积之比确定；Δx 为道路面积、林网面积等之和，hm^2。

2）社会效益目标

大量文献资料显示，社会效益难以直接衡量，与居民生活质量相关的指标有人均耕地、人均道路面积、人均可支配收入、劳动力安置数量等，本节通过沙地开发利用为区域带来的社会效益采用劳动力安置效益以及农村公路建设效益来衡量，社会效益目标函数见式（5.5）。

$$f_2(x)=\max\left\{\left[\left(\sum_{j=1}^{J}\sum_{i=1}^{I}x_{i,j}\bigg/\phi_{\text{Labor}}\right)\cdot\tau\right]+(1-\lambda^{*})\cdot X\cdot\varepsilon\right\} \tag{5.5}$$

式中，ϕ_{Labor} 为单位面积可安置劳动力数量，人/hm^2，其中经济作物和粮食作物每公顷可安置人员数量约 5 人，饲草类作物可安置人员数量为 2 人；τ 为农业从事人员可支配收入，元；ε 为道路建设效益系数，万元/hm^2，用近 5 年农村常住居民新增收入与新建农村公路面积比值表示。

3）生态效益目标

与社会效益一样，生态效益也难以直接衡量，目前常用的是基于生态绿当量的生态资产价值核算方法。

（1）生态绿当量。森林作为地球陆地生态的支柱，具有涵养水源、保持水土、改善气候、防风固沙、调节大气组分、净化空气、维持景观、生物多样性保护等众多功能[40]。生态绿当量（ecological green equivalent，EGE）为具有和森林基本相同的生态功能当量，其主体可以是其他绿色植被，如耕地、园地、林地、牧草地、部分未利用地等，因此绿当量可以被定义为其他绿色植被的绿量相对于等量森林面积的绿量的比率。“绿量相当”的含义指保证等量的光合作用和适合布局足以抵偿定量森林植被所能发挥的区域生态功能[41]。根据生态绿当量的原理，传统的土地利用类型可按如下方式划分为三类[42]，如表 5.1 所示。

表 5.1　基于生态绿当量的土地分类

土地分类	地类名称	合并地类
具有生态绿当量的用地	农地	普通旱田、水田
	园地	园地
	林地	自然林地、人工林地
	自然草地	荒草地
	人工草地	人工牧草地
	其他农用地	耕地及农用地中其他农用地
	部分未利用地	未利用地中的稀疏植被地
隐含绿当量的用地	水体	苇地/坑塘、养殖水面、水库水面等
不具有绿当量的用地	建设用地	工矿用地、交通用地、房屋用地
	未利用地	沙地、盐碱地

基于生态绿当量的概念，利用榆林市土地利用现状中生态绿当量的相关要素，结合《全国土地分类（试行）》计算得到重新分类后的各土地利用类型的面积，以适应本章所需。从大气、水、土壤、自然灾害和生物 5 个层面，共 17 种生态功能，并引用日本专家通过调查法得出的评分分值[43]，结合研究区域的实际情况，针对不同生态系统的服务，赋予不同的功能分值，计算各类土地覆被的生态功能作用分值，如表 5.2 所示。

表 5.2　各类不同生态系统的服务功能分值

类别	功能	参数	林地	灌木林地	水域	天然牧草地	农田	荒草地	建设用地		未利用地
									城市绿地	其他建设用地	
大气	大气组成改善 1	X	9.38	8.78	4.58	7.35	6.38	3.50	5.90	0	0.68
		C_v/%	11	17	48	25	24	65	45	0	43
	大气组成改善 2	X	10	9.54	5.23	5.43	5.05	3.70	4.80	0	0.78
		C_v/%	0	7	46	42	42	63	35	0	52
	大气净化 1	X	9.08	8.03	6.63	5.26	5.74	4.30	4.30	0	0.56
		C_v/%	13	19	37	40	31	45	37	0	64
	大气净化 2	X	8.75	9.43	6.73	5.26	5.74	4.30	4.21	0	0.63
		C_v/%	18	13	56	48	36	45	39	0	57
	气候缓和	X	9.32	9.04	9.45	4.85	5.38	3.50	3.98	0	0.83
		C_v/%	11	12	12	38	28	37	42	0	59
	防噪声	X	9.34	8.58	4.36	3.67	3.95	3.10	3.21	0	0.93
		C_v/%	11	14	13	48	43	36	43	0	64
水	洪水防止	X	9.68	9.47	9.87	6.27	4.74	5.25	3.60	0.72	1.98
		C_v/%	7	13	14	26	34	43	47	43	73
	水源涵养	X	10	9.21	10	6.17	5.27	5.80	4.20	0.68	1.69
		C_v/%	0	13	0	29	41	43	29	56	76
	水质净化	X	9.32	8.24	9.82	6.38	6.64	0.32	4.65	0.29	1.45
		C_v/%	17	22	18	34	36	48	33	54	79
土壤	防止土砂崩溃	X	9.42	8.65	8.53	7.12	5.36	4.60	3.67	0.38	1.35
		C_v/%	10	16	20	24	43	51	46	78	80
	防止表面侵蚀	X	9.68	8.45	6.74	7.68	5.28	4.55	6.32	0.29	1.28
		C_v/%	7	16	34	21	41	43	35	65	86
	防止地面下沉	X	5.74	7.56	8.25	6.16	5.21	4.80	5.21	0.49	1.39
		C_v/%	32	20	18	18	41	54	38	77	84
	污染物净化	X	8.32	8.01	8.95	7.34	8.05	6.85	5.67	0.29	1.38
		C_v/%	24	22	17	25	23	26	36	56	83
空间	防止发生灾害	X	9.62	8.65	8.18	7.58	7.24	7.90	6.32	3.75	3.98
		C_v/%	16	14	15	23	27	23	23	35	64
	提供避难地	X	8.51	8.67	3.15	6.73	9.46	9.30	7.85	2.18	2.46
		C_v/%	21	21	28	17	11	15	25	65	69
	维持景观	X	10	8.35	9.89	7.91	7	6.50	9.74	3.23	3.19
		C_v/%	0	24	11	22	28	23	14	56	52
	维持娱乐空间	X	9.56	8.02	7.92	8.68	4.67	6.15	9.12	3.98	3.23
		C_v/%	10	24	21	14	43	29	15	36	75
生物	生物多样性保护	X	10	7.67	8.98	5.07	4.57	4.80	3.44	0.86	1.89
		C_v/%	0	21	28	37	45	32	57	49	71
	防止有害动植物	X	6.92	5.43	6.78	6.16	6	6.08	4.51	0.56	2.12
		C_v/%	54	49	32	37	40	31	48	6	78

注：X 表示生态系统各服务功能的评分分值；C_v 表示相对误差。

计算各类生态系统的生态服务分值和平均生态绿当量。应用式（5.6）计算每类植被的生态系统服务功能价值分值。

$$F = \sum_{n=1}^{N} P_n \text{，} n=1\text{，}2\text{，}\cdots\text{，}17 \tag{5.6}$$

式中，F 为生态服务总分值；P 为指标量值；n 为指标体系的指标数，在这里为17项。

由此得出林地的生态功能服务价值分值为172.64，相同面积及全年播种情况下，灌木林地为159.78，水域为144.04，天然牧草地为121.07，农田为112.73，荒草地为99.30，城市绿地为110.7，其他建设用地为17.7，未利用地为31.8。

生态绿当量的计算公式为

$$\mathrm{EGE}_n = F_n / F_{林} \tag{5.7}$$

式中，EGE_n 为第 n 类地表绿色覆被生态系统的生态绿当量；F_n 为具有 n 个指标的生态系统的生态服务总分值；$F_{林}$ 为林地生态系统的生态服务总分值。

在全年种满的情况下，假定林地的绿当量为1，可得灌木林地为0.93，天然牧草地为0.70，农田为0.65，荒草地为0.57，城市绿地为0.58，其他建设用地为0.10，未利用地为0.18。

考虑到各地区作物的不同生长期和熟制，式（5.7）所要计算的各生态系统的绿当量结果还需要乘以一个相对于全年满种的生长期系数[44]（表5.3）。研究区域地处西北内陆，属荒漠绿洲农业生态系统，农作物一年一熟，取得相应全年满种的生长期系数为0.46。

表5.3　相对于全年满种的生长期系数

参数	东北西北温带地区	华北暖温带地区	东南西南热带		亚热带
熟制	一年一熟	一年两熟	两年三熟	一年两熟	一年三熟
相应全年满种的生长期系数	0.46	0.67	0.50	0.67	0.83

由此调整得到的各类生态系统的全年平均绿当量分别为：林地为1.00，自然草地为0.36，人工草地为0.34，普通旱田为0.31，园地为0.33。

生态绿当量计算过程：设区域总面积为 $S_{总}$，区域最佳森林覆盖率为 R，按最佳森林覆盖率要求的区域林地面积为 $S_{林}$，区域实际林地面积为 $S_{实}$，k 类用地的面积为 S_k，绿当量为 EGE_k，k 代表用地的类型（k=1，2，…，K），则：

①确定区域最佳森林覆盖率。借鉴韩沐汶等[42]的研究方法，根据区域降水量、森林土壤饱和蓄水能力等来计算区域最佳森林覆盖率 R 作为区域生态评价的参考标准。计算公式为

$$R = (P \times S_k)/(W \times S_{总}) \times 100\% \tag{5.8}$$

式中，P 为年内日最大降水量，t/hm^2；S_k 为第 k 种类型的用地面积，hm^2；W 为森林土壤单位面积饱和蓄水能力，t/hm^2。

②计算最佳森林覆盖率 R 要求下的森林面积，其对应的绿当量为 1。

$$S_{林}=S_{总}\times R$$

③计算区域实际林地的生态绿当量 $X_{林}$。

$$X_{林}=S_{实}/S_{林}$$

④计算区域总生态绿当量 $X_{总}$，公式为

$$X_{总}=X_{林}+\sum[S_k\times \mathrm{EGE}_k/S_{林}\times 100\%] \tag{5.9}$$

（2）生态资产价值核算。生态资产主要由自然资源价值、生态系统服务价值及生态经济产品价值三部分构成。其中，自然资源价值和生态经济产品价值这两类生态资产价值已经纳入国民生产总值中，在这里不再考虑这两种价值，以生态系统服务价值来计算陕北农牧交错带的生态资产价值。绿当量核算其他类型生态系统的生态资产的方法为单位面积森林的生态资产价值与某类生态系统的绿当量面积之和的乘积，生态资产价值计算公式如式（5.10）所示[45]。我国不同陆地生态系统单位面积生态服务价值见表 5.4。

$$V_k=V_{林}\times \mathrm{EGE}_k\times S_k \tag{5.10}$$

式中，V_k 为第 k 类生态系统的生态资产；$V_{林}$ 表示森林系统单位面积的生态资产价值。

表 5.4　中国不同陆地生态系统单位面积生态服务价值表　（单位：元/hm^2）

生态服务功能	森林	草地	农田	湿地	水体	荒漠
气体调节	3.97	707.90	442.40	1592.70	0	0
气候调节	2389.10	796.40	787.50	15130.90	407.00	0
水源涵养	2831.50	707.90	530.90	13715.20	18033.20	23.50
土壤形成于保护	3450.90	1725.50	1291.90	1513.10	8.80	17.70
废物处理	1159.20	1159.20	1451.20	16086.60	16086.60	8.80
生物多样性保护	2884.60	964.50	628.20	2212.20	2203.30	300.80
食物生产	88.50	265.50	884.90	265.50	88.50	8.80
原材料	2300.60	44.20	88.50	61.90	8.80	0
娱乐文化	1132.60	35.40	8.80	4910.90	3840.20	8.80
合计	16240.97	6406.50	6114.30	55489.00	40676.40	368.40

由表 5.4 得出，森林单位面积生态服务价值为 16240.97 元/hm^2，相同面积及全年播种情况下，草地为 6406.50 元/hm^2，农田为 6114.30 元/hm^2，湿地为 55489.00 元/hm^2，水体为 40676.40 元/hm^2，荒漠为 368.40 元/hm^2。

（3）生态效益目标函数。在对沙地开发利用过程中，可以将区域生态系统划分为草地、耕地、沙地三类生态系统。同时，由于采用当量法计算出的生态价值量为该区域的生态服务价值，本节为突出基于砒砂岩与沙复配成土技术的沙地农业开发利用对生态环境的改善作用，采用总生态价值量扣除当地原本生态价值量

的方法，仅以沙地农业开发利用产生的生态效益来表征。

结合基于生态绿当量的生态资产价值计算方法，以区域生态资产价值最大为生态效益目标，建立目标函数如式（5.11）所示。

$$f_3(x)=\max \mathrm{EGV}=\sum_{k=1}^{K}\left\{\left[\sum_{k=1}^{K}\left(\frac{\sum_{j=1}^{J}\sum_{i=1}^{I}x_{i,j}}{S_{林}}\times \mathrm{EGE}_k\right)\times 100\%\right]\times V_{林}\times\sum_{k=1}^{K}\sum_{j=1}^{J}\sum_{i=1}^{I}x_{i,j}\right\} \quad (5.11)$$

2. 约束条件

1）用水总量约束

结合最严格水资源管理制度的用水总量要求，以及区域可利用水资源总量对所有用水对象的供水量之和不能超过研究区可供给农业开发利用的农业灌溉用水量。该约束为二层约束，分别为不同水源可利用水资源量约束（Q_T）、最严格水资源管理制度的用水总量要求（Q_R），新增沙地农业开发利用面积的用水量不得超过二层约束中的最小值，如式（5.12）所示。

$$\sum_{i=1}^{I}\sum_{j=1}^{J}\mathrm{IRRIG}_{i,j}\cdot x_{i,j}\leqslant \min\left[\sum_{j=1}^{I}\left(Q_T-\Delta Q_j\right),\ Q_R-\sum_{j=1}^{J}\Delta Q_j\right] \quad (5.12)$$

式中，Q_T为不同水源可利用水资源总量（m^3）；ΔQ_j为其他用水行业需水总量（m^3）。

2）灌溉水利用系数约束

根据最严格水资源管理制度约束下相应的用水效率管理控制目标以及区域水资源规划，对灌溉水利用系数进行控制。

$$\eta_j\geqslant \max[\eta_R,\eta'_R]$$

式中，η_R、η'_R分别为最严格水资源管理制度管理控制目标以及区域水资源规划的计划指标所列出的灌溉水利用效率约束指标。

3）耕地资源约束

所有用水对象的供水面积之和不能超过研究区待开发沙地面积总和。

$$X\leqslant \sum A_{us}$$

式中，$\sum A_{us}$为研究区待开发沙地面积总和，hm^2。

4）耕地系数约束

沙地开发利用范围内耕地开发面积满足道路和其他面积占总面积的约束比。

$$\sum_{j=1}^{J}\sum_{i=1}^{I}x_{i,j}=\lambda^{*}\cdot X$$

5）非负约束

模型中所有决策变量均为非负常数。

$$\{x_{i,j}\} \geqslant 0$$

5.4　模型的水量参数计算

5.4.1　社会经济指标及需水预测

本次需水预测仅以平水年为例，以 2015 年为基准年，以 2020 年、2030 年为规划年，预测平水年条件下规划年经济社会发展情况及供需水情况。

1. 人口及生活用水预测

人口预测首先考虑人口的增长因素，其次考虑城镇化水平的发展趋势，结合经济发展水平和人口及自然条件等特点，以 2015 年为人口预测基准年，预测 2020 年、2030 年的人口发展规模。

对于近期完成城镇发展总体规划的县（市、区），本次直接采用其预测的成果；但对于一些开展规划较早的区域，则利用 2015 年的实际统计资料，对当时预测的人口数据进行复核，当两者误差较小时，说明原规划较为合理，则沿用原规划数据；而两者误差较大时，则采用综合增长率法，根据近 10 年该指标变化特点，重新进行预测。

综合增长率主要是参考历年自然增长率及机械增长率，确定预测期内的年平均综合增长率，然后再根据相应的公式预测出目标年末的人口规模，表达式为

$$P_t = P_0(1+r)^n \tag{5.13}$$

式中，P_t 为预测目标年人口；P_0 为基准年人口；r 为综合增长率；n 为预测年限。

1）榆阳区

榆阳区位于榆林市中部，总面积 7053km^2。2015 年全区总人口 57.0 万人，其中非农业人口 19.87 万人，占 34.86%；农业人口 37.14 万人，占 65.14%，城区面积 50km^2。

根据《榆林市经济社会发展总体规划（2016～2030 年）》思路，“十三五”期间，榆阳区区域定位为：政治、经济、文化中心；能源开发中心、生态建设中心。产业发展定位为：能源化工基地、特色优质农畜产品基地和高素质劳务输出基地。考虑全国经济环境及榆阳区在榆林市所处的重要地位，到 2020 年榆阳区人口自然增长率控制在 5‰左右，总人口控制在 57.5 万人左右，城镇化率 71%；到 2030 年，榆阳区人口自然增长率控制在 5‰左右，总人口控制在 60.5 万人左右，城镇化率 87%。人民小康生活水平和富裕程度进一步提高，全面实现强区富民目标，使榆阳区真正成为西部经济强区、能源大区。

2）神木市

参考《神木市县城总体规划（2014～2030）》，神木市总面积 7635km^2，包括 15 个建制镇，根据县城总规，神木市的人口发展指标为规划 2020 年城镇化率达到 80%，户籍人口达到 46.0 万人，2030 年户籍人口达到 51.0 万人。

3）府谷县

根据《府谷县国民经济和社会发展第十三个五年规划纲要（2013～2030）》，府谷县人口的发展目标为：近期（2020 年），户籍人口控制在 26 万人左右，人口自然增长率控制在 6.5‰以内，城镇化水平达到 75%；远期（2030 年）目标为，户籍人口控制在 28 万人，人口自然增长率控制在 6.5‰，城镇化水平达到 85%。

4）横山区

横山区总土地面积 4333km^2，共有 13 个镇、1 个街道、4 个办事处、1 个国有农场。总人口 37.51 万人（2015 年）。根据《横山区国民经济和社会发展规划纲要（2016）》，预计 2020 年和 2030 年城镇化率分别达到 56%、76%。参考“横山区国民经济和社会发展计划主要综合指标（2016）”，横山区人口自然增长率控制在 6‰左右。

5）靖边县

靖边县总面积 5088km^2，辖 1 个街道、16 个镇，总人口 34.7 万。根据《靖边县国民经济和社会发展规划纲要（2016）》，靖边县人口自然增长率控制在 9.8‰以内，2020 年城镇化率达到 65%，2030 年达到 70%。

6）定边县

定边县辖 1 个街道和 14 个镇、4 个乡。2015 年末，全县总户数为 97361 户，总人口 346991 人，比上年增加 2008 人，男女性别比为 108∶100，其中农业人口 295200 人，占 85.1%；非农业人口 51791 人，占 14.9%（以上人口数字为 2015 年公安年报数据）。根据《定边县现成总体规划（2014～2030）》，2020 年城乡统筹取得突破，加速由城乡二元结构向城乡一体化转变；城镇化率达 60%；90000 人实施移民搬迁。2030 年城镇化率达 72%。

由各县（市、区）人口发展计划及增长率可得，两个规划年各行政区的城镇与农村人口如表 5.5 所示。

表 5.5　人口预测　（单位：万人）

行政分区	基准年（2015 年）			2020 年			2030 年		
	城市	农村	总人口	城市	农村	总人口	城市	农村	总人口
榆阳区	19.87	37.14	57.0	40.82	16.68	57.5	52.63	7.87	60.5
神木市	18.53	25.17	43.70	32.20	13.80	46.0	40.8	10.2	51.0
府谷县	8.30	16.48	24.78	19.05	6.35	25.40	22.14	3.91	26.05
横山区	17.02	19.98	37.51	21.64	17.00	38.64	30.26	9.56	39.82
靖边县	4.06	29.94	34.70	23.68	12.75	36.43	26.78	11.47	38.25
定边县	5.18	29.52	34.70	21.6	14.40	36.00	24.00	16.00	40.00

生活需水直接与人口数量相关，本次生活需水预测采用定额法，生活定额的选取充分考虑节水的原则。随着社会发展，人民生活水平的提高，对水资源的需求会逐渐增加，参考《行业用水定额》（DB61/T943—2014）中的陕北地区城镇居民用水，大城市的用水定额为 110L/（人·d），中等城市为 100L/（人·d），小城市为 95L/（人·d），详见表 5.6。

表 5.6 人均日用水量定额及预测 [单位：L/（人·d）]

行政分区	基准年（2015 年）		2020 年		2030 年	
	城镇	农村	城镇	农村	城镇	农村
榆阳区	88	82	100	65	100	65
神木市	66	46	95	65	100	65
府谷县	89	74	95	65	95	65
横山区	66	42	95	65	95	65
靖边县	84	32	95	65	95	65
定边县	76	29	95	65	95	65

2. 农业需水预测

第一产业主要包括农、林、牧、渔各业。在陕北农牧交错带，第一产业是交错带内的用水大户。农作物灌溉需水一般采用定额法预测需水量，采用定额法预测时，规划水平年的需水预测选取的定额须满足用水效率控制指标要求，并结合当地用水水平及相关的用水定额规范要求。根据地方十三五规划，通过灌区改造、渠道防渗、发展节水灌溉等措施，提高灌溉水利用系数，2015 年交错带内灌溉水利用系数为 0.54，到 2020 年以后灌溉水利用系数达到 0.60 以上，2030 年为 0.65。

1）种植业

陕北农牧交错带 6 个县（市、区）均属于长城沿线风沙区，根据《行业用水定额》（DB61/T943—2014）中出现的主要农作物平水年的灌溉用水定额，确定长城沿线风沙区的农业灌溉定额，见表 5.7。

表 5.7 长城沿线风沙区主要农作物及林地灌溉定额项 （单位：亩/m^3）

作物	灌溉方式	长城沿线风沙区灌溉定额
小麦	完全灌溉	200
	不完全灌溉	160
水稻	完全灌溉	500～590
	不完全灌溉	330～390

续表

作物	灌溉方式	长城沿线风沙区灌溉定额
春玉米	完全灌溉	195
	不完全灌溉	140
花生	—	120
马铃薯	—	150
蔬菜	—	400
枣树	—	180
人工牧草	—	270
苗圃	—	650
林地	—	70

结合农业潜力分析及相关规划，长城沿线风沙区主要以雨养旱作农业和灌溉农业为主，种植制度以一年一熟为主，主要作物为玉米、春小麦、马铃薯，还有杂粮、油料作物，如大豆、向日葵等。综合考虑长城沿线风沙区的作物结构，并考虑节水效果，农田灌溉定额选择 170m^3/亩、水田选择 360m^3/亩、林地选择 70m^3/亩。

根据《榆林市水资源综合规划（2014）》，考虑基础设施建设和工业化、城市化发展等占地面积的影响，在预测水田时，考虑缺水地区应减少水田面积，2015 年榆阳区和横山区仍保有水田面积分别为 851.12hm^2、2726.3hm^2，至 2020 年以后榆阳区内无水田。确保耕地和基本农田数量不减少，用途不改变，质量有提高，布局总体稳定。按照横山区规划，横山区大力发展特色水稻种植，水稻面积至 2020 年达到 8 万亩，预测 2030 年达到 10.0 万亩。根据神木市县城总规，为保护生态环境，提高森林覆盖率，继续施行退耕还林政策，耕地面积保有量 2020 年保持在 156 万亩，2030 年保持在 140 万亩。依据府谷县规划，耕地保有量面积年均增速为 0.1%，2020 年耕地保有量面积为 816.7km^2，预测 2030 年为 824.9km^2。定边县过去 20 年年均耕地面积增长率为 2.7%。参考各县（市、区）对耕地保有量的规划，结合综合增长率法对各县（市、区）农田有效灌溉面积进行预测，结果见表 5.8。

表 5.8　各县（市、区）农业发展与土地利用指标

行政分区	水平年	种植业		林牧渔业			
		农田有效灌溉面积/公顷		灌溉（补水）面积/公顷		牲畜头数/万头	
		水田	水浇地	林地	鱼塘	大牲畜	小牲畜
榆阳区	2015	851.12	34951.00	134.67	333.33	3.37	140.50
	2020	—	35332.65	134.67	333.33	5.00	248.00
	2030	—	37108.12	134.67	333.33	5.00	260.00

续表

行政分区	水平年	种植业		林牧渔业			
		农田有效灌溉面积/公顷		灌溉（补水）面积/公顷		牲畜头数/万头	
		水田	水浇地	林地	鱼塘	大牲畜	小牲畜
神木市	2015	—	21860.45	28.00	1066.67	3.92	90.00
	2020	—	23189.93	28.00	1066.67	4.50	92.50
	2030	—	26096.39	28.00	1066.67	6.00	97.50
府谷县	2015	—	12243.51	18.00	—	0.87	21.59
	2020	—	12804.55	18.00	—	2.00	30.00
	2030	—	13434.45	18.00	—	4.26	46.82
横山区	2015	2726.30	11187.04	46.67	360.00	0.80	180.00
	2020	5333.33	8710.23	46.67	360.00	1.56	260.00
	2030	7000.00	7917.71	46.67	360.00	2.00	320.00
靖边县	2015	—	32572.00	58.00	373.33	0.92	134.05
	2020	—	35540.89	58.00	373.33	2.00	230.00
	2030	—	38582.15	58.00	373.33	4.16	325.95
定边县	2015	—	21391.00	13.33	—	0.60	89.02
	2020	—	21690.82	13.33	—	2.00	160.00
	2030	—	22831.43	13.33	—	3.40	230.00

2）林牧渔业

根据榆林市畜牧业发展规划以及对畜牧产品的需求，考虑农区畜牧业发展情况，并结合榆林市畜牧业“十三五”规划进行灌溉草场面积和畜牧业大、小牲畜头数指标预测。根据榆林市果业发展规划以及市场需求情况，进行灌溉林果地面积发展指标预测。

根据《行业用水定额标准》（DB61/T943—2014），主要畜牧养殖用水标准为：牛 405L/（头·d），羊 32L/（只·d）；由于本区小牲畜主要以养殖羊为主，参考羊的用水定额，选取养殖业小牲畜的用水定额标准。参考各县（市、区）规划，截至 2015 年底，榆阳区全区羊饲养量达 140.5 万只，预计到 2020 年榆阳区羊饲养量达到 248 万只，其中肉用绵羊饲养量 30 万只，陕北白绒山羊绒肉品质明显提升，牛饲养量达 5 万头；靖边县“十三五”规划预计到 2020 年全县羊子饲养量稳定在 230 万只；横山区 2015 年羊养殖数量达到 180 万头，规划预计到 2020 年羊饲养量达到 260 万只；神木市畜牧业发展计划在近期规划年全县牛、羊存栏分别达 4.5 万头，92.5 万头；府谷县规划为羊存栏达 30 万只，牛存栏达 2 万头；定边县 2015 年羊饲养量达到 139 万只，2020 年羊、肉牛分别稳定在 160 万只、2 万头。

交错带内渔业主要涉及榆阳区、神木市、横山区、靖边县等地。根据养殖地点不同，水库中养殖的水产一般都是在发挥水库灌溉、供水、发电等功能基础上对水库的综合利用，不计算其用水定额；而养殖湖泊一般有补给水源，也不需要专门补水，只有养殖在池塘中由于池塘蒸发和渗漏作用需要定期进行补水。交错带内林地多为天然林地或生态林地，经济林较少，放牧用草多为天然牧草，因此实际需要补水的池塘面积和林草地十分有限。这里将草地作为生态草地在生态环境需水中计算，在此不作考虑。根据历年水资源公报数据，从用水规模考虑，按照近5年各县（市、区）实际补水面积的最大值作为预测年补水面积。根据2009～2015年水资源公报数据的补水面积及补水量，推算出鱼塘的补水定额约为220m^3/亩。

3. 第二产业需水预测

第二产业主要指工业，包括采矿业、制造业、电热燃气水的生产和供应业、加工业以及建筑业等。本节采用万元增加值用水定额法进行工业需水预测。参照榆林市2009～2015年的万元工业增加值，用水量逐年下降，2015年达到12.3m^3/万元。依据榆林市“十三五”规划以及各县（市、区）规划，考虑技术发展及节水因素，以及最严格水资源管理制度中的用水效率红线要求，至2020年万元工业增加值用水量指标须达到10m^3/万元，2030年依然按此标准执行。陕北农牧交错带各县（市、区）1995～2015年工业增加值及建筑业增加值数据详见图5.2和图5.3。

规划年工业增加值和建筑业增加值首先依据各县（市、区）规划确定，如无规划指标则采用综合增长率法进行预测，见表5.9。近5年年均建筑业万元增加值用水量分别为16.0m^3/万元、13.6m^3/万元、14.1m^3/万元、10.5m^3/万元、15.3m^3/万元，根据各县（市、区）规划及综合增长率法，2020年建筑业万元增加值用水量为13.68m^3/万元，2030年为10.00m^3/万元。

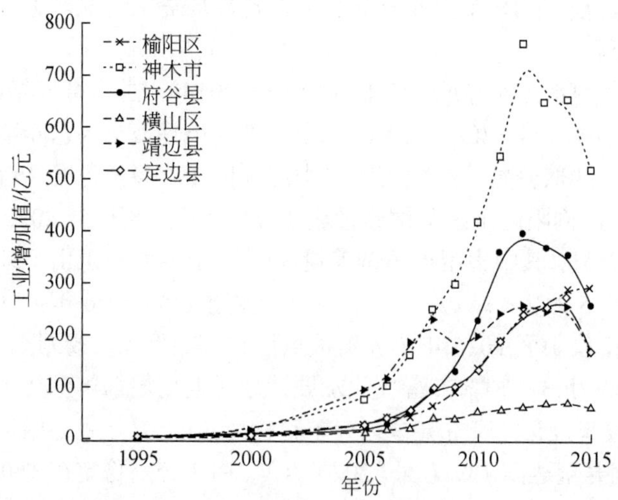

图5.2　1995～2015年陕北农牧交错带各县（市、区）工业增加值

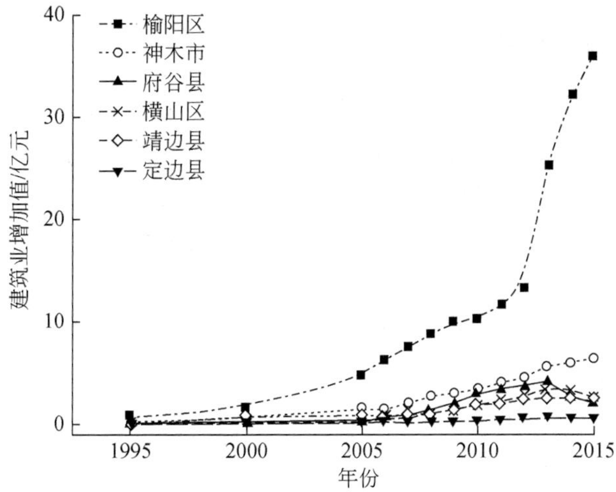

图 5.3　1995～2015 年陕北农牧交错带各县（市、区）建筑业增加值

表 5.9　陕北农牧交错带各县（市、区）第二、三产业发展指标　（单位：亿元）

行政分区	水平年	第二产业增加值		第三产业增加值
		工业	建筑业	
榆阳区	2015	274.94	36.01	207.04
	2020	541.12	52.91	423.78
	2030	2426.93	114.23	1892.03
神木市	2015	548.74	6.43	250.25
	2020	803.28	9.89	499.28
	2030	1901.67	23.42	2107.07
府谷县	2015	275.23	2.14	100.55
	2020	346.67	2.73	323.15
	2030	638.52	4.45	3217.57
横山区	2015	60.21	5.04	37.01
	2020	153.06	4.28	78.91
	2030	1058.92	11.11	372.86
靖边县	2015	178.31	2.48	66.31
	2020	264.48	3.16	148.65
	2030	640.29	5.15	751.30
定边县	2015	181.83	0.59	57.31
	2020	258.57	0.95	131.39
	2030	601.29	2.46	685.74

4. 第三产业需水预测

依托地理和人文优势，陕北农牧交错带内各县（市、区）高度重视发展文化旅游、电子商务和物流快递等现代服务业，第三产业呈现出蓬勃发展良好态势。第三产业需水一般采用趋势法或城镇人均用水定额法进行计算，也可采用万元增加值用水量法进行计算。2011～2015 年均建筑业万元增加值用水量分别为 1.1m^3/万元、0.9m^3/万元、0.8m^3/万元、1.1m^3/万元、1.1m^3/万元。通过统计交错区内第三产业发展情况及万元增加值用水量发展趋势，第三产业万元增加值用水量 2020 年为 1.22m^3/万元，2030 年为 1.53m^3/万元。陕北农牧交错带 1995～2015 年各县（市、区）第三产业增加值如图 5.4 所示。规划年工业增加值首先依据各县（市、区）规划确定，如无规划指标则采用综合增长率法进行预测，见表 5.9。

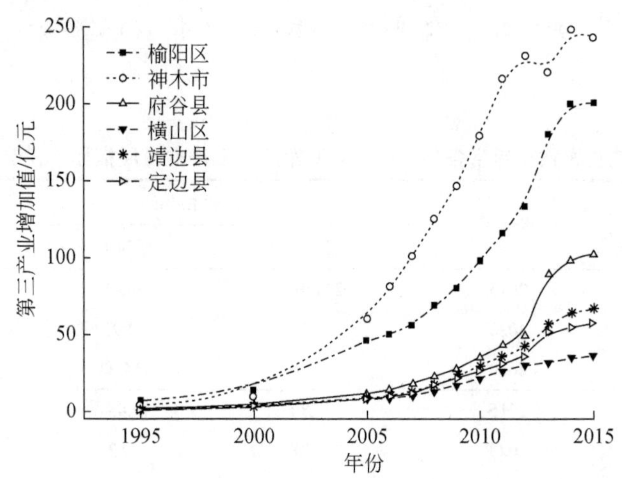

图 5.4　1995～2015 年陕北农牧交错带各县（市、区）第三产业增加值

5. 生态环境需水预测

生态环境方面，因河道内生态需水用水并不耗水，本小节仅对河道外生态环境需水进行预测，包括广场道路、绿化面积、生态林面积、生态草原面积四部分内容，均采用按照《行业用水定额》（陕西省地方标准 DB 61/T 943—2014）定额法进行计算。

道路广场与绿化需水计算公式为

道路广场喷洒需水量（绿化需水量）=定额×天数×面积×灌溉（喷洒）率

由于城市道路广场和绿地绿化面积不是每天全覆盖喷洒，参考《榆林市林业发展规划》及相关资料取值，喷洒率为 30%，喷洒天数取 180d。道路喷洒与城市绿化需水定额见表 5.10。

表 5.10　道路广场与绿化需水定额

标准	项目	单位	定额
环境卫生管理（N782）	道路喷洒	L/（m^3·d）	2.5
绿化管理（N784）	城市绿化	L/（m^3·d）	2.0

生态林地及生态草原需水量=灌溉面积×有效灌溉率

其中，由于当前陕北农牧交错带内生长的大量生态林为天然林，需要人工浇灌的面积较少，参考《榆林市林业发展规划》数值，取为 0.58%。陕北农牧交错带各行政区生态环境发展指标见表 5.11。用水定额参考《陕西省农业用水定额修订说明》以及黄河水利委员会《榆林市水资源承载能力报告（2014）》，交错带内 2015 年生态林的灌溉定额取 70m^3/亩，预测年为 78m^3/亩，生态草场灌溉定额为 220m^3/亩，预测年为 244m^3/亩。生态林、草一般只在靠近水源的地方灌溉，渠系损失系数取 0.9。

表 5.11　交错带各县（市、区）生态环境发展指标　（单位：hm^2）

行政分区	水平年	公路广场面积	绿化面积	生态林面积	生态草面积
榆阳区	2015	858.11	315.00	534906.50	—
	2020	1207.45	443.24	541586.80	—
	2030	1966.80	721.99	541586.80	—
神木市	2015	1845.00	1035.00	393008.40	0
	2020	2030.39	3023.91	433008.40	3038.00
	2030	2142.21	3190.44	433008.40	3038.00
府谷县	2015	1652.00	530.81	134704.40	—
	2020	2202.00	1902.00	141399.30	—
	2030	2202.00	1902.00	141399.30	—
横山区	2015	33.32	59.50	285391.40	—
	2020	119.38	213.10	302301.40	—
	2030	238.80	426.10	302301.40	—
靖边县	2015	567.68	621.00	331844.60	—
	2020	1106.25	1210.15	331844.60	—
	2030	1659.38	1815.23	331844.60	—
定边县	2015	150.18	4.84	328567.50	0
	2020	538.12	289.67	354544.10	2000.00
	2030	1076.24	579.34	354544.10	2000.00

6. 各部门需水量汇总

根据 5.4.1 小节分析计算，综合生活、生产和生态（环境）三大用水户需水量，各县（市、区）各部门需水预测结果见表 5.12～表 5.16。可以看出，陕北农牧交错带 2020 年和 2030 年预测各用水部门的需水量合计分别为 88698.48 万 m^3 和 103489.61 万 m^3。

表 5.12　陕北农牧交错带各县（市、区）生活需水预测　（单位：万 m^3）

行政分区	2020 年需水量			2030 年需水量		
	城镇生活	农村生活	合计	城镇生活	农村生活	合计
榆阳区	1489.93	395.73	1885.66	1921.00	186.72	2107.72
神木市	1116.54	327.41	1443.95	1489.20	242.00	1731.20
府谷县	660.56	150.65	811.21	767.70	92.76	860.46
横山区	750.37	403.33	1153.70	1049.27	226.81	1276.08
靖边县	821.10	302.49	1123.59	928.60	272.13	1200.72
定边县	748.98	341.64	1090.62	832.20	379.60	1211.80

表 5.13　陕北农牧交错带各县（市、区）第一产业需水预测　（单位：万 m^3）

行政分区	水平年	农田灌溉需水总量	林牧渔业需水量		畜牧业需水量		合计
			林地	鱼塘	大牲畜	小牲畜	
榆阳区	2020	9009.83	9426.90	110.00	739.13	2896.64	22182.50
	2030	9462.57	9426.90	110.00	739.13	3036.80	22775.40
神木市	2020	5913.43	1960.00	352.00	665.21	1080.40	9971.04
	2030	6654.58	1960.00	352.00	886.95	1138.80	10992.33
府谷县	2020	3265.16	1260.00	0.00	295.65	350.40	5171.21
	2030	3425.78	1260.00	0.00	629.73	546.86	5862.37
横山区	2020	3741.11	3266.90	118.80	295.65	3036.80	10394.22
	2030	4014.02	3266.90	118.80	387.30	4905.60	11432.97
靖边县	2020	9062.93	4060.00	123.20	295.65	2686.40	16228.18
	2030	9838.45	4060.00	123.20	614.95	3807.10	18443.70
定边县	2020	5531.16	933.10	0.00	295.65	1868.80	8628.71
	2030	5822.02	933.10	0.00	502.61	2686.40	9944.13

表 5.14　陕北农牧交错带各县（市、区）第二、三产业需水预测　（单位：万 m^3）

行政分区	水平年	第二产业需水量			第三产业需水量
		工业	建筑业	合计	
榆阳区	2020	541.12	72.38	613.50	51.70
	2030	2426.93	114.23	2541.16	289.48
神木市	2020	803.28	13.53	816.81	60.91
	2030	1901.67	23.42	1925.09	322.38
府谷县	2020	346.67	3.73	350.40	39.42
	2030	638.52	4.45	642.97	492.29
横山区	2020	153.06	5.86	158.92	9.63
	2030	1058.92	11.11	1070.03	57.05
靖边县	2020	264.48	4.32	268.80	18.14
	2030	640.29	5.15	645.44	114.95
定边县	2020	258.57	1.30	259.87	16.03
	2030	601.29	2.46	603.75	104.92

表 5.15　陕北农牧交错带各县（市、区）生态环境需水预测　（单位：万 m^3）

行政分区	水平年	生态环境需水量				合计
		公路广场	绿化	生态林	生态草	
榆阳区	2020	1.65	0.49	367.52	—	369.66
	2030	2.69	0.79	367.52	—	371.00
神木市	2020	2.78	3.31	293.84	1111.91	1411.84
	2030	2.93	3.49	293.84	1111.91	1412.17
府谷县	2020	3.01	2.08	95.95	—	101.04
	2030	3.01	2.08	95.95	—	101.04
横山区	2020	0.16	0.23	205.14	—	205.53
	2030	0.33	0.47	205.14	—	205.94
靖边县	2020	1.51	1.33	225.19	—	228.04
	2030	2.27	1.99	225.19	—	229.45
定边县	2020	0.74	0.32	240.59	732.00	973.65
	2030	1.47	0.63	240.59	732.00	974.69

表 5.16　陕北农牧交错带各县（市、区）需水总量　（单位：万 m^3）

行政分区	水平年	生活需水量	第一产业需水量	第二产业需水量	第三产业需水量	生态环境需水量	需水总量
榆阳区	2020	1885.66	22182.50	613.50	51.70	369.66	25103.02
	2030	2107.72	22775.40	2541.16	289.48	371.00	28084.76
神木市	2020	1443.95	9971.04	816.81	60.91	1411.84	13704.55
	2030	1731.20	10992.33	1925.09	322.38	1412.17	16383.17

续表

行政分区	水平年	生活需水量	第一产业需水量	第二产业需水量	第三产业需水量	生态环境需水量	需水总量
府谷县	2020	811.21	5171.21	350.40	39.42	101.05	8283.29
	2030	860.46	5862.37	642.97	492.29	101.05	10411.04
横山区	2020	1153.70	11754.22	158.92	9.63	205.54	13282.01
	2030	1276.08	13037.97	1070.03	57.05	205.94	15647.07
靖边县	2020	1123.59	15718.18	268.80	18.13	228.03	17356.73
	2030	1200.73	17933.70	645.44	114.95	229.45	20124.27
定边县	2020	1090.62	8628.71	259.87	16.03	973.65	10968.88
	2030	1211.80	9944.13	603.75	104.92	974.70	12839.30
合计	2020	7508.73	73425.85	2468.30	195.82	3289.77	88698.48
	2030	8387.99	80545.90	7428.44	1381.07	3294.31	103489.61

5.4.2 工程可供水量分析

可供水量是在综合分析当地来水、需水、供水条件的基础上，以水资源可利用量作为控制上限，通过技术经济综合比较，制订出不同的开发利用方案，预测得到可供河道外使用的水量。可供水量包括当地地表水、地下水、跨流域调水以及其他水源可供水量。

1. 地表水可供水量

2015 年陕北农牧交错带内各县（市、区）共有大中小型水库共 97 座，其中大（2）型水库 1 座、中型水库 26 座、小（1）型水库 32 座、小（1）型水库 38 座，总库容达 165965.9 万 m^3，兴利库容 55873.07m^3。各类地表水工程设计供水能力详见表 5.17。由表可知，交错带内地表水蓄、引、提工程总供水能力为 50533 万 m^3。

表 5.17 各县（市、区）地表水工程设计供水能力 （单位：万 m^3）

行政分区	蓄水	引水	提水	合计
榆阳区	5695	9800	5300	20795
神木市	1783	5731	2686	10200
府谷县	915	600	780	2295
横山区	2440	9180	1087	12707
靖边县	655	380	3500	4535
定边县	—	231	2340	2571
合计	11488	25692	13353	50533

2. 调水工程及扩建工程新增可供水量

1）在建及规划重点水源工程新增可供水量

王圪堵水库位于无定河干流芦河口以上河段，是榆林能源化工基地的大型骨干水源工程，于 2010 年开工建设，2013 年完工。王圪堵水库总库容 3.89 亿 m^3，原设计每年可向工业、生活供水量 1.531 亿 m^3，保证率 95%时可供 1.536 亿 m^3。根据《关于解决无定河取水矛盾的协议》，内蒙古从无定河上游取水 1700 万 m^3，将影响王圪堵供水 1700 万 m^3，则王圪堵水库的设计可供水量为 1.366 亿 m^3，黄河水利委员会和陕西省审批的项目共计水量为 11763.34 万 m^3。

2）扩建和规划调水工程供水量

黄河大泉引水工程计划从府谷县黄河干流引水，经过长线路输水，以满足榆林能源化工基地中远期发展对于水资源的需求。规划 2020 年和 2030 年渠首引水分别达到 4.0 亿 m^3 和 6.2 亿 m^3，考虑到蒸发渗漏损失，实际年供水量分别为 3.1 亿 m^3 和 4.8 亿 m^3。

黄河大柳树工程主要解决定边县、靖边县两地用水需求，规划 2020 年和 2030 年引水规模为 2.4 亿 m^3 和 3.7 亿 m^3，考虑损失后，预计可实现年供水量 1.9 亿 m^3 和 2.9 亿 m^3。

万镇引水工程计划分两期实施，一期从万镇黄河漫滩年引水 6676 万 m^3，2015 年建成。二期从黄河年引水 12534 万 m^3，合计达到 19210 万 m^3，2022 年建成。扣除损失量后，实际年供水能力分别达到 5875 万 m^3 和 15918 万 m^3。

重点规划调水工程汇总，见表 5.18，重点调水工程 2020 年、2030 年总供水能力分别为 55234 万 m^3 和 92634 万 m^3。

表 5.18　重点规划调水工程汇总表　　（单位：万 m^3）

工程名称		初步规划建成时间	设计供水能力	实际可供水量	供水范围
大泉引水	一期	2020 年	40000	30925	府谷县、神木市、榆阳区、横山区、米脂县等地
	二期	2030 年	62000	48182	
黄河大柳树	一期	2020 年	24000	18434	定边县、靖边县
	二期	2030 年	37000	28534	
盐环定扬黄定边县供水		2011 年	—	2466	定边县
万镇引水	一期	2015 年	6676	5875	榆神工业区清水工业园
	二期	2022 年	19210	15918	
合计		2020 年	70676	55234	
		2030 年	118210	92634	

以 2015 年工程状况为基础，综合考虑在建及规划重点水源工程以及扩建和规划跨流域调水等增加水量，得出榆林市 2020 年、2030 年各县（市、区）不同水平年地表水可供水量，见表 5.19。

表 5.19　各县（市、区）地表水可供水量预测　（单位：万 m^3）

行政分区	2015 年		2020 年					2030 年				
	区内水量		区内水量		外调水量	合计		区内水量		外调水量	合计	
	平水年	偏枯年	平水年	偏枯年		平水年	偏枯年	平水年	偏枯年		平水年	偏枯年
榆阳区	16615	15850	25777	22412	2500	28277	24912	25777	22412	7600	33377	30012
神木市	9877	7987	9549	7987	6500	16049	14487	9549	7987	8200	17749	16187
府谷县	2190	1355	1610	1355	14400	16010	15755	1610	1355	17600	19210	18955
横山区	8766	8086	10467	8786	2700	13167	11486	10467	8786	5000	15467	13786
靖边县	1831	1398	4321	3898	6300	10621	10198	4321	3898	7500	11821	11398
定边县	658	504	1358	1104	5000	6358	6104	1358	1104	8000	9358	9104
合计	39937	35180	53082	45542	37400	90482	82942	53082	45542	7600	106982	99442

由表 5.19 可知，2020 年陕北农牧交错带地表水工程平水年可供水量为 90482 万 m^3，偏枯年可供水量为 82942 万 m^3。2030 年陕北农牧交错带地表水工程平水年可供水量为 106982 万 m^3，偏枯年可供水量为 99442 万 m^3。

3. 地下水可供水量

陕北农牧交错带地下水埋深均小于 40m，其中埋深 20～40m 的面积占该区总面积的 2.84%；埋深 8～20m 的占总面积的 71.43%；埋深 4～8m 的占总面积的 24.64%；埋深在 2～4m 的占总面积的 1.81%；埋深小于 2m 的占总面积的 0.28%。

根据《2016 年陕西省水资源公报》，2015 年陕北农牧交错带地下水位平均上升 0.15m，区域地下水总体处于稳定状态。其中横山区、榆阳区和神木市地下水位分别平均上升 1.14m、0.63m 和 0.25m；定边县和靖边县地下水位分别平均下降 0.12m 和 0.34m。定边县砖井镇和靖边县宁条梁镇柳桂湾村一带地下水位下降幅度最大，分别为 1.03m 和 1.33m。

4. 其他水源供水量

其他水源可供水量主要有雨水和再生水。雨水利用主要指收集储存屋顶、场院、道路等场所的降雨或微型蓄水工程，包括水窖、水池、水柜、水塘等。随着榆林市的经济发展，工业和城镇生活污水量也将会快速增加。按照环境保护的要求，生产废水和生活污水都必须进行相应的处理，处理后的再生水可用于绿化、道路浇洒及电厂循环冷却水等，各县（市、区）其他水源供水量如表 5.20 所示。

表 5.20　各县（市、区）其他水源可供水量预测　（单位：万 m^3）

行政分区	基准年（2015 年）			2020 年			2030 年		
	雨水集蓄	再生水	合计	雨水集蓄	再生水	合计	雨水集蓄	再生水	合计
榆阳区	0	360	360	80	800	880	250	1200	1450
神木市	0	205	205	130	600	730	300	1000	1300
府谷县	0	81	81	70	400	470	175	1000	1175
横山区	12	—	12	70	400	470	130	800	930
靖边县	20	125	145	70	300	370	130	600	730
定边县	95	62	157	70	260	330	130	500	630
合计	127	833	960	490	2760	3250	1115	5100	6215

5. 可供水总量

2015 年与规划年地表水、地下水、其他水源和外调水的可供水总量详见表 5.21。可知 2015 年工程可供水总量为 68066 万 m^3，2020 年预测可供水总量为 132151 万 m^3，2030 年预测可供水总量为 154953 万 m^3。

表 5.21　各县（市、区）工程可供水量预测汇总　（单位：万 m^3）

行政分区	基准年（2015 年）					2020 年					2030 年				
	地表水	地下水	其他	外调	合计	地表水	地下水	其他	外调	合计	地表水	地下水	其他	外调	合计
榆阳区	16615	8337	360	—	25312	25777	7337	880	2500	36494	25777	7876	1450	7600	42703
神木市	9877	4298	205	—	14380	9549	9834	730	6500	26613	9549	11822	1300	8200	30871
府谷县	2190	4625	81	—	6896	1610	9491	470	4400	5971	1610	9301	1175	7600	19686
横山区	8766	1277	12	—	10055	10467	1077	470	2700	14714	10467	1577	930	5000	17974
靖边县	1831	8781	145	—	10757	4321	5781	370	6300	16772	4321	5781	730	7500	18332
定边县	658	2499	157	2466	5780	1358	4899	330	5000	11587	1358	5399	630	8000	15387
合计	39937	24703	960	2466	68066	53082	38419	3250	37400	132151	53082	41756	6215	53900	154953

5.4.3　剩余可用水量及其区间规制

1. 剩余可用水量的概念

本章认为，分析沙地农业开发利用尽管对区域耕地面积减加、农业经济收入增加和社会经济效益增加有着重要的意义，但沙地农业的开发利用与其他产业以及现有的可耕地利用相比，用水效益仍然较低，因此新增沙地农业利用的用水应以不影响现有产业用水以及按产业发展规划确定的规划年的用水为前提。因此，本章将满足各产业现状或规划平年后剩余的可用水资源量定义为剩余可用水量。

为了从不同角度量化剩余可用水量，本章从水资源可利用量、工程可供水量以及水资源管理控制目标水量三个角度进行剩余可用水量分析。

2. 水资源可利用量

水资源可利用量是指从资源赋存角度来看能够被用来使用或消耗的那部分水量，不包括不应该被利用的水量和难以被控制利用的水量。不应该被利用的水量是指为维护生态系统的良性运行而不允许被利用的水量，即必须满足的自然系统生态环境用水量；难以被利用的水量是指因各种自然、社会、经济技术因素和条件的限制而无法被利用的水量。参照《榆林市水资源综合规划》(2014)，陕北农牧交错带各县（市、区）水资源可开发利用总量见表 5.22，即依据陕北农牧交错带水资源总量，结合各部分水量的可开发量、可利用量进行汇总，2020 年交错带内当地水资源可利用量为 135677.30 万 m^3，至 2030 年当地水资源可利用量为 141775.18 万 m^3。外调水工程 2020 年、2030 年供水能力分别为 55234 万 m^3 和 92634 万 m^3，因此 2020 年农牧交错带水资源可利用总量为 190911 万 m^3，2030 年水资源可利用总量为 234409 万 m^3。

表 5.22　各县（市、区）水资源可利用量　　（单位：万 m^3）

行政分区	年份	地表水可利用量	地下水可利用量	重复利用量	矿井疏干水可利用量	中水可利用量	总计
榆阳区	2020	13575.09	20887.78	3778.00	11840.70	1151.16	43676.73
	2030	13575.09	20657.84	3778.00	13883.12	1809.40	46147.45
神木市	2020	12128.86	9962.84	6205.00	2415.60	1300.91	19603.21
	2030	12128.86	9922.58	6205.00	2777.94	1940.40	20564.78
府谷县	2020	9734.80	17149.32	1977.00	375.41	815.54	26098.07
	2030	9734.80	17143.06	1977.00	431.72	1125.68	26458.26
横山区	2020	14680.98	4830.61	1687.00	2606.87	715.58	21147.04
	2030	14680.98	4830.61	1687.00	2997.90	1384.10	22206.59
靖边县	2020	6928.06	8395.70	2808.00	1847.74	491.77	14855.27
	2030	6928.06	8364.91	2808.00	2124.90	950.04	15559.91
定边县	2020	4790.19	7705.52	2867.00	—	668.27	10296.98
	2030	4790.19	7705.52	2867.00	—	1209.48	10838.19
合计	2020	61837.98	68931.77	19322.00	19086.32	5143.23	135677.30
	2030	61837.98	68624.52	19322.00	22215.58	8419.10	141775.18

3. 工程可供水量

基于对陕北农牧交错带各县（市、区）的水利工程供水能力（表 5.20）和水资源可利用量（表 5.22）进行的分析，对比可知，陕北农牧交错带内，至 2020 年地表水、地下水、外调水及其他水源的工程可供水量总和为 132151 万 m^3，至 2030 年工程可供水量总和为 154953 万 m^3。

4. 水资源管理控制目标

2014 年，榆林市政府认真贯彻落实《国务院关于实行最严格水资源管理制度的意见》（国发〔2012〕3 号）和《陕西省人民政府关于实行最严格水资源管理制度的实施意见》（陕政发〔2013〕23 号）文件精神，根据《关于下达县（市、区）水资源管理控制目标的通知》和《关于下达县（市、区）2020 年和 2030 年用水总量及重要水功能区水质控制目标的通知》，结合榆林市实际，提出实行最严格水资源管理制度实施意见。

关于陕北农牧交错带水资源管理的目标任务为：2015 年，万元工业增加值用水量比 2010 年下降 23%以上；农田灌溉水有效利用系数提高到 0.54 以上；重要河湖水功能区水质达标率提高到 53.8%以上；饮用水源地水质达标率 100%；重点区域地下水水位榆阳区城区达标率 80%，北部风沙滩区达标率 70%。到 2020 年，用水效率保持省内先进水平；重要河湖水功能区水质达标率提高到 75%以上，河湖生态明显改善。到 2030 年，全市用水效率保持省内先进水平；主要污染物入河湖总量控制在水功能区纳污能力范围之内，水功能区水质达标率提高到 93.8%以上。

陕北农牧交错带 6 个县（市、区）的用水总量控制目标如表 5.23 所示。

表 5.23　各县（市、区）2020 年、2030 年用水总量控制指标　（单位：万 m^3）

行政分区	2020 年	2030 年
榆阳区	23500	27000
神木市	12000	17500
府谷县	11000	16000
横山区	11000	14000
靖边县	11800	15000
定边县	7000	10000
总目标	76300	99500

5. 剩余可用水量区间

根据 5.4 节对研究区内水资源可开发利用量、工程指标可供水量以及最严格水资源管理制度的管理控制指标进行分析，为区域沙地农业的开发利用设立可用水量区间。

由 5.4 节分析计算结果表明，水资源可开发利用量和工程指标可供水量高于最严格水资源管理控制目标值，在陕北农牧交错带中，三种限制指标间存在的关系为：水资源可利用量>工程可供水量>水资源管控目标。按照新规制理论，新增沙地农业可利用的水量，即剩余可用水量区间可表述为：[管控目标+外调水量-规划年需水量，水资源可利用总量-规划年需水量]，其区间最低值为扣除规划年需水量后的水资源严格管理控制目标和外调水量，区间最高值为扣除规划年需水量后的水资源可利用总量，理论上新增沙地农业利用的可用水量可以按照当地经济社会发展的具体要求取该剩余水资源量区间内的任一值。

本章在实际计算中，结合陕北农牧交错带目前的实际情况，在水资源最严格管理制度及管理控制目标执行期间，采用管理控制目标水资源量作为沙地农业的可用水量的首要限制因素，以最严格水资源管理控制目标值对陕北农牧交错带各县（市、区）的用水量进行刚性约束，即将该值作为沙地农业开发利用可用水量的用水上限阈值。

综合 5.4 节对 2015 年及规划年进行的需水预测及供水预测，得到不同水平年水资源供需平衡结果，扣除社会发展过程中各部门需水量后的剩余可供水量，作为 2020 年、2030 年交错带内 6 个县（市、区）沙地农业可用水量，如表 5.24 所示。

5.5 模型的求解

5.5.1 非支配排序遗传算法

标准遗传算法最初由美国学者 John Holland 创建，是借鉴生物界自然选择和自然遗传机制的高度并行、随机、自适应的搜索算法。该算法的主要特点是直接操作于结构对象，不进行求导和限定函数连续性；同时具有内在的隐并行性，以及更优的全局搜索能力；利用概率化的寻优方法，能自动获取和指导优化的搜索空间，自适应地调整搜索方向，不需要确定的规则。非支配排序遗传算法（non-dominated sorting genetic algorithm，NSGA）是基于遗传算法的多目标优化算法，是基于 Pareto 最优解讨论的多目标优化。

非支配排序遗传算法与简单的遗传算法的主要区别在于该算法在选择算子执行之前根据个体之间的支配关系进行了分层。NSGA 选择算子、交叉算子和变异算子与简单遗传算法没有区别[46]。非支配排序遗传算法的主要思想是：第一，利用非支配排序算法对种群进行非支配分层，然后再通过选择操作得到下一代种群；第二，使用共享函数的方法保持群体的多样性。

表 5.24　沙地农业水资源利用潜力

（单位：万 m^3）

行政分区	现状年（2015 年）						2020 年						2030 年					
	供水量			用水量		剩余可供水量	红线可供水量				需水量	剩余可供水量	红线可供水量				需水量	剩余可供水量
	地表水	地下水	调水	地表水	地下水		总量红线	外调水	其他	合计			总量红线	外调水	其他	合计		
榆阳区	16615	8337	—	16059	8080	813	23500	2500	880	26880	25103.01	1776.99	27000	7600	1450	36050	28084.75	7965.25
神木市	9877	4298	—	9758	4273	144	12000	6500	730	19230	13704.55	5525.46	17500	8200	1300	27000	16383.17	10616.83
府谷县	2190	4625	—	2186	4063	566	11000	4400	470	15870	8283.30	7586.70	16000	7600	1175	24775	10411.07	18363.93
横山区	8766	1277	—	6984	1202	1857	11000	2700	470	14170	13281.99	888.01	14000	5000	930	19930	15647.06	4282.94
靖边县	1831	8781	—	1016	8329	1267	11800	6300	370	18470	17356.74	1113.26	15000	7500	730	23230	20124.25	3105.75
定边县	658	2499	2466	356	4477	790	7000	5000	330	12330	10968.88	1361.12	10000	8000	630	18630	12839.29	5790.71

1. NSGA 算法中的非支配排序

设某个目标函数个数为 K（K>1）、规模大小为 N 的种群，在 NSGA 算法中，通过非支配排序算法可以对该种群进行分层，具体的步骤如下[47]：

（1）令 j=1。

（2）对于所有的 g=1，2，…，n 且 $g\neq 1$，基于适应度函数比较个体 x^j 和个体 x^g 之间的支配与非支配关系。

（3）如果不存在任何一个个体 x^g 优于 x^j，则标记 x^j 为非支配个体。

（4）令 j=j+1，转到步骤（1），直到找到所有的非支配个体。

通过上述步骤得到的非支配个体集是种群的第一级非支配层然后，忽略这些标记的非支配个体，再遵循步骤（1）～（4），就会得到第二级非支配，依此类推，直到整个种群被分层。

对于目标函数个数为 m、种群规模为 N 的情况，每个个体都需要与其余的个体进行次比较，这样每个个体就总共需要 O（mN）次的比较。为了找到第一个非支配层上的所有个体，需要遍历整个种群，其计算复杂度就是 O（mN^2）。继续这个步骤，直到完成对整个种群的分级，考虑最糟糕的情况，该算法的计算复杂度是 O（mN^3）。

2. NSGA 算法适应度值计算

在对种群进行非支配排序的过程中，一方面为了保证在选择操作中等级较低的非支配个体有更多的机会被选择进入下一代，使得算法以最快的速度收敛于最优区域，需要给每一个非支配层指定一个虚拟适应度值。级数越大，虚拟适应度值越小；反之，虚拟适应度值越大。另一方面，为了得到分布均匀的 Pareto 最优解集，就要保证当前非支配层上的个体具有多样性。NSGA 中引入了基于拥挤策略的小生境技术，即通过适应度共享函数的方法对原先指定的虚拟适应度值进行重新指定。

设第 m 级非支配层上有 n_m 个个体，每个个体的虚拟适应度值为 f_m，且令 i，j=1，2，…，n_m，则具体的实现步骤如下：

（1）计算出同属于一个非支配层的个体和个体的欧几里得距离，即

$$d(i,j)=\sqrt{\sum_{l=1}^{L}\left(\frac{x_l^i-x_l^j}{x_l^u-x_l^d}\right)} \tag{5.14}$$

式中，L 为问题空间的变量个数；x_l^u、x_l^d 为 x_l 的上、下界。

（2）用共享函数计算个体 x^i 和小生境群体中其他个体的关系，即

$$s[d(i,j)] = \begin{cases} 1 - \left(\dfrac{d(i,j)}{\sigma_{\text{share}}} \right)^{\alpha} & \text{当} d(i,j) < \sigma_{\text{share}} \\ 0 & \text{其他} \end{cases} \tag{5.15}$$

式中，σ_{share} 为共享半径；α 为常数。

（3）j=j+1，如果 $j \leqslant n_m$ 转到步骤（1），否则计算出个体 x^i 的小生境数量为

$$c_i = \sum_{j=1}^{n_m} s[d(i,j)] \tag{5.16}$$

（4）计算出个体 x^i 的共享适应度值，即

$$f_m^i = \frac{f_m}{c_i} \tag{5.17}$$

反复执行以上的步骤（1）～（4）可以得到每一个个体的共享适应度值。

3. NSGA 算法的不足

NSGA 算法通过非支配排序算法保留了优良的个体，并且利用适应度共享函数的方法保持了群体的多样性。但是实际应用中发现还是存在着明显的不足，主要体现在如下三个方面[48]：

（1）算法的计算复杂度比较高，当种群规模较大、进化代数较多时，进行一次优化可能需要比较多的时间，显得效率不足。

（2）缺乏精英策略，在进化算法中这样的策略往往不但可提高运算速度，还能确保已找到的最优解不被丢弃。

（3）需要人为指定共享半径，实验证明此参数比较重要，对优化结果影响较大。

5.5.2　带精英策略的非支配排序的遗传算法

为克服 NSGA 算法的缺陷，Deb 等于 2000 年对 NSGA 进行有针对性的改进，提出了带精英策略的非支配排序遗传算法（NSGA-Ⅱ算法）[48]。改进相应地表现在三个方面：①提出一种基于分级的快速非支配排序法，使得算法的复杂度大大降低。②提出拥挤度和拥挤度比较算子，其适应度共享策略不需要指定共享半径，并且作为排序后同级间的胜出标准，使准域中的元素能扩展到整个域，并均匀分布，保持种群的多样性。③引入精英策略，增大采样的空间，将父代种群与其子代种群竞争得到下一代种群，容易得到更为优良的下一代。

1. 精英策略

de Jong 最早提出了一种保持最好个体的策略，这种策略总是把第 t 代的最好

的个体保存到第 $t+1$ 代，从而防止在选择过程中丢失最优解，这一策略通常称为精英策略[49]。通过单目标优化的数值试验发现精英策略可以使演化算法具有更好的收敛性。同样在演化多目标中，精英策略也起到了重要的作用。研究表明精英策略有助于多目标演化算法取得较好的收敛结果，为了保证多目标演化算法更好地收敛于 Pareto 最优解或近似解，许多研究者引进了单目标演化算法中成功应用的精英策略[50]。运用精英策略的多目标演化算法，通常专门用一个辅助群体，来保存算法运行过程中的一定数量的非劣解个体[51]。精英策略的引入大大增加了算法的时间和空间的复杂度，因而如何实现精英策略成为一个急需研究的热点问题。

2. 快速非支配排序方法原理

设种群 P 大小为 N，快速非支配排序算法目的为计算 P 中的每个个体的两个参数 n_P 和 S_P，其中，n_P 为种群中支配个体的个体数，S_P 为种群中被个体支配的个体集合。

（1）对种群 P 中的每一个个体，令其参数 $n_P=0$，$S_P=\phi$。

（2）对种群 P 中的每一个个体 p，与种群中其他个体 l 进行比较：①若 $p\succ 1$，$S_P=S_P\cup\{l\}$；否则，若 $l\succ p$，$n_P=n_P+1$。②若 $n_P=0$，$F_l=F_l\cup\{p\}$。

（3）令 $i=1$。

（4）当 $F_i\neq\phi$ 时：令 $H=\phi$；对种群 P 中的每一个个体 p，与种群中其他个体 l，令 $n_l=n_l+1$，若 $n_l=0$，$H=H\cup\{l\}$；$i=i+1$；形成下一非支配集合 $F_i=H$。

（5）返回非支配集 F_i。每一次的迭代，即上述算法步骤的（2）～（4）需要计算 $O(N)$次，于是整个迭代过程的计算复杂度最大是 $O(N^2)$。整个算法的计算复杂度就是 $O(mN^3)+O(N^2)=O(mN^2)$。

3. 拥挤度和拥挤度比较算子的计算

拥挤度是指种群中给定个体的周围个体的密度，直观上可表示为个体周围仅仅包含个体 n 本身的最大长方形的长，用 n_{d} 表示，在带精英策略的非支配排序遗传算法中，拥挤度的计算是保证种群多样性的一个重要环节，计算方法如下：

（1）令 $n_{\mathrm{d}}=0$，$n=1$，2，…，N。

（2）对于每个目标函数：①基于该目标函数对种群进行排序。②令边界的两个个体拥挤度为无穷，即 $l_{\mathrm{d}}=N_{\mathrm{d}}=\infty$。③计算 $n_{\mathrm{d}}=n_{\mathrm{d}}+[f_m(i+1)-f_m(i+1)]$，$n=2$，3，…，$N-1$。

通过快速非支配排序以及拥挤度计算之后，种群中的每个个体 n 都得到两个属性：非支配序 n_{rank} 和拥挤度 n_{d}。利用这两个属性，可以区分种群中任意两个个体的支配和非支配关系。定义拥挤度比较算子为 $\succ n$。个体优劣的比较依据为：

$i \succ_n j$，即个体 i 优于个体 j，当且仅当 $i_{rank}<j_{rank}$ 或 $i_{rank}=j_{rank}$，且 $i_d=j_d$。

4. NSGA-Ⅱ算法流程

NSGA-Ⅱ算法同样是基于遗传算法，因此计算流程中仅仅增加了种群分级的步骤。算法计算流程如图 5.5 所示。

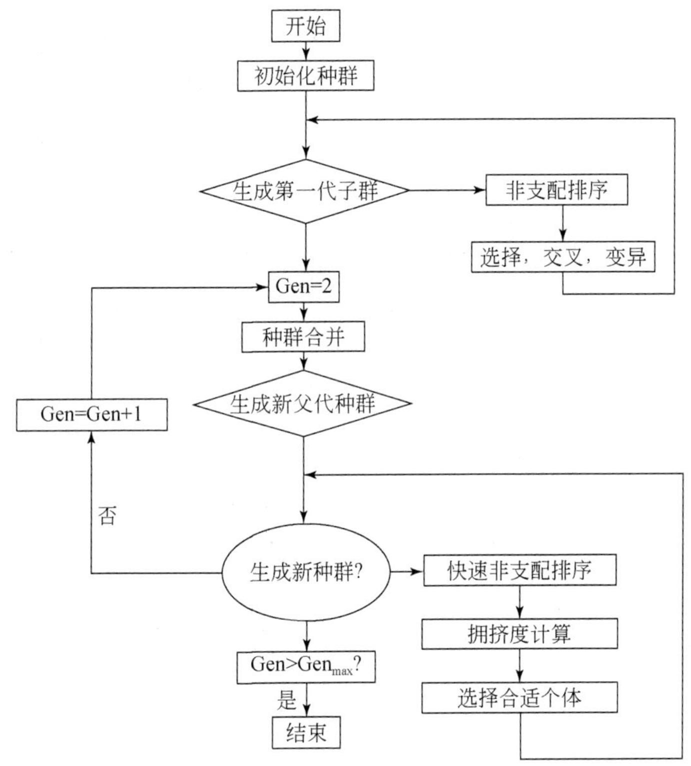

图 5.5 NSGA-Ⅱ计算流程

5. 参数设置

在对多目标优化模型进行求解时，决策变量为作物种植面积 x_i，通过编写 Matlab 程序，调用 Matlab 工具箱中的函数 Gamultiobj 并运行程序，对多目标模型进行求解。预设 4 个运行参数，即种群规模 N、终止进化代数 T、交叉概率 P_c 和变异概率 P_m。计算中，N 取 100，T 取 500 次，P_c 取 0.8，P_m 取 0.01。选择算子采用随机竞争，交叉算子采用均匀交叉算子，变异算子采用均匀变异算子。

5.6 小结

（1）水土资源是人类社会发展过程中不可或缺的宝贵物质资料，支撑着人类的繁衍生息和社会进步。同时水、土资源之间存在着密不可分的联系，相互作用、相互影响。土地资源通过土地利用方式的改变影响着水资源的质、量以及空间分布特性；水资源支持着土地利用的各个环节同时又对土地利用规模、结构、质量和效率产生制约作用。陕北农牧交错带地形地貌、气候及生物等自然因素具有明显过渡性，生态环境脆弱，但水热条件较我国其他沙漠地区优越，砒砂岩与沙复配成土技术以其良好的节水、持水效果在在研究区内得到了大力的发展，有效地开发了陕北农牧交错带的未利用土地，补充了耕地资源。然而，沙地治理规模增加必然造成用水量的增加，当用水量超过水资源的可持续供给能力时，则会引发更为严重的水资源胁迫问题，甚至荒漠化。因此，在水资源紧缺，生态环境脆弱的陕北农牧交错带，以节水利用为前提，探索农业开发利用的适宜规模，以有序的开发促进水资源与土地资源的可持续利用，以水土资源的可持续利用带动区域生态环境的良性循环十分必要。

（2）承载力通常用来描述对发展的限制程度或对某一对象的承受能力，它的应用范畴涉及生态、资源、环境及社会等诸多领域，其中水资源承载力的研究是其中的重要研究部分。水资源承载力的研究包括水资源承载力评价、水资源调控等方面，多年来一直在学者中有广泛的研究热度。在水资源承载力与调控方式研究的基础之上，以资源定规模的可持续发展方式研究也逐渐展开，定量化的探讨水资源对人口社会发展、经济增长以及资源开发等的约束与限制作用更能直观的表明水资源承载能力的大小，成为新的研究热点。

（3）沙地农业利用适应性开发规模研究是基于水资源承载力的、集评价、规划和预测于一体的综合性研究。水资源承载力研究把水资源评价作为基础，以水资源的合理配置为前提，其核心是水资源潜力，将系统分析和动态分析作为研究手段，实现人口、资源、经济和生态环境的协调发展。水资源是土地资源发挥最大优势的基本条件，是土地资源合理利用研究的重要因子和制约条件，水资源有限的量与质的约束下，以及水资源利用的合理与否，直接影响到土地资源的开发规模以及生产效率。通过对比各研究方法的适用性、优缺点，本章采用多目标规划方法对沙地利用的适宜开发规模进行定量化计算。

（4）沙地农业开发规模除包括农牧业耕地外，还包括修建道路面积、林网面积及其他面积等。沙地农业开发适应性规模受水资源量、社会经济和科技发展水平等条件影响，在水资源承载力研究过程中，须充分考虑水资源系统、社会经济系统以及生态系统之间的相互协调与制约的关系，选取能够客观反映沙地农业利用的发展状况的目标函数和约束条件。以水资源量为主要约束，建立多目标优化模型，目标函数包括沙地农业开发利用过程中农业发展所产生的经济效益（扣除开发过程中的投资成本、机械成本、人工成本、运输成本等）、以农业从事人员的新增收入和道路建设为区域经济发展带来的道路效益为主的社会效益、沙地农业开发因改善区域生态环境现状而提升生态服务价值的生态效益。

（5）水资源作为沙地农业开发适应性规模的重要因子和制约条件，是模型主要的约束条件输入。基于对陕北农牧交错带内水资源开发利用现状及社会经济指标进行预测，分析了 2015 年、2020 年和 2030 年研究区内的水资源可开发利用量和工程指标可供水量以及最严格管理控制目标要求，明确三者之间的关系，定义了剩余可用水量，确定了剩余可用水量的可行区间。本章以扣除规划年需水量的水资源管理控制目标加上外调水量作为剩余可用水量约束，即为 2020 年、2030 年交错带内 6 个县（市、区）沙地农业可用水量。

参考文献

[1] 周凤岐, 崔敬波, 赵松涛. 土地利用变化对流域水资源的影响[J]. 东北水利水电, 2005, 23(6): 28-29.

[2] 李昌峰, 曹慧. 土地利用变化对水资源影响研究的现状和趋势[J]. 土壤, 2002, 34(4): 191-196.

[3] 成向荣. 黄土高原农牧交错带土壤—人工植被—大气系统水量转化规律及模拟[D]. 北京: 中国科学院研究生院(教育部水土保持与生态环境研究中心), 2008.

[4] YOST R S, UEHARA G, FOX R L. Geostatistical analysis of soil chemical properties of large land areas. II. Kriging 1[J]. Soil Science Society of America Journal, 1982, 46(5): 1033-1037.

[5] 中华人民共和国水利部. 中国水资源公报 2015[M]. 北京: 中国水利水电出版社, 2016.

[6] 栾江, 仇焕广, 井月, 等. 我国化肥施用量持续增长的原因分解及趋势预测[J]. 自然资源学报, 2013, 28(11): 1869-1878.

[7] 邱君. 我国化肥施用对水污染的影响及其调控措施[J]. 农业经济问题, 2007, (S1): 77-82.

[8] BRONSTERT A, NIEHOFF D, BÜRGER G. Effects of climate and land-use change on storm runoff generation: present knowledge and modelling capabilities[J]. Hydrological Processes, 2002, 16(2): 509-529.

[9] 陈嵬. 浅谈土地利用变化对流域水资源形成转化的影响[J]. 科技致富向导, 2011, (24): 371-371.

[10] 鲍超, 方创琳. 城市化与水资源开发利用的互动机理及调控模式[J]. 城市发展研究, 2010, 17(12): 19-23.

[11] 潘宜, 解建仓, 汪妮. 城市化进程中水土资源优化配置研究[M]. 西安: 陕西科学技术出版社, 2010.

[12] 段金龙. 水土资源分布的多样性格局、时空变化及关联分析[D]. 郑州: 郑州大学, 2013.

[13] 郑璟, 袁艺, 冯文利, 等. 土地利用变化对地表径流深度影响的模拟研究——以深圳地区为例[J]. 自然灾害学报, 2005, 14(6): 77-82.

[14] 常春艳, 赵庚星. 土地利用/覆盖及其变化的土水资源效应研究[J]. 中国水土保持, 2012, (12): 58-61.

[15] CESANO D, GUSTAFSSON J E. Impact of economic globalisation on water resources: A source of technical, social and environmental challenges for the next decade[J]. Water Policy, 2000, 2(3): 213-227.

[16] 傅鸿源, 胡焱. 城市综合承载力研究综述[J]. 城市问题, 2009, (5): 27-31.

[17] 韩俊丽, 段文阁. 城市水资源承载力基本理论研究[J]. 中国水利, 2004, (7): 12-14.

[18] 党丽娟, 徐勇. 水资源承载力研究进展及启示[J]. 水土保持研究, 2015, 22(3): 341-348.

[19] 丁超. 支撑西北干旱地区经济可持续发展的水资源承载力评价与模拟研究[D]. 西安: 西安建筑科技大学, 2013.

[20] 安翠娟, 侯华丽, 周璞, 等. 生态文明视角下资源环境承载力评价研究——以广西北部湾经济区为例[J]. 生态经济(中文版), 2015, 31(11): 144-148.

[21] 滕朝霞. 济南市城市水资源承载力计算及其调控模式研究[D]. 北京: 北京林业大学, 2008.

[22] 吴泽宁, 左其亭, 丁大发, 等. 黄河流域水资源调控方案评价与优选模型[J]. 水科学进展, 2005, 16(5): 735-740.

[23] 杨朝晖. 面向生态文明的水资源综合调控研究[D]. 北京: 中国水利水电科学研究院, 2013.

[24] 桂春雷. 基于水代谢的城市水资源承载力研究[D]. 北京: 中国地质科学院, 2014.

[25] 吴泽宁, 高申, 管新建, 等. 中原城市群水资源承载力调控措施及效果分析[J]. 人民黄河, 2015, 37(2): 6-9.

[26] 方创琳, 乔标. 水资源约束下西北干旱区城市经济发展与城市化阈值[J]. 生态学报, 2005, 25(9): 2413-2422.

[27] 张建勇, 宋书巧. 城市水资源承载力与城市规模研究——以玉州—福绵—北流一体化概念规划方案为例[J]. 城市发展研究, 2008, (S1): 310-313.

[28] 石培基, 杨雪梅, 宫继萍, 等. 基于水资源承载力的干旱内陆河流域城市适度规模研究——以石羊河流域凉州区为例[J]. 干旱区地理, 2012, 35(4): 646-655.

[29] 熊鹰, 姜妮, 李静芝, 等. 基于水资源承载的长株潭城市群适度规模研究[J]. 经济地理, 2016, 36(1): 75-81.

[30] 王韶华, 刘文朝, 刘群昌. 三江平原农业需水量及适宜水稻种植面积的研究[J]. 农业工程学报, 2004, 20(4): 50-53.

[31] 蒋舟文. 水资源约束下西北地区农业结构调整研究[D]. 杨凌: 西北农林科技大学, 2008.

[32] 邓宝山, 瓦哈甫・哈力克, 张玉萍, 等. 吐鲁番绿洲适宜规模及其稳定性分析[J]. 干旱区研究, 2015, 32(4): 797-803.

[33] 郝丽娜, 粟晓玲. 黑河干流中游地区适宜绿洲及耕地规模确定[J]. 农业工程学报, 2015, 31(10): 262-268.

[34] 蔡璐佳, 安萍莉, 刘应成, 等. 水资源约束下内蒙古农牧交错带耕地适度集约利用研究——以乌兰察布市为例[J]. 干旱区资源与环境, 2017, 31(5): 81-87.

[35] 孟祥玉, 雷国平, 孙晓兵, 等. 水资源约束下区域耕地资源开发利用研究[J]. 节水灌溉, 2017, (9): 71-77.

[36] 赵新风, 徐海量, 王敏, 等. 不同水平年塔里木河流域灌溉面积超载分析[J]. 农业工程学报, 2015, (24): 77-81.

[37] 张沛, 陈超群, 徐海量, 等. 塔里木河"九源一干"可承载最大灌溉面积探讨[J]. 干旱区研究, 2017, 34(1): 223-231.

[38] 林锉云, 董加礼. 多目标优化的方法与理论[M]. 长春: 吉林教育出版社, 1992.

[39] 郑金华. 多目标进化算法及其应用(精)[M]. 北京: 科学出版社, 2007.

[40] JIM C Y. Managing urban trees and their soil envelopes in a contiguously developed city environment[J]. Environmental Management, 2001, 28(6): 819-832.

[41] 牛继强, 徐丰. 基于 RS 与生态绿当量的土地利用结构优化研究[J]. 信阳师范学院学报（自然科学版）, 2009, 22(3): 410-413.

[42] 韩沐汶, 庄逐舟, 马超, 等. 基于生态绿当量的生态移民区生态效益评价——以盐池县移民区为例[J]. 水土保持研究, 2014, 21(6): 211-217.

[43] 毛文永. 生态环境影响评价概论[M]. 北京: 中国环境科学出版社, 1998.

[44] 刘艳芳, 明冬萍, 杨建宇. 基于生态绿当量的土地利用结构优化[J]. 武汉大学学报(信息科学版), 2002, 27(5): 493-498.

[45] 杨艳林, 王金亮, 李石华, 等. 基于生态绿当量模式的生态资产核算研究——以抚仙湖流域为例[J]. 资源开发与市场, 2017, 33(5): 513-517.

[46] SRINIVAS N, DEB K. Multiobjective optimization using nondominated sorting in genetic algorithms[J]. Evolutionary Computation, 2014, 2(3): 221-248.

[47] JOINES J A, GUPTA D, GOKCE M A, et al. Supply chain multi-objective simulation optimization[C]. Institute of Electrical and Electronic Engineers, 2002, 2: 1306-1314.

[48] DEB K, AGRAWAL S, PRATAP A, et al. A Fast Elitist Non-dominated Sorting Genetic Algorithm for Multi-objective Optimization: NSGA-II[M]// Parallel Problem Solving from Nature PPSN VI. Heidelberg: Springer Berlin, 2000: 849-858.

[49] JONG K A D. Analysis of the behavior of a class of genetic adaptive systems[J]. Ann Arbor: University of Michigan,

1975.

[50] ZITZLER E, DEB K, THIELE L. Comparison of Multiobjective Evolutionary Algorithms: Empirical Results[J]. Evolutionary Computation, 2014, 8(2): 173-195.

[51] DING L, KANG L. Convergence rates for a class of evolutionary algorithms with elitist strategy[J]. Acta Mathematica Scientia, 2001, 21(4): 531-540.

第 6 章　沙地利用规模及种植方案

在沙地上进行适度的农业开发，是陕北农牧交错带乃至整个陕西省补充耕地资源紧缺、实现耕地占补平衡、合理开发利用土地的重要方向。多年来，生态脆弱区的治沙工作以及农业经济发展已取得一定的成绩，但多年的实践经验也告诉人们，沙地农业利用对水资源有着较强的依赖性，过度的水资源开发利用不仅会直接对水资源量的可持续供给造成伤害，也会引起水生态环境恶化，进而导致整个生态系统失衡。因此，摒弃区域水土资源可持续性、因治理规模的盲目扩大和耕作面积的不合理增加所导致的用水量增加，水土资源超负荷承载的农牧业经济发展将会导致生态脆弱区新一轮的土地荒漠化，若对开发利用规模不加以限制，则农业用地会因水资源供给不足而陷入困境。

第 3 章的研究中以节水为核心，通过砒砂岩与沙复配成土技术实现工程技术节水，通过灌溉节水实验实现了灌溉技术节水，同时通过保护性耕作制度的实施实现了耕作技术节水，从三个方面探讨了沙地农业节水机理，有效地延伸了水资源对沙地农业的支持力。然而，尽管采取了多样化的节水技术，仍不可避免地出现沙地农业用水量快速增长的趋势，因此以农业节水机理的探讨为主要手段，以水资源对农业与生态环境的支持力为约束，以水资源、土地资源与生态环境可持续发展为目标，通过水量的耗、用、排关系的分析与计算，在充分满足对生态效果进行调控的基础上，分行政区分别确定沙地农业的最优开发利用规模，将沙地农业的开发利用限制在一定的范围内，为区域农业经济发展提供思路与方向。同时以提升区域生态服务价值为目标，将农业生产用水及生态环境补水与水资源承载能力相衔接，在保护资源与环境安全的条件下发展农业经济，并因地制宜地及时制订水资源调控和沙地开发可持续利用策略，以促进地区水土资源开发和生态环境的良性循环。

本章依据第 5 章所建立的沙地利用规模优化模型以及计算的水资源约束条件对陕北农牧交错带 6 县（市、区）进行沙地利用种植结构方案制订、以水资源为约束的沙地农业适应规模确定以及水资源在沙地农业种植中的优化配置。

6.1　多元种植模式情景方案设定

目前我国粮食种植结构多采用的是粮食作物、经济作物和饲料作物，分别满足粮食安全、经济效益及畜牧业发展的需要。在水资源约束下，求解陕北农牧交错带内各县（市、区）沙地农业适宜开发规模模型，综合考虑经济、社会、生态及综合效益，在计算的过程中，通过种植不同作物产生不同的情景方案。在满足"粮""经""饲"的一元种植结构，"粮+经""粮+饲""经+饲"的二元种植结构及"粮+经+饲"的三元种植结构的情况下，分别设立多元情景方案，求解研究区沙地农业利用的适宜开发规模。本章共设计 3 种种植结构 7 种情景方案，设立的情景方案如表 6.1 所示。

表 6.1　基于粮食种植结构的多元情景方案

情景方案	农业种植结构	方案序号	作物		
			玉米	马铃薯	沙打旺
一元种植结构方案	粮食作物	1	√	×	×
	经济作物	2	×	√	×
	饲料作物	3	×	×	√
二元种植结构方案	粮+经	4	√	√	×
	经+饲	5	×	√	√
	粮+饲	6	√	×	√
三元种植结构方案	粮+经+饲	7	√	√	√

6.2　多元情境方案下的适宜开发规模

在满足"粮""经""饲"的一元种植结构、"粮+经""粮+饲""经+饲"的二元种植结构及"粮+经+饲"的三元种植结构的情况下，陕北农牧交错带 6 个县（市、区）水资源可承载的沙地农业开发规模如下。

6.2.1　榆阳区水资源可承载的沙地农业规模

综合考虑经济、社会和生态目标，2015 年水资源可承载的榆阳区沙地农业开发规模的推荐方案为马铃薯一元种植模式，种植面积为 3494.50hm²，道路等其他用地 183.94hm²，沙地开发总面积 3678.44hm²，占用未利用沙地面积的 8.11%，综合效益为 38.54 亿元；2020 年，推荐方案为马铃薯一元种植模式，种植面积为 7638.03hm²，道路等其他用地 381.90hm²，沙地开发总面积 8019.93hm²，占用未利用沙地面积的 18.36%，综合效益为 81.44 亿元；2030 年推荐方案为马铃薯一元种植模式，种植面积为 34237.04hm²，道路等其他用地 1711.85hm²，沙地开发总面积 35948.89hm²，占用未利用沙地面积的 91.28%，综合效益为 360.57 亿元，见

图 6.1～图 6.3。

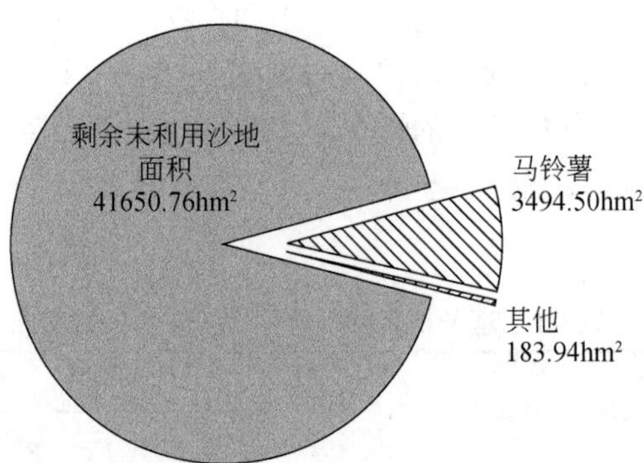

图 6.1　2015 年榆阳区水资源可承载的最大开发规模推荐方案

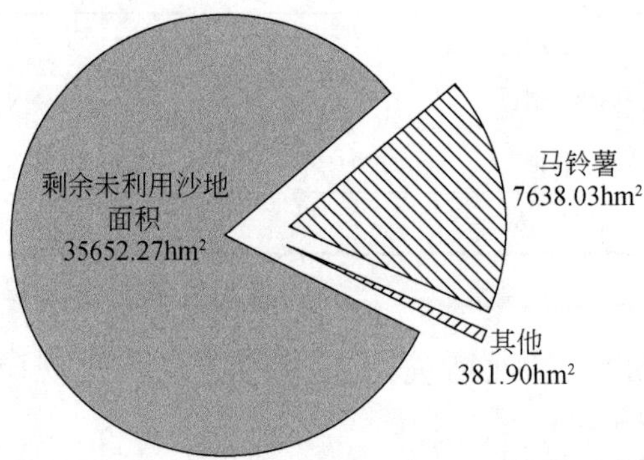

图 6.2　2020 年榆阳区水资源可承载的最大开发规模推荐方案

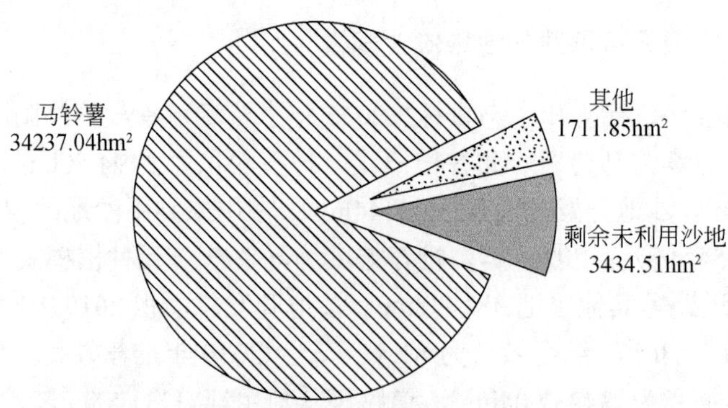

图 6.3　2030 年榆阳区水资源可承载的最大开发规模推荐方案

6.2.2　神木市水资源可承载的沙地农业规模

综合考虑经济、社会和生态三种目标，2015 年水资源可承载的神木市沙地农业开发规模的推荐方案为马铃薯一元种植模式，种植面积 618.96hm²，道路等其他用地 32.57hm²，沙地开发总面积 651.53hm²，占用未利用沙地面积的 57.09%，综合效益为 6.56 亿元；2020 年推荐方案为三元种植结构，马铃薯、玉米、沙打旺种植规模分别为 658.69hm²、247.32hm²、177.55hm²，交通等其他用地面积 54.18hm²，沙地开发总面积 1137.74hm²，占用未利用沙地面积的 100%，综合效益为 11.68 亿元；2030 年推荐方案三元种植结构，沙地开发总面积 1127.76hm²，占用未利用沙地面积的 100%，马铃薯、玉米、沙打旺种植规模分别为 597.17hm²、417.73hm²、59.16hm²，交通等其他用地面积 53.70hm²，综合效益为 11.43 亿元，见图 6.4～图 6.6。

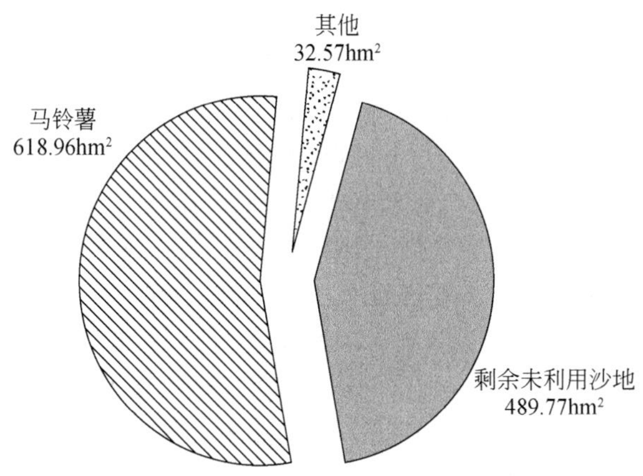

图 6.4　2015 年神木市水资源可承载的最大开发规模推荐方案

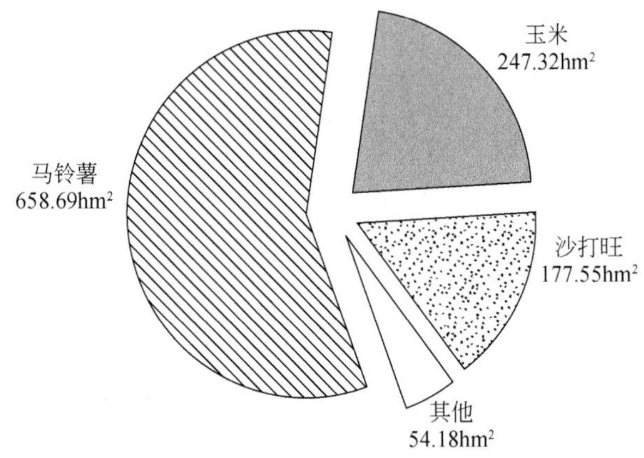

图 6.5　2020 年神木市水资源可承载的最大开发规模推荐方案

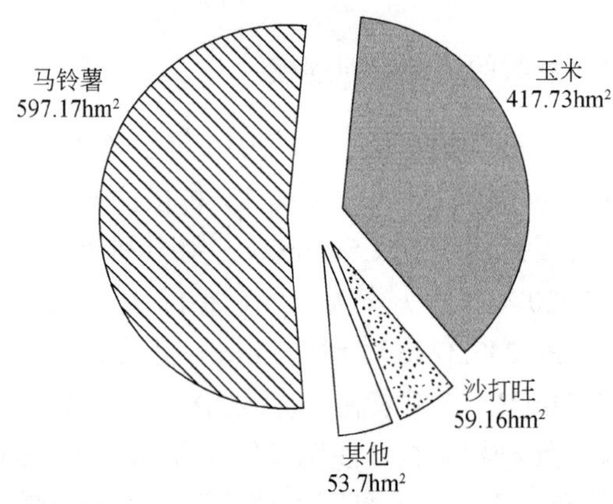

图 6.6　2030 年神木市水资源可承载的最大开发规模推荐方案

6.2.3　府谷县水资源可承载的沙地农业规模

综合考虑经济、社会和生态三种目标，2015 年水资源可承载的府谷县沙地农业开发规模的推荐方案三元种植结构，沙地开发总面积 178.80hm^2，占用未利用沙地面积的 100%，马铃薯、玉米、沙打旺种植规模分别为 86.17hm^2、54.30hm^2、29.78hm^2，交通等其他用地面积 8.55hm^2，综合效益为 1.77 亿元；2020 年推荐方案为三元种植结构，沙地开发总面积 163.80hm^2，占用未利用沙地面积的 100%，马铃薯、玉米、沙打旺种植规模分别为 71.47hm^2、69.07hm^2、15.45hm^2，交通等其他用地面积 7.81hm^2，综合效益为 1.64 亿元；2030 年推荐方案为三元种植结构，沙地开发总面积 146.93hm^2，占用未利用沙地面积的 100%，马铃薯、玉米、沙打旺种植规模分别为 37.94hm^2、68.51hm^2、33.05hm^2，交通等其他用地面积 7.43hm^2，综合效益为 1.48 亿元，见图 6.7～图 6.9。

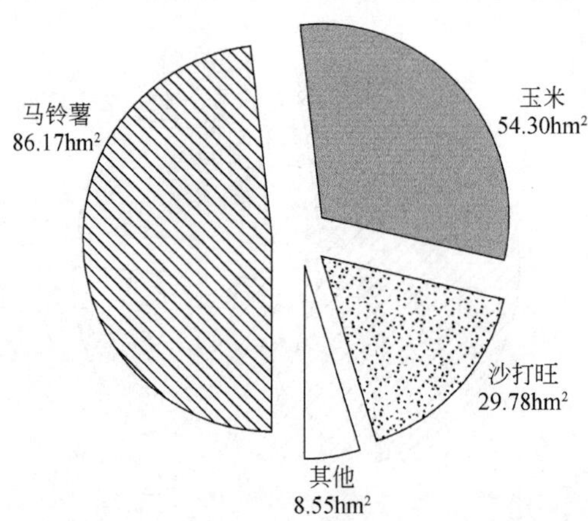

图 6.7　2015 年府谷县水资源可承载的最大开发规模推荐方案

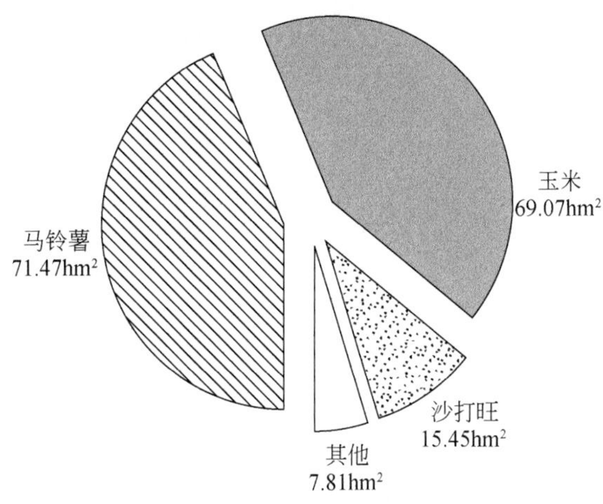

图 6.8　2020 年府谷县水资源可承载的最大开发规模推荐方案

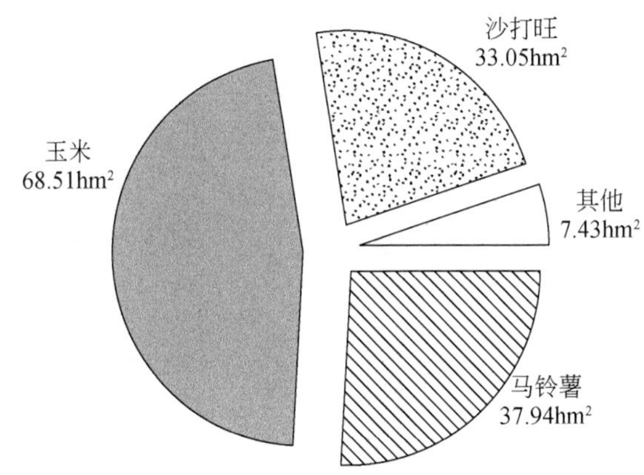

图 6.9　2030 年府谷县水资源可承载的最大开发规模推荐方案

6.2.4　横山区水资源可承载的沙地农业规模

综合考虑经济、社会和生态三种目标，2015 年水资源可承载的横山区沙地农业开发规模的推荐方案为三元种植结构，沙地开发总面积 2627.70hm²，占用未利用沙地面积的 100%，马铃薯、玉米、沙打旺种植规模分别为 1139.01hm²、1018.48hm²、338.82hm²，交通等其他用地面积 131.39hm²，综合效益为 27.66 亿元；2020 年推荐方案为三元种植结构，开发总面积 2608.05hm²，占用未利用沙地面积的 100%，马铃薯、玉米、沙打旺种植规模分别为 1103.59hm²、1042.23hm²、337.46hm²，交通等其他用地面积 124.19hm²，综合效益为 27.97 亿元；2030 年推荐方案为三元种植结构，沙地开发总面积 2569.19hm²，占用未利用沙地面积的 100%，马铃薯、玉米、沙打旺种植规模分别为 1077.92hm²、972.11hm²、396.82hm²，交通等其他用地面积 221.34hm²，综合效益为 28.77 亿元，见图 6.10～图 6.12。

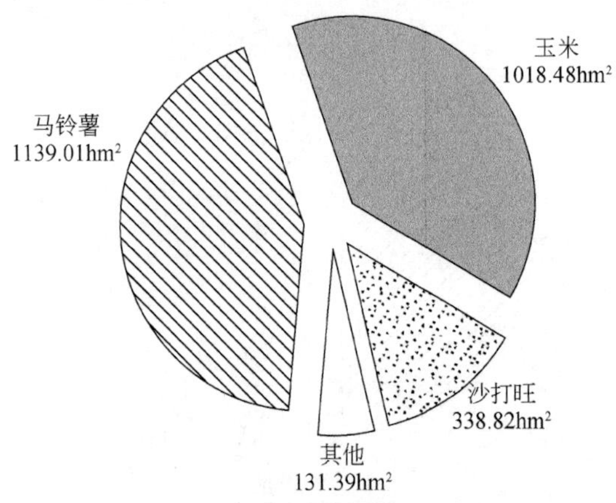

图 6.10　2015 年横山区水资源可承载的最大开发规模推荐方案

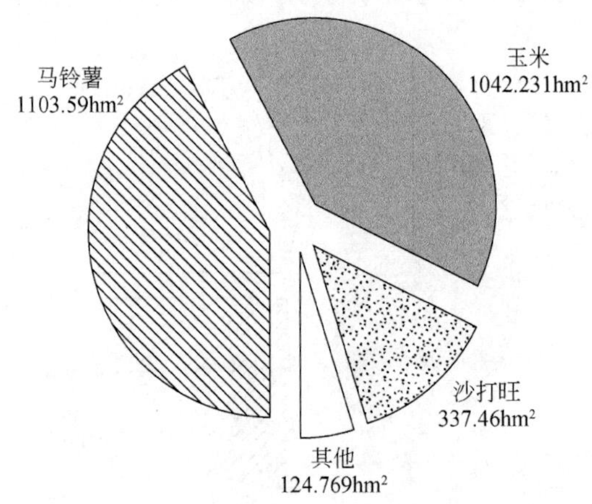

图 6.11　2020 年横山区水资源可承载的最大开发规模推荐方案

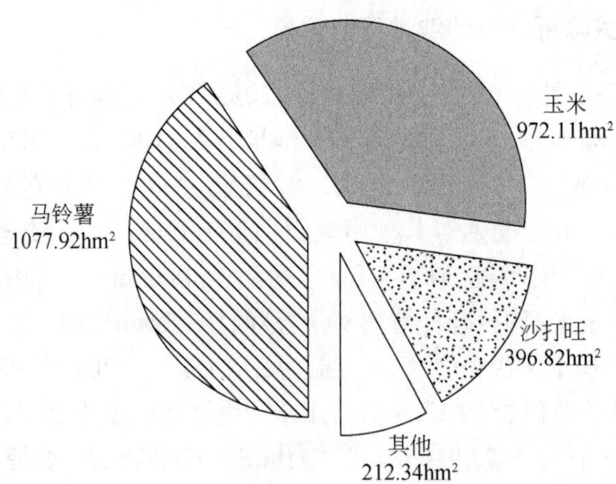

图 6.12　2030 年横山区水资源可承载的最大开发规模推荐方案

6.2.5　靖边县水资源可承载的沙地农业规模

综合考虑经济、社会和生态三种目标，2015 年水资源可承载的靖边县沙地农业开发的推荐方案为马铃薯一元种植模式，种植规模 5445.85hm²，交通等其他用地面积 286.72hm²，沙地开发总面积 5732.57hm²，占用未利用沙地面积的 62.09%，综合效益为 60.89 亿元；2020 年推荐方案为马铃薯一元种植模式，种植面积为 4785.10hm²，交通等其他用地面积 239.26hm²，沙地开发总面积 5024.36hm²，占用未利用沙地面积的 62.41%，综合效益为 54.74 亿元；2030 年推荐方案为三元种植结构，马铃薯、玉米、沙打旺种植规模分别为 3538.12hm²、1586.16hm²、699.91hm²，交通等其他用地面积 299.15hm²，开发总面积 6123.34hm²，占用未利用沙地面积的 100%，综合效益为 69.42 亿元，见图 6.13～图 6.15。

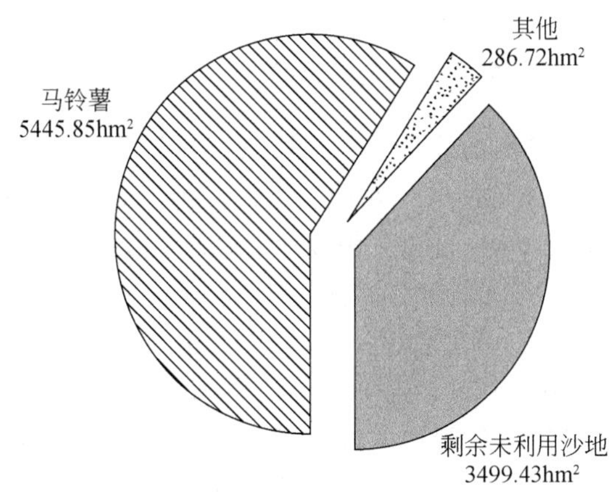

图 6.13　2015 年靖边县水资源可承载的最大开发规模推荐方案

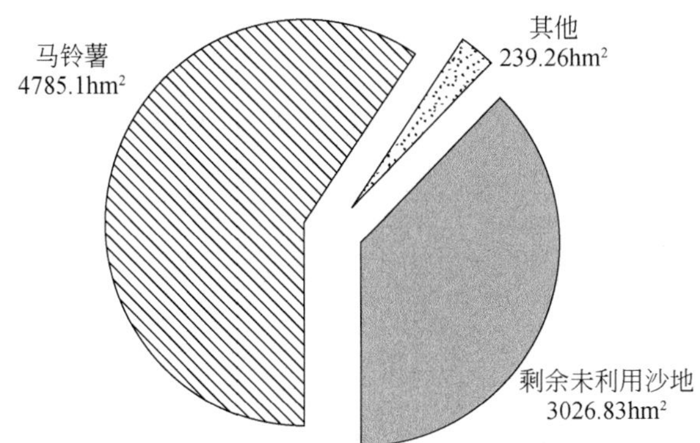

图 6.14　2020 年靖边县水资源可承载的最大开发规模推荐方案

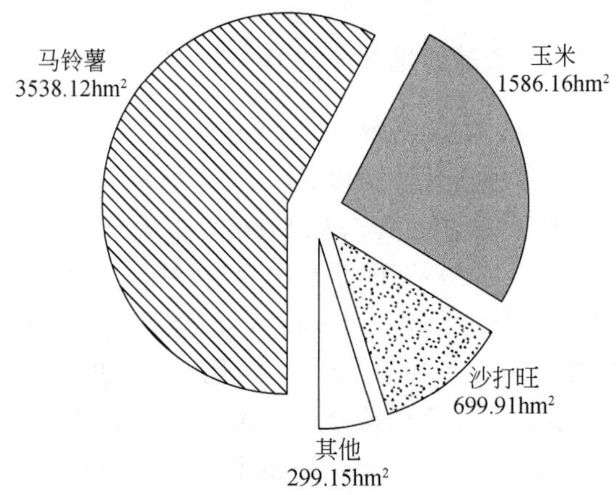

图 6.15 2030 年靖边县水资源可承载的最大开发规模推荐方案

6.2.6 定边县水资源可承载的沙地农业规模

综合考虑经济、社会和生态三种目标，2015 年水资源可承载的定边县沙地农业开发规模的推荐方案为马铃薯一元种植模式，种植面积为 3395.31hm²，交通等用地面积 2191.14hm²，沙地开发总面积 3574.36hm²，占用未利用沙地面积的 62%，综合效益为 37.95 亿元；2020 年推荐三元种植结构，马铃薯、玉米、沙打旺种植面积分别为 2897.63hm²、1469.72hm²、1042.56hm²，交通等用地面积 273.89hm²，沙地开发总面积 5683.80hm²，占用未利用沙地面积的 100%，综合效益为 62.86 亿元；2030 年推荐方案为三元种植结构，马铃薯、玉米、沙打旺种植面积分别为 2946.93hm²、1788.35hm²、525.56hm²，交通等用地面积 263.04hm²，沙地开发总面积 5523.88hm²，占用未利用沙地面积的 100%，综合效益为 62.51 亿元，见图 6.16～图 6.18。

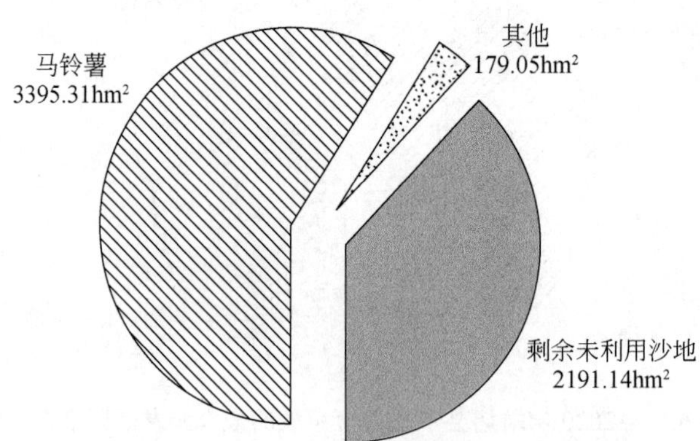

图 6.16 2015 年定边县水资源可承载的最大开发规模推荐方案

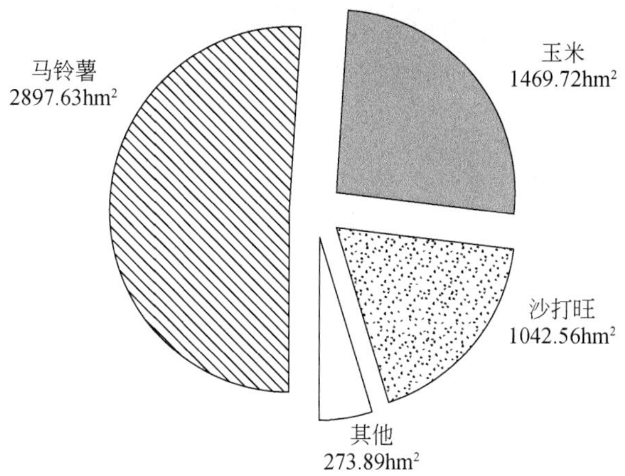

图 6.17　2020 年定边县水资源可承载的最大开发规模推荐方案

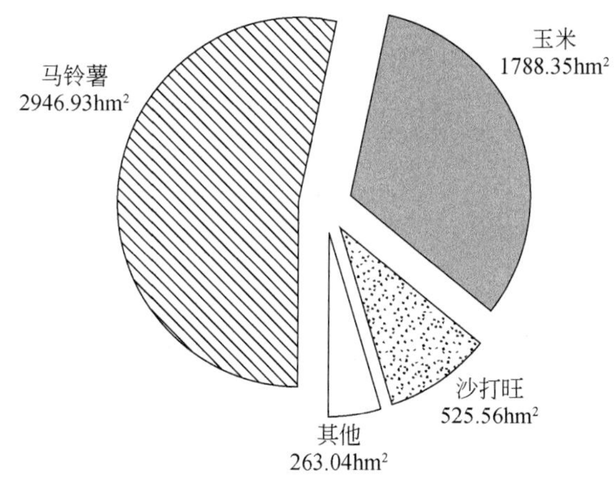

图 6.18　2030 年定边县水资源可承载的最大开发规模推荐方案

6.3　沙地农业水资源优化配置方案

基于水资源可承载的陕北农牧交错带沙地农业开发利用规模方案，将区域内的剩余可供水量进行相应地分配，在水资源承载力的约束下，将水资源分配至不同作物的用水需求，实现水资源在沙地农业开发过程中的优化配置，优化农业种植结构。

6.3.1　榆阳区水资源配置方案

2015 年推荐方案马铃薯种植面积为 3494.47hm^2，沙地开发总面积 3678.44hm^2，占用未利用沙地面积的 8.11%。用水总量为 813.0 万 m^3，占剩余可供水量的 100%；

2020 年推荐方案马铃薯种植面积为 7638.03hm²，沙地开发总面积 8019.93hm²，占用未利用沙地面积的 18.36%。用水总量为 1777.0 万 m^3，占剩余可供水量的 100%；2030 年推荐方案马铃薯种植面积为 34237.04hm²，沙地开发总面积 35948.89hm²，占用未利用沙地面积的 91.28%。用水总量为 7963.3 万 m^3，占剩余可供水量的 100%，见图 6.19～图 6.21。

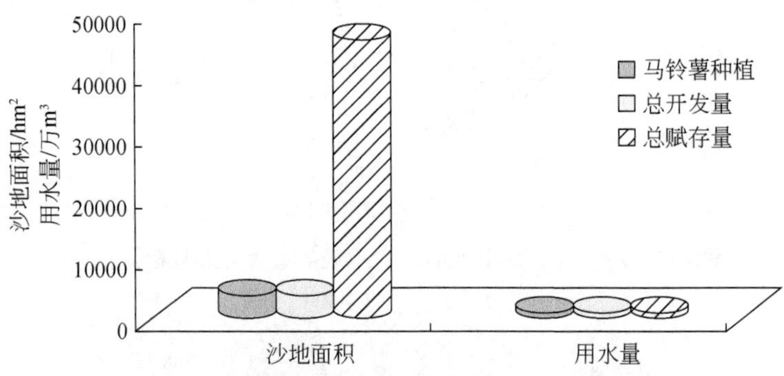

图 6.19　2015 年榆阳区水资源优化配置方案

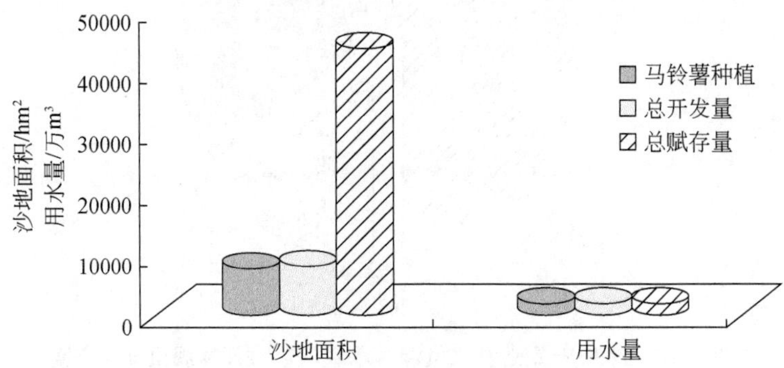

图 6.20　2020 年榆阳区水资源优化配置方案

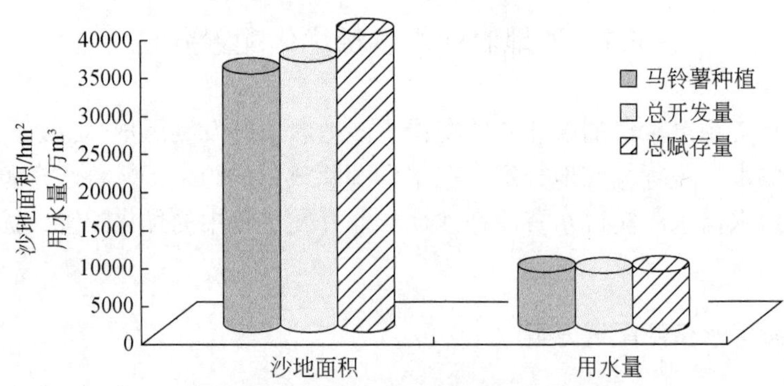

图 6.21　2030 年榆阳区水资源优化配置方案

6.3.2　神木市水资源配置方案

2015 年推荐方案马铃薯种植面积为 618.96hm²，沙地开发总面积 651.53hm²，占用未利用沙地面积的 57.09%。用水总量为 144.00 万 m^3，占剩余可供水量的 100%；2020 年三元种植结构沙地开发总面积 1137.74hm²，占用未利用沙地面积的 100%，马铃薯、玉米、沙打旺用水量分别为 153.24 万 m^3、60.40 万 m^3、67.94 万 m^3，总用水量 281.60 万 m^3，占剩余可供水量的 5.10%；2030 年三元种植结构开发总面积 1127.76hm²，占用未利用沙地面积的 100%，马铃薯、玉米、沙打旺用水量分别为 138.93 万 m^3、102.01 万 m^3、14.48 万 m^3，总用水量 255.40 万 m^3，占剩余可供水量的 2.41%，见图 6.22～图 6.24。

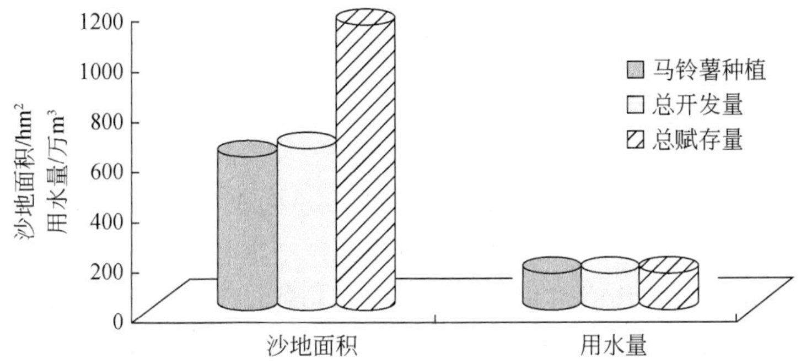

图 6.22　2015 年神木市水资源优化配置方案

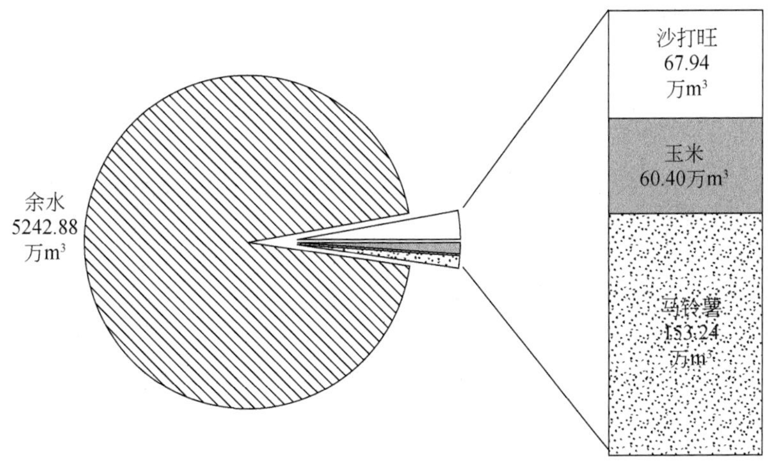

图 6.23　2020 年神木市水资源优化配置方案

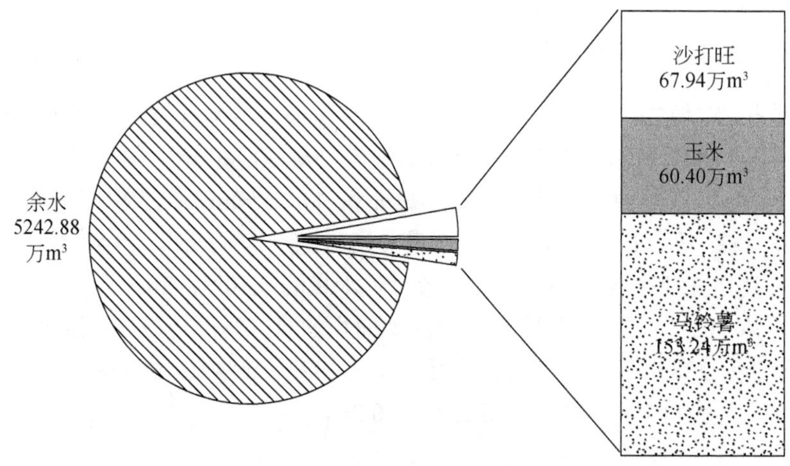

图 6.24　2030 年神木市水资源优化配置方案

6.3.3　府谷县水资源配置方案

2015 年府谷县推荐方案三元种植结构开发总面积 178.80hm²，占用未利用沙地面积的 100%，马铃薯、玉米、沙打旺种植规模用水量分别为 20.05 万 m^3、13.26 万 m^3、7.29 万 m^3，总用水量 40.60 万 m^3，占剩余可供水量的 7.17%；2020 年三元种植结构，沙地开发总面积 163.80hm²，占用未利用沙地面积的 100%，马铃薯、玉米、沙打旺用水量分别为 16.63 万 m^3、16.87 万 m^3、3.78 万 m^3，总用水量 37.30 万 m^3，占剩余可供水量的 0.49%；2030 年推荐方案三元种植结构开发总面积 146.93hm²，占用未利用沙地面积的 100%，马铃薯、玉米、沙打旺用水量分别为 8.83 万 m^3、16.73 万 m^3、8.09 万 m^3，总用水量 33.60 万 m^3，占剩余可供水量的 0.18%，见图 6.25～图 6.27。

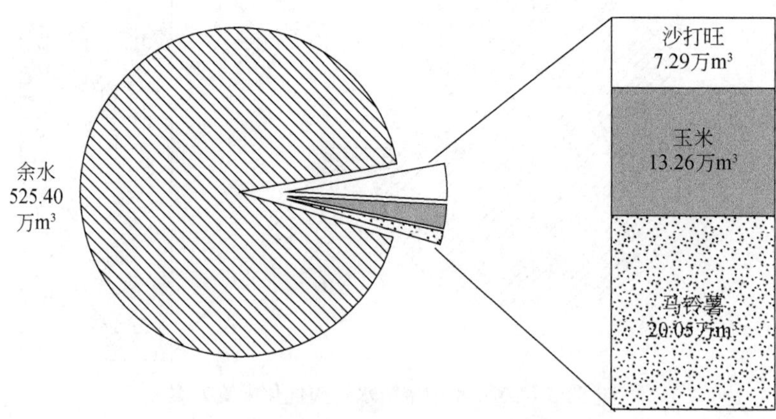

图 6.25　2015 年府谷县水资源优化配置方案

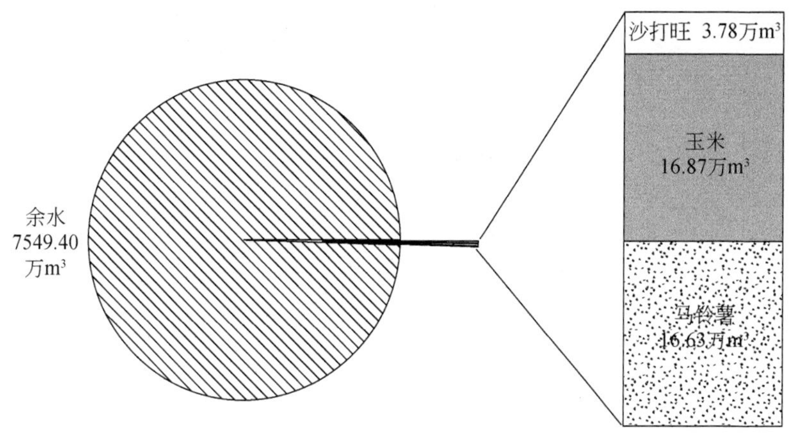

图 6.26　2020 年府谷县水资源优化配置方案

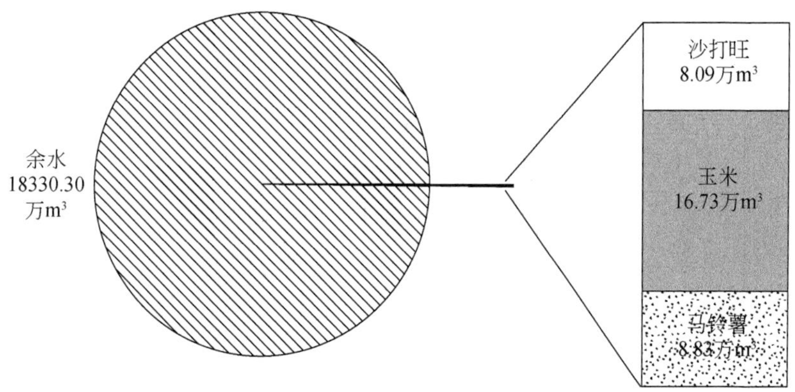

图 6.27　2030 年府谷县水资源优化配置方案

6.3.4　横山区水资源配置方案

2015 年横山区推荐方案三元种植结构开发总面积 2627.70hm²，占用未利用沙地面积比 100%，马铃薯、玉米、沙打旺用水量分别为 264.99 万 m^3、248.71 万 m^3、82.94 万 m^3，总用水量 596.60 万 m^3，占剩余可供水量的 32.13%；2020 年三元种植结构开发总面积 2608.05hm²，占用未利用沙地面积比 100%，马铃薯、玉米、沙打旺用水量分别为 256.75 万 m^3、254.51 万 m^3、82.61 万 m^3，总用水量 593.90 万 m^3，占剩余可供水量的 66.88%；2030 年三元种植结构开发总面积 2569.19hm²，占用未利用沙地面积比 100%，马铃薯、玉米、沙打旺用水量分别为 250.78 万 m^3、237.39 万 m^3、97.14 万 m^3，总用水量 585.30 万 m^3，占剩余可供水量的 13.67%，见图 6.28～图 6.30。

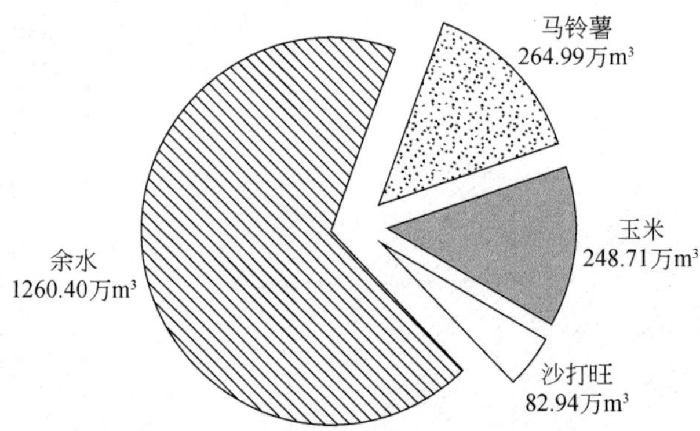

图 6.28　2015 年横山区水资源优化配置方案

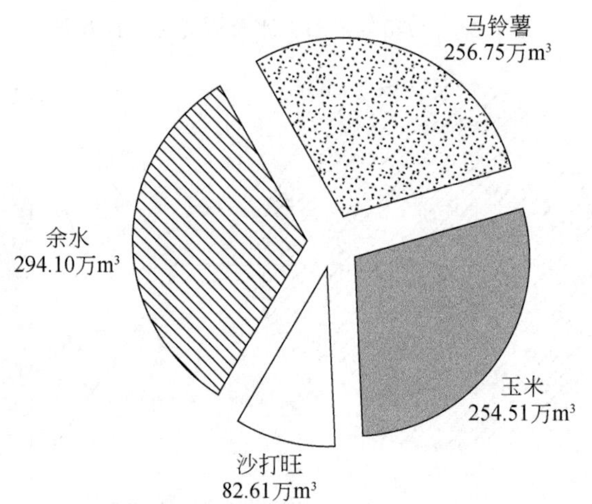

图 6.29　2020 年横山区水资源优化配置方案

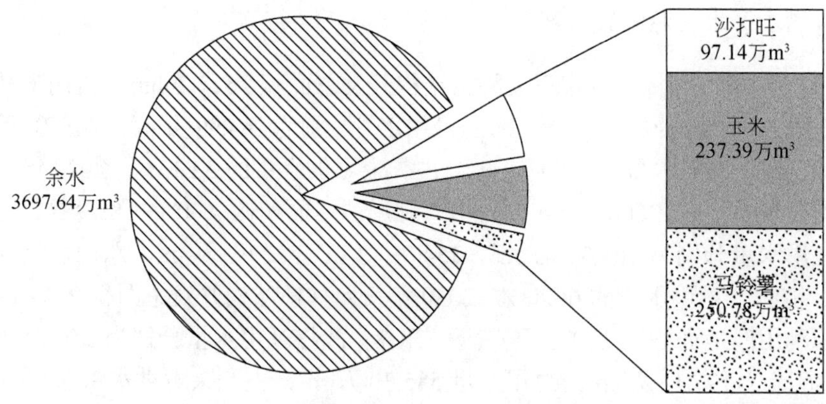

图 6.30　2030 年横山区水资源优化配置方案

6.3.5　靖边县水资源配置方案

2015 年靖边县推荐方案马铃薯一元种植面积为 5445.85hm²，沙地开发总面积 5732.57hm²，占用未利用沙地面积比 62.09%，用水总量 1267.00 万 m^3，占剩余可供水量的 100%；2020 年推荐方案为马铃薯一元种植面积为 4785.10hm²，沙地开发总面积 5024.36hm²，占用未利用沙地面积比 62.41%，用水总量 1113.30 万 m^3，占剩余可供水量的 100%；2030 年推荐方案为三元种植结构，沙地开发总面积 2569.19hm²，占用未利用沙地面积比 100%，马铃薯、玉米、沙打旺用水量分别为 823.14 万 m^3、387.34 万 m^3、171.34 万 m^3，总用水量 1381.80 万 m^3，占剩余可供水量的 44.49%，2030 年优化配置方案见图 6.31。

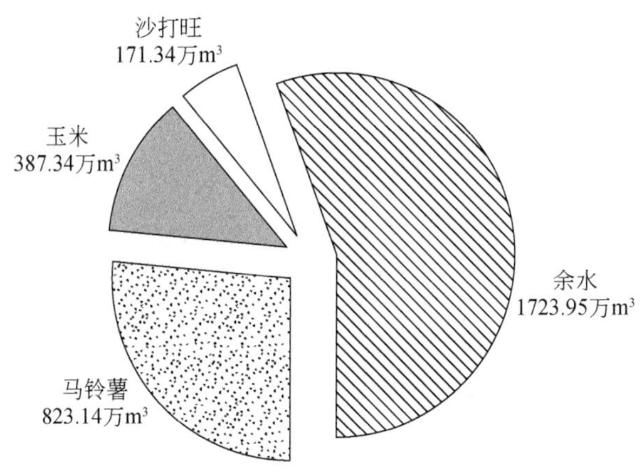

图 6.31　2030 年靖边县水资源优化配置方案

6.3.6　定边县水资源配置方案

2015 年推荐方案为马铃薯一元种植面积为 3395.31hm²，沙地开发总面积 3574.36hm²，占用未利用沙地面积比 62%，用水总量 790.00 万 m^3，占剩余可供水量的 100%；2020 年推荐方案三元种植结构沙地开发总面积 5683.80hm²，占用未利用沙地面积比 100%，马铃薯、玉米、沙打旺用水量分别为 674.13 万 m^3、358.91 万 m^3、255.22 万 m^3，总用水量 1288.30 万 m^3，占剩余供水量 94.65%，见图 6.32。2030 年推荐方案三元种植结构，沙地开发总面积 5523.88hm²，占用未利用沙地面积比 100%。马铃薯、玉米、沙打旺用水量分别为 685.60 万 m^3、436.72 万 m^3、128.66 万 m^3，总用水量 1251.00 万 m^3，占剩余可供水量的 21.60%，见图 6.33。

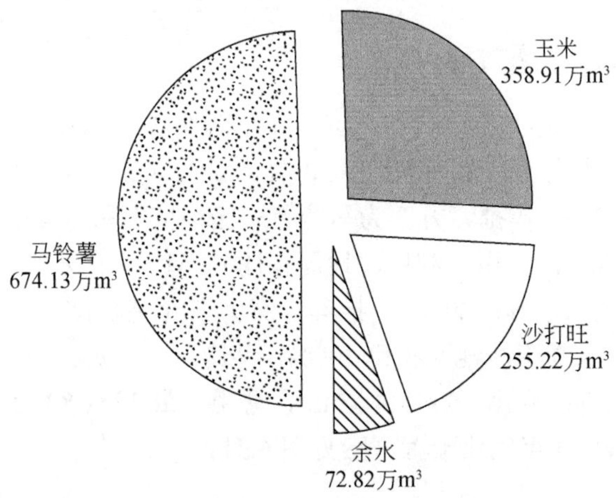

图 6.32 2020 年定边县水资源优化配置方案

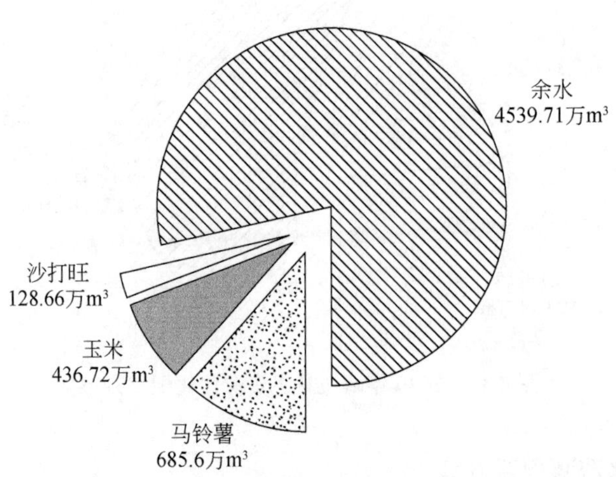

图 6.33 2030 年定边县水资源优化配置方案

6.4 沙地农业利用规模的空间分析

陕北农牧交错带所包含的 6 个县（市、区）由于地理位置的不同，在水资源条件、沙地分布上均具有一定程度的差异性。本章各县（市、区）水资源约束下的沙地农业开发利用规模方案在陕北农牧交错带空间上变化的同时，也随着规划水平年发生时间上的变化，2015 年、2020 年和 2030 年沙地农业利用规模的空间变化如图 6.34～图 6.36。

从整体来看，2020 年和 2030 年由于新建扩建水利工程及调水工程的加入，各县（市、区）的水资源短缺状况得到了明显的缓解，对未利用沙地面积的开发呈现出逐渐增加的趋势，尤其是 2030 年调水量大幅增加效果更为明显。2015 年、2020 年和 2030 年陕北农牧交错带全部未利用沙地面积分别为 64272.5hm²、61316.8 hm²、54874.5hm²，至开发后全部剩余未利用沙地的面积变化为 47831.1hm²、38679.1hm²、3434.51hm²。剩余未利用沙地所占比例逐年下降，分别为 74.42%、63.08%和 6.26%。

从图 6.34～图 6.36 可以看出，2015 年除府谷县和横山区外，依然有 4 个县（市、区）的水资源无法支持该地区未利用沙地的完全开发，至 2020 年变为 2 个地区，至 2030 年仅有榆阳区无法支持未利用沙地的完全开发。在农业种植结构方面，马铃薯种植在农业结构分配上占据绝对优势，这与陕北农牧交错带天然的地理条件优势促进了马铃薯产量较高有关，且农牧交错带内马铃薯种植经济效益较好，近些年来已被陕北各县（市、区）列为特色种植业。

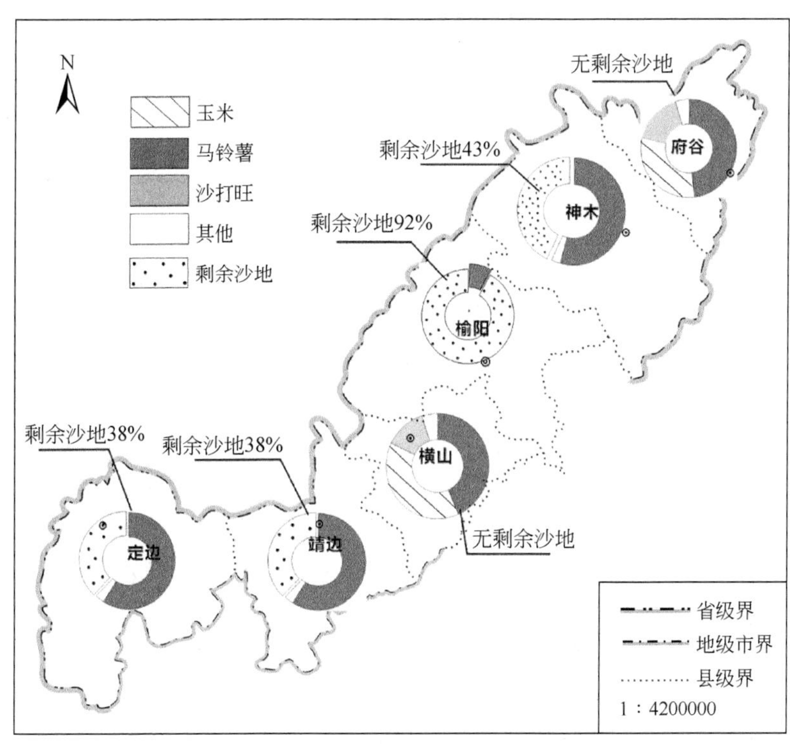

图 6.34　2015 年沙地农业开发规模空间变化示意图

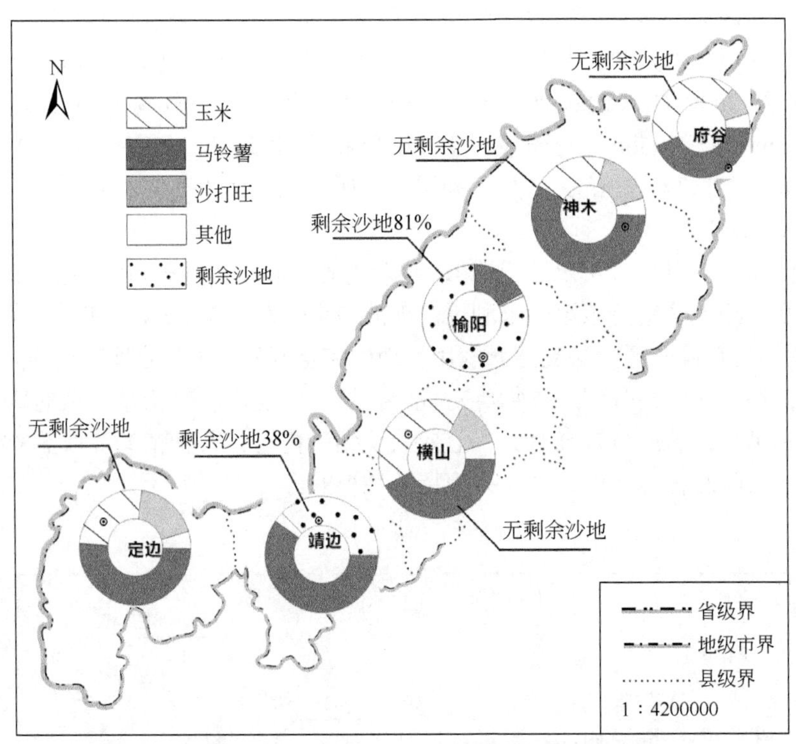

图 6.35　2020 年沙地农业开发规模空间变化示意图

由图 6.34～图 6.36 可知，榆阳区剩余沙地面积变幅最大，从 2015 年的 92%，变化至 2030 年的 8.7%，2030 年榆阳区新增调水量 7600 万 m^3，加之新修水利工程增加了区域水资源供水能力，使得榆阳区的水资源短缺情况得到大力缓解，但水资源仍然无法完全支持沙地开发利用，对开发规模的约束作用明显。同样地，神木市在 2020 年即新增调水量 6500 万 m^3，调水量为同年交错带内各县（市、区）最大，沙地农业得到完全开发，同时种植结构由单纯的马铃薯种植的一元结构，转变为马铃薯、玉米、沙打旺种植的三元结构，保持了农业种植结构的多样性；府谷县和横山区水资源量较为丰沛，尤其是府谷县岩溶水的开发大大提高了水资源对土地利用的支持能力，这两个县（区）的种植结构始终保持三元种植结构，也在一定程度上反映了水资源约束力弱时区域发展的多样性优势明显。靖边县和定边县在 2020 年和 2030 年水资源可供水量提高的条件下逐渐完成了沙地的完全开发利用，农业种植结构逐渐转变为三元种植结构。

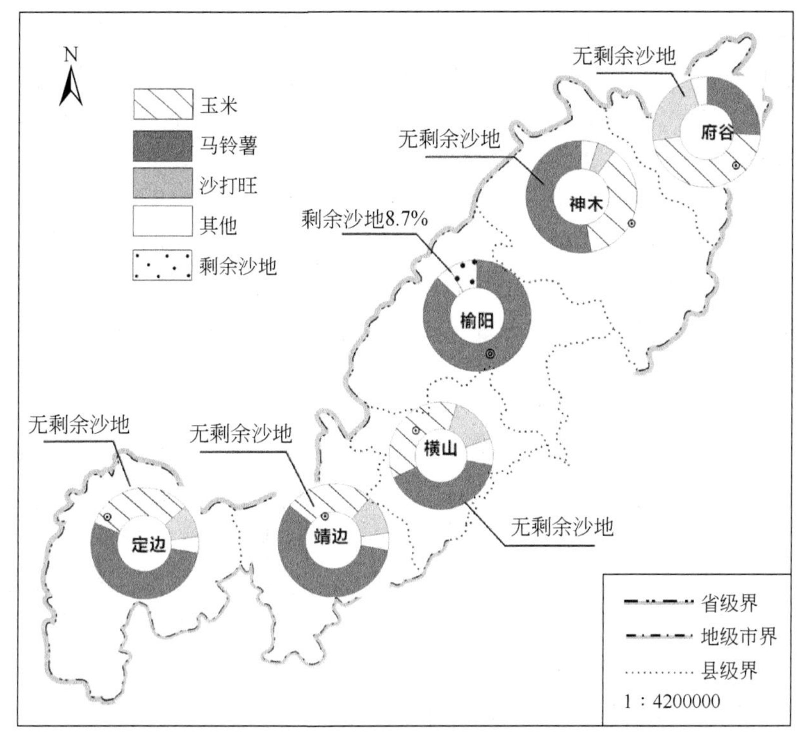

图 6.36　2030 年沙地农业开发规模空间变化示意图

6.5　区域沙地开发利用的对策与措施

基于砒砂岩与沙复配成土技术的沙地农业综合发展模式在工程技术节水、灌溉技术节水和耕作技术节水共同构成的节水技术体系下，得到了良好的节水效果，有效延伸了区域水资源的支持力。目前，陕北农牧交错带沙地治理和利用已有规模，当地生态环境脆弱、农业用水量大，若无度开发将带来生态环境恶化，并伴随缺水进一步加剧、土壤质量下降、沙地失耕等。区域沙地开发利用的过程是实现水资源与土地开发利用协调发展的过程，既要保证有限水资源的合理利用，也要保证沙地在水分和养分上的可持续性，实现水土资源开发利用的可持续发展。因此，针对沙地开发利用的对策与措施从调控措施和可持续利用策略两方面开展。

6.5.1　调控措施

2014 年，习近平总书记提出“节水优先、空间均衡、系统治理、两手发力”的治水思路，强调治水应包括开发利用、治理配置、节约保护等多个环节。而解决资源短缺的主要途径是开源与节流，因此水资源承载力的提高应利用开源与节流等措施，首先对水资源短缺进行成因分析、对水资源合理配置进行分析研究，同时加强水资源管理。开源是在水资源的产生、组成和供给等方面提高水资源的绝对使用量，以此加强水资源绝对承载力。而节流是在水资源的需求和使用方面，提高水资源的相对使用量和使用效率，以此提高水资源相对承载力，其措施包括调整用水结构、提高水资源利用效率、建立水市场和完善水价体系等，建立全方位节水措施体系。开源与节流，需要通过科学技术、经济管理、政策指导和市场调节等多方面的措施来实现，这些提高水资源承载力的措施依据水资源承载力的内涵和构成可以归类为管理性、资源性、结构性和经济技术性手段。

1. 制度性调控措施

（1）进一步完善用水总量控制和定额管理制度。根据区域经济技术条件、水资源可利用量，逐级明确各城镇乡村、各行业部门、各单位的用水量指标，实行总量和定额双重控制，严格执行水资源规划、水资源论证、取水许可、计划用水制度。这种控制方式从小的地方说，能促进各用水单位采取多样的节水措施，在有限的水资源约束下进行扩大再生产；从大的地方来说，能促进区域产业调整，优先发展低耗水、高产出的行业，从而客观上达到节水的效果。

（2）加强节水法制建设。加强节水法制的建设，建立和完善各项节约用水制度，有利于节水工程的良性运营；通过水价改革，建立有效合理的水价形成机制；严格实施用水总量控制和定额管理办法；大力推广节水奖励和限制管理等办法；设立节水法制基金，提高财政补贴管理，完善相应的法规和政策，保障节水规划的实施。完善水务管理体制，依据区域节水规划和用水定额，制订详细、可操作的节水规程规范并施行统一管理。

2. 结构性调控措施

结构性调控措施是从控制人口和经济的增长、合理调整产业布局方面提高水资源利用效率和效益，减小经济发展带来的水资源刚性需求。

（1）调整农业产业结构，缓解用水紧张局势。农业是研究区的用水大户，调整和控制农业用意义重大。合理调整农业产业布局和结构，通过限制高耗水作物的种植、淘汰高耗水技术和高耗水设备等措施，逐渐形成“低投入、低消耗、高效率、高产出”的节水型农业产业结构。通过加强用水定额管理，逐步建立行业用水定额参照体系，提高用水和节水管理水平。鼓励农业节水技术开发和节水设备的研制，推广先进的农业节水技术和工艺，重点抓好农灌节水技术改造，积极推广国内外先进工艺和设备，减少浪费水资源现象。建立农业节水发展基金和技术改造专项资金，引导企业的节水投入，运用经济手段推动节水。

（2）调整经济发展规模，逐步适应资源条件。研究区经济发展的资源瓶颈即为水资源，合理控制产业经济发展规模，尤其是低产出、低效率的经济发展规模，通过水资源在产业结构中的合理布局，定量地分析有限的水资源对经济发展规模的支持能力，逐渐形成适应于当地水资源特点的节水型产业结构和发展规模，以水定发展，以水定规模，使经济发展与资源条件相适应。对于个别经济规模严重受资源条件限制的区域，应积极引进新水源或探索其他途径以满足经济发展的需求。

3. 资源性调控措施

资源性调控措施主要是针对资源性缺水和工程性缺水等方面，通过水利工程项目的建设和管理以及水土保持措施来改善水资源的时空分布不均匀性，同时加大雨水利用，提高水资源有效利用率。

（1）推广节水措施，加快节水型社会建设。在生活及生产各行业全面推进节水，以推广节水器具、提高用水重复率、减少用水漏失率和展开节水灌溉等手段，有效减少用水的浪费。加强节水的宣传工作，树立节水观念，提高全面节约用水的自觉性和自主意识，营造全面节水的社会氛围；进行水价调整，利用经济性调控措施促进节水发展；提高计量设施的安装率，实行计量收费，逐步采用阶梯形收费方式。

（2）积极开展水源地保护工作。水源地保护是指为防治水源地污染、保证水源地环境质量而要求的特殊保护。一般水源地保护应当遵循保护优先、防治污染、保障水质安全的原则。在资源性缺水的地区，水源地保护尤其重要，守住建设水、发展水和救命水是以质保量，确保经济发展的前提。

（3）保护生态环境，促进沙地资源利用与生态保护协调发展。陕北农牧交错带地处毛乌素沙区南缘，区内沙丘起伏，干旱少雨，植被生长缓慢，沙漠化面积广大，土地处于强度和中强度沙化状态；区域南部为黄土丘陵沟壑区，植被稀疏、深沟密布、雨后径流大、流速快、易造成水土流失，是黄河中游水土流失最严重的地区之一，生态系统非常脆弱，抗扰动性差。沙地开发利用活动不可避免地要干扰自然生态系统，如果开发时不采取有利于生态稳定的措施，其生态系统会退化，生态环境会恶化，以至于无法耕作，并带来其他不利后果。因此，做到沙地资源化开发利用与生态环境保护协调发展变得更为迫切和更加重要。

4. 社会经济性调控措施

陕北农牧交错带属于典型的生态脆弱区域，除了从制度、节水和产业结构上进行调控外，还需依赖一些社会经济性措施如实施水价管理、政策激励、增加投入和节水宣传等。

（1）建立经济调节机制。在考虑农户的承受能力的基础之上，逐步建立科学的农业水价体制，制订有利于节水农业发展的水价体系；以科学合理的奖惩制度，实行对供水单位和用水单位进行惩罚，通过水价管理提高农户的用水效率与效率。

（2）建立有效的激励机制。各级政府应把农业节水纳入投资和财政预算，逐步增加节水农业资金投入规模，并根据财力情况适度建立一些专项资金给予特殊支持，形成稳定的节水农业投资渠道；引导农户参与节水农业工程建设；允许农业设施以承包、租赁等形式进行产权流转等，吸引企业等社会资金投入。

（3）建立稳定的投入保障机制。设立节水发展专项基金，大力拓展多种融资渠道，为实现节水规划目标提供资金上的保证。在农业基本建设、技术改造和设施建设三项费用中专门部署节水资金，用于开发研究节水技术，对节水设备、设施和器具的开发提供资金支持，积极推广应用节水型设备、设施和器具，同时加强供水管网的维护管理。进一步增加各级财政上对农业节水基础设施的投入，并通过建立多元化、多层次的融资渠道，引导农民和社会各界参与节水工程建设。严格按照节水规划的要求，合理使用节水发展基金。

（4）加强节水宣传与科技创新。通过多样化的宣传方式，大力普及节约用水的重要性和紧迫性，宣传节约用水的科普知识，组织群众积极参与节水工作，提高全民节水意识。充分利用新媒体的舆论监督作用，树立节水光荣的道德风尚。同时参考和借鉴国内外先进的节水技术和管理经验；引进新技术、新材料、新工艺，逐步提高节水设施建设的技术水平和管理水平；将节水的科技创新和技术推广纳入地区科技的下一步发展计划。

6.5.2 可持续利用策略

陕北农牧交错带地处陕、蒙、晋、甘、宁接壤区腹地、光照充分、雨热同季、昼夜温差大、农业气候条件适宜，本是传统的农牧区，但由于当地风沙土土壤质地较差，且多年来农业基础条件差，设施配套水平低，土地综合利用水平低，缺乏科学合理的经营管理制度，加上干旱及水资源供给严重不足，大量的农业用地闲置撂荒。根据 2009 年第二次全国土地全面调查数据汇总结果显示，陕北农牧业交错带所在的榆林市共有未利用沙荒地约 530 万亩，占未利用地总面积的 91.65%[1]，造成土地资源的极大浪费和紧缺。

由于典型的资源短缺与生态脆弱特性，该区域在地貌、气候、植被等景观格局以及经济活动上具有明显的地带过渡性。正是多种过渡特性的叠加，决定了生态环境的多样性、复杂性和脆弱性，生态问题历来比较突出，干旱、风沙、水土流失等脆弱的生态环境条件已成为制约区域可持续发展的瓶颈。任何不合理的资源开发，均会引起植被和草原的严重破坏，进而引发更加强烈的风蚀沙化，直接影响着区域社会经济的可持续发展和生态环境的良性循环。

因此，针对该区域沙地的开发利用，必须要在可持续发展观的指导下，进行水土资源配置的策略调整，不仅有效协调水土资源供需矛盾，同时在保证生态环境改善的前提下，推动社会经济的快速发展，实现生态脆弱地区的生态环境治理与资源开发利用的协同发展。基于前述研究成果，结合区域实际情况，提出沙地开发可持续利用对策，为陕北农牧交错带的水-土-环境的可持续发展提供参考。

（1）以水土保持为中心，实现生态环境治理与资源开发利用协同发展。陕北农牧交错带人口密度低，城镇分布较为稀疏，土地利用率低且布局不尽合理，加加耕地多分布在水土流失严重地区，后备资源不足，生态环境极易破坏，人地矛盾相对突出。区域内除有流沙分布外，还有成片的半固定、固定沙地分布；向西北则农地减少、草场分布增多。流沙在一些区域还在扩大。治土治沙是交错带内很多地区面临的首要任务，经过多年的努力，一些地区的防护林体系已初具规模，受风沙危害的滩、川、塬、涧地区的农田部分实现林网化，但是相对于区域内广泛分布的沙地总面积，治土治沙任务仍然艰巨。

（2）完善土地开发整理规划体系，实现区域统筹管理。20 世纪 90 年代，社会经济迅猛发展导致耕地数量锐减，为切实加强土地管理工作，1998 年成立了国土资源部，修订的《中华人民共和国土地管理法》明确提出开展土地整理，并开始实施“耕地占补平衡制度”，后备耕地资源开发成为补充被建设占用的耕地的重要途径。到目前为止，由国家投资建设的土地开发整理项目已遍布全国各地，并相继出台了一系列土地开发整理的相关技术标准和法规，对我国土地开发整理事业的蓬勃发展起到了巨大的推动作用[2]。过去数十年，我国的土地开发整理在增加耕地面积、促进占补平衡、提高耕地产能等方面起到了重要作用。然而，现阶段的土地开发整理与利用也面临着一系列现实问题：一是土地开发整理规划体系尚不完善，规划的宏观调控和指导作用尚未得到充分发挥；二是项目和资金管理工作还不完全到位，重项目申报、轻实施管理的现象比较普遍；三是部门配合需要进一步加强，工作效率有待进一步提高。

（3）调整区域土地开发利用格局，因地制宜发展特色农业。随着社会经济发展水平的提高，社会消费者对农产品的需求逐渐转型，对高品质特色杂粮、果蔬的消费需求明显增多，这为农牧交错区的农业和农村发展带来了新的机遇。农牧交错带若能依据区域地形地貌特点与水土流失规律，重视旱作农业与节水灌溉技术、示范推广造林实用技术、水保型生态农业技术的创新与应用，大力发展防护林产业化、水保型立体农业、生态资源开发增效等典型农村特色生态经济模式，适当推进种植业与养殖业相互适应与协调的农牧一体化发展，通过标准化生产、产业化运营，注重品牌创建，可带来较好的社会经济和生态效益。并且，近年对于促进农牧交错区现代特色农业发展的政府扶持力度逐渐加大。若能结合土地开发整理、特色产业发展的相关政策，可进一步强化该区域的农业生产地域优势。

6.6 研究成果的推广与应用

砒砂岩与沙复配成土造田技术利用砒砂岩吸水持水能力强的特点，将砒砂岩与沙以适宜的配比复配成土，形成了集节水高效的高标准农田建设与现代化经营为一体的土地综合整治新模式。过去的荒沙地经过平整、覆土、修路、打井以及电网等配套工程的建设，变成田、水、路、林、电等配套齐全的标准农田，农业生产实现了机械化作业和科技化栽培，极大地改善了当地农村交通、水利、电力等生产生活水平，将原来的沙荒地改造成满足标准要求的水浇地，不仅增加了耕地面积，而且有效提高了当地社会、人文、环境和经济等综合效益。由于成本低、收益大、群众参与积极性高，生态环境的改善效果明显。项目成果同时在林草地、城市绿地以及高速公路防护带建设等方面发挥了重要作用，达到绿地建设低成本、高质量；高速公路防护带应用该技术实现了生态修复、植被恢复、固沙、抗风蚀等综合效果，在国内外同类沙区治理中有广阔的推广应用前景。

6.6.1 推广价值

砒砂岩与沙复配成土造田技术实现了沙地治理理念的巨大转变，由过去的消极防治沙漠化转化为综合保护与利用沙地。作为一项综合性很强的成土造田技术，它集砒砂岩与沙复配、土地整治、配套工程建设、规模化现代农业发展于一体，将“沙害”和“砒砂岩害”转变为“耕地资源”，形成一个良性循环发展的新型造田治沙思路。这一治理方式的变革，除了在造田过程中产生可观的经济效益外，也改变了治理沙地由国家财政投入为主的现状，实现了包括各级政府、国内外企业、当地农户多元主体参与的沙地治理模式。这种治理理念，体现了科学发展观和系统观的思想精髓。开创性的理念与扎实的实验室工作基础和大田成土实践的结合，确保了技术模式的整体先进性，提高毛乌素沙地治理的效率和效果，产生广泛而深远的社会、经济和生态环境效益。

（1）社会价值。在沙地开展成土造田工程，有利于保持耕地总量动态平衡，拓宽建设用地空间；有利于优化土地利用结构，促进土地集约利用；有利于改善农业生产条件和基础设施建设，提高农业生产率；有利于促进节约集约用地，促进农民增收、农业增效、农村发展。尤为重要的是，通过引入大规模现代化农业，不仅改变了传统的农业生产方式，推动了农业生产以及其他产业结构的转型和效益提升。

（2）经济价值。在整治后的沙地上建设大规模现代化农业，将改变传统小农生产效益低的现实。为落实设计中的现代农业模式，在项目建设期间，施工方均根据现代设施农业的要求进行，并和后期农业种植公司实现“无缝对接”。当地村民可以从土地租金中获得收益（例如，原有的荒沙地由 10 元/亩提高到现在新开发耕地 200 元/亩），有效提高了当地农民收入。此外，现代化农业企业的引入增加了地方税收和就业机会。

（3）生态环境价值。陕北农牧交错带是我国生态环境脆弱区之一，一方面是由明清以来大规模垦荒导致；另一方面，作为我国能源开发的重点区域，能源工业的发展加剧了诸多原有生态问题，如植被破坏、环境污染、水位下降、沙丘活化等，使该地区沙漠化加剧，严重影响了人与自然的和谐发展与能源基地的可持续发展。事实上，陕北毛乌素沙地的自然条件在西北地区较优越，清末民国植被尚好，明清时期曾是水草肥美、树木茂密的地区[3]。总体而言，该地区植被类型多样，广泛分布着沙生、旱生、盐生和沼泽等非地带性植被，对其进行治理成本较低，恢复生态较易。示范区的实践证实，治理后的土地在六级风的情况下，尘沙不起。如果通过试验改变不同的岩、沙、水配比，形成适合草、林生长的土地，并按照历史上毛乌素沙地草、林、耕地的状态在不同的区域开展造田和生态恢复工程，将有效恢复区域生态风貌。

6.6.2　应用前景

（1）推广范围和条件。砒砂岩与沙复配成土系列技术适用于分布有砒砂岩的沙地。在我国主要为晋、陕、蒙三省（自治区）交界处。该系列技术开展需要具备以下条件：首先，必要的资金投入。国家规定耕地开垦费专项用于耕地开发；其次，必要的技术人员和实验、工程设备。再次，现代农业企业的跟进；最后，也是最重要的是各级政府和当地农民群众的大力支持和积极参与。

（2）应用前景。交错带分布在毛乌素沙地南缘，毛乌素沙地需要治理的沙地面积广阔，同时砒砂岩广布，为砒砂岩与沙成土技术的推广提供了良好的自然条件。其次，毛乌素沙地是我国西北地区降水相对丰沛区，通过节水灌溉，能够在保证不破坏生态环境的前提下开展大规模农业经营。最后，随着城市化的推进，毛乌素沙地农村人口大量向城镇转移，农村青壮年劳动力大量减少，这为现代化大规模农业的开展带来了机遇。由此可见，在沙土地与砒砂岩分布的区域，只要具备三个条件，即成熟的砒砂岩与沙造田技术，政府、企业和个人资金投入，现代农业开发企业的进驻，就能大规模推广成土造田技术。

6.7　小　　结

（1）在多元情景方案下，榆阳区、神木市、府谷县、横山区、靖边县和定边县 6 个县（市、区）2015 年水资源约束下的沙地农业开发规模分别占各自未利用沙地面积的 8.11%、57.09%、100%、100%、62.09%、62%，2020 年占比为 18.36%、

100%、100%、100%、62.41%、100%，2030 年占比为 91.28%、100%、100%、100%、100%、100%。结果表明，供水能力的增加和调水工程的建设有力地改善了交错带内水资源对沙地农业开发的约束情况，各县（市、区）未利用沙地的开发规模随着水资源量的增加呈显著的增加趋势，支持能力大幅提升。

（2）针对水资源可承载的陕北农牧交错带沙地农业开发利用规模方案，将区域内剩余可供水量进行相应的分配，榆阳区、神木市、府谷县、横山区、靖边县和定边县 6 个县（市、区）2015 年沙地农业开发用水量占区域剩余可供水量的 100%、100%、7.17%、32.13%、100%、100%，2020 年占比为 100%、5.10%、0.49%、66.88 %、100%、94.65%，2030 年占比为 100%、2.41%、0.18%、13.67%、44.49%、21.60%。结果表明，各县（市、区）用水量的占比程度逐年下降，除榆阳区水资源量在调水量增加仍无法满足未利用沙地的完全开发以外，其余 5 个县（市、区）均可满足并产生余水。其中，府谷县、横山区水资源量较为充沛，沙地农业用水量足以支撑未利用沙地完全开发。

（3）对沙地农业开发规模进行空间分析可知，从整体来看，2020 年和 2030 年由于新建水利工程及调水工程的加入，有效缓解了交错带内水资源短缺状况，对未利用沙地面积的开发呈现出逐渐显著增加的趋势，尤其是 2030 年效果更为明显。2015 年、2020 年和 2030 年，陕北农牧交错带全部未利用沙地面积分别为 64272.5hm^2、61316.8hm^2、54874.5hm^2，至开发后，全部剩余未利用沙地的面积变化为 47831.1hm^2、38679.1hm^2、3434.51hm^2。剩余未利用沙地所占比例逐年下降，分别为 74.42%、63.08%和 6.26%。2015 年，依然有 4 个县（市、区）的水资源无法支持该地区未利用沙地的完全开发，至 2020 年变为 2 个，至 2030 年仅有榆阳区无法支持未利用沙地的完全开发。

（4）基于砒砂岩与沙复配成土技术的陕北农牧交错带沙地农业综合发展模式在工程技术节水、灌溉技术节水和耕作技术节水的节水技术体系下，得到了良好的节水效果，有效延伸了区域水资源的支持力。然而在沙地农业开发利用过程中，为保证水土资源与生态环境的协调发展，需进一步从管理、资源、结构和经济等方面采取水资源调控对策与措施，实现水资源合理有效配置，同时在有限水资源下完善土地开发整理规划体系，调整区域土地开发利用格局，立足当地问题，因地制宜实现水土资源开发与生态环境的协调发展。

（5）砒砂岩与沙复配成土造田模式在有效增加耕地、取得良好经济效益的同时，优化了农村土地利用结构、增加了农民收入，并且改良了沙地土壤结构、增加了沙地地表覆盖度，产生了广泛而深远的社会效益和生态效益。目前砒砂岩的分布主要集中于晋、陕、蒙三省（自治区）交界的毛乌素沙地南缘，只要增加必要的资金投入，加上现代化的企业、技术人员和工程设备，在政府的有效引导下，该模式可在砒砂岩区域内进行广泛推广应用。

参 考 文 献

[1] 韩霁昌, 刘彦随, 罗林涛. 毛乌素沙地砒砂岩与沙快速复配成土核心技术研究[J]. 中国土地科学, 2012, 26(8): 87-94.

[2] 韩霁昌. 卤泊滩土地开发利用及评价体系研究[D]. 西安: 西安理工大学, 2004.

[3] 张新时. 毛乌素沙地的生态背景及其草地建设的原则与优化模式[J]. 植物生态学报, 1994, 18(1): 1-16.

第7章　复配土土壤肥力可持续性研究

本章围绕着在沙地复配成土实现农业耕作后，通过代表性指标持续跟踪下的复配土土壤肥力的时间变化特征，借由跟踪监测数据的分析，对未来土壤肥力的发展给出预判，并针对预判结果提出复配土水肥管理的应对策略和土壤肥力可持续发展的应对策略。

7.1　土壤肥力代表性指标及筛选

《土壤学名词》中对于土壤肥力的解释为土壤能供应与协调植物正常生长发育所需的养分和水分、空气和热量的能力[1]。表征土壤肥力的指标有物理性指标和生物化学性指标两大类，本章在理清与土壤肥力相关的物理化学指标的基础上，确定代表性的肥力指标并进行分析。

7.1.1　表征土壤肥力的物理性指标

表征土壤肥力的物理性指标主要表现为：土壤质地、土壤结构体、土壤容重、土壤孔隙度等。

（1）土壤质地。土壤质地是指土壤颗粒组成，即土壤中大小不同的土粒（砂粒、粉粒和黏粒）的比率，它是反映土壤物理性质的一项重要指标，土壤耕作难易程度、养分和水分保蓄能力、孔隙组成、通气性、持水性、透水性、水分运动及土壤气体和热状况等都在很大程度上受土壤颗粒组成的影响。土壤矿质颗粒的组成状况及其在土体中的排列，对土壤肥力起着决定性的影响。土壤颗粒组成与土壤的保肥及供肥能力有关，影响有机质含量，不同土壤颗粒组成，肥力水平不同，团聚体的大小不同，因此土壤颗粒组成是评价土壤肥力的重要因子之一[2]。

（2）土壤结构体。土壤结构体是指土壤颗粒或团聚体的排列与组合形式，通常指那些不同形态和大小，且能彼此分开的结构体。土壤结构体实际上是土壤颗粒按照不同的排列方式堆积、复合而形成的土壤团聚体。不同的排列方式往往形成不同的结构体，如块状、片状、柱状和团粒状结构体。这些不同形态的结构体在土壤中的存在状况影响土性质及其相互排列、相应的孔隙状况，进而影响土壤肥力和耕性。团粒结构是指在腐殖质等多种因素作用下形成近似球形较疏松多孔的小土团，直径在0.25～10mm，团粒结构数量多少和质量好坏在一定程度上反映了土壤肥力的水平，有良好团聚体结构的土壤，不仅具有高度的孔隙性、持水性和通透性，而且在植物生长期间能很好地调节植物对水分、养分、空气、热量诸因素的需要，以保证作物高产。

（3）土壤容重。土壤容重是土壤重要的物理性质，指一定容积的土壤烘干后的质量与同容积水质量的比值。一般含矿物质多而结构差的土壤容重大，含有机质多而结构好的土壤容重小。土壤容量随着剖面深度而增加，能间接地反映肥力水平的高低，它不仅影响到土壤孔隙度与孔隙度大小分配、土壤的穿插阻力及水分、养分、空气、热量变化，也影响着土壤微生物活动和土壤酶活性的变化，同时土壤容重对土壤物理性质（如质地、团聚体、土壤结构、通气状况、持水性质和坚实度等）影响显著。土壤容重可用来计算一定面积耕层土壤的重量和土壤孔隙度，也可作为土壤熟化程度指标之一，熟化程度较高的土壤，容重常较小。

（4）土壤孔隙度。土壤是多孔体，土粒、土壤团聚体之间以及团聚体内部均有孔隙存在。土壤孔隙是水分运动和储存的场所，是影响土壤渗透性能、决定地表产流量和产流时间的关键要素。土壤的孔隙状况用土壤孔隙度描述，即单位体积内土壤孔隙所占的百分比。其中毛管孔隙是土壤水分贮存和水分运动相当强烈的地方，故常称为“土壤持水孔隙”。毛管孔隙的数量取决于土壤质地、结构等条件，是表征土壤肥力的有效指标之一。

7.1.2　表征土壤肥力的生物化学性指标

反映土壤肥力的生物化学指标一般包括大量元素和微量元素、有机质的含量及组成、有机碳、pH 和土壤微生物等。

（1）土壤氮、磷、钾。土壤全氮含量是评价土壤肥力水平的一项重要指标，在一定程度上代表土壤的供氮水平，它的消长取决于氮元素的积累和消耗的相对强弱，特别是取决于土壤中有机质的生物积累和分解作用的相对强弱。无机态氮和有机态氮反映了土壤肥力水平的暂时与潜在能力，而氮的分布状况和土壤对氮的固定、释放能力则直接反映出土壤肥力的高低。大量研究表明，随着土壤施氮量的增加，生物量也增大，有机质的积累也随着增加；土壤中速效磷可表征土壤的供磷状况和指导磷肥的施用，也是诊断土壤有效肥力的指标之一，有效钾作为当季土壤供钾能力的肥力指标，速效磷、钾含量一般随黏粒、粉粒含量增加而分别呈减少、增加的趋势，是反映肥力的短期指标。土壤中的氮、磷、钾元素的特性，能吸附较多的阳离子，土壤由于这种特殊的性质从而具有保肥性、保水性、耕性、缓冲性和通气状况，还能使土壤疏松，从而改善土壤的理化性状。

（2）土壤有机质。土壤有机质是土壤肥力的标志性物质，有机质中含有植物所需的丰富的养分，能够调节土壤的理化性状，是衡量土壤养分的重要指标，主要来源于有机肥和植物的根茎枝叶的腐化变质及各种微生物等，基本成分为纤维素、木质素、淀粉、粮类、油脂和蛋白质等，为植物提供丰富的氮、磷、碳等元素，可以直接被植物所吸收利用。有机质具有胶体特性，能吸附较多的阳离子，因而使土壤具有保肥性、保水性、耕性、缓冲性和通气状况，还能使土壤疏松，从而改善土壤的物理性状，是土壤微生物必不可少的碳源和能源，因此土壤有机质含量的多少是土壤肥力高低的又一重要化学指标。土壤有机碳含量一般与土壤肥力高低呈正相关。有机质降低，影响微生物的活性，从而影响土壤团粒结构的形成，导致土壤板结。但是，土壤肥力的高低并不只是取决于有机质的含量，还与土壤腐殖质的品质及组分等有关。

（3）土壤有机碳。一般来说，土壤有机碳含量与土壤肥力高低呈正相关，随着黏粒、粉粒含量增加而增加，土壤有机碳的氧化稳定性，活性和抗生物降解能力是反映土壤碳库的重要指标，对评价土壤有机质和肥力状况有重要意义。土壤库动态平衡是土壤肥力保持和提高的重要内容，直接影响作物产量的土壤肥力的高低，土壤生物活性有机碳库的大小可以反映土壤中潜在的活性养分含量。

（4）pH。pH 即为土壤酸碱度，土壤太偏酸性或碱性都是限制作物生产及品质的重要因素，大多数的作物均不耐过酸或过碱性的土壤。适宜于大多数作物的酸碱度为 6.6～7.5。

（5）土壤微生物。土壤微生物是土壤生态系统中养分源和汇的一个巨大的原动力，在植物凋落物的降解、养分循环与平衡、土壤理化性质改善中起着重要的作用，良好的生物活性和稳定的微生物种群是反映土壤肥力的主要动态指标之一。土壤微生物生物量是表征土壤肥力特征和土壤生态系统中物质和能量流动的一个重要参数，常被用于评价土壤的生物学性质。研究结果表明，土壤微生物生物量与土壤有机质、全氮、有效氮之间关系密切。

7.1.3　指标的代表性及其选取

根据董秋瑶[3]等利用模糊综合模糊评价法计算陕北黄土地区不同土地利用类型的土壤肥力值，并对不同类型的土地土壤肥力状况进行分析，将各类型土地的土壤肥力值和其 9 项测试指标做相关系数分析，选取呈高度相关项（相关系数＞0.7）的指标进行分析，得到各指标与土壤肥力值相关系数见表 7.1。

表 7.1　各指标与土壤肥力相关系数[3]

指标	差坡荒	好坡荒	差梯荒	好梯荒	坡耕	梯耕	林地	果园	淤积坝
全氮	0.782	0.918	0.951	0.929	0.850	0.798	0.928	0.896	0.896
全磷	0.285	0.630	—	0.577	0.506	0.577	0.661	0.519	0.046
全钾	0.145	−0.116	0.285	−0.214	0.372	−0.168	0.018	−0.134	−0.164

续表

指标	差坡荒	好坡荒	差梯荒	好梯荒	坡耕	梯耕	林地	果园	淤积坝
碱解氮	0.221	0.335	0.798	0.756	0.379	0.575	0.915	0.774	0.410
速效磷	0.750	0.592	0.807	0.778	0.790	0.976	0.698	0.797	0.884
速效钾	0.858	0.543	0.903	0.868	0.748	0.786	0.690	0.916	0.709
有机质	0.834	0.918	0.888	0.913	0.718	0.846	0.941	0.896	0.545
CEC	−0.231	0.506	−0.030	0.405	0.264	0.167	0.682	0.387	0.479
pH	0.421	0.258	0.370	0.357	0.737	0.747	0.840	0.758	0.677

注：CEC 是指阳离子交换量，即土壤胶体所能吸附各种阳离子的总量。

由表 7.1 可以看出，与土壤肥力相关系数最大的四个指标为全氮、速效磷、速效钾和有机质。参照此研究结果，本章选定该 4 个生物化学指标以及反映土壤物理性状的典型参数质地作为评判农牧交错带沙与砒砂岩复配成土并进行农业耕作后土壤肥力的代表性指标。

7.2　实验方案设计

7.2.1　全氮的测定方案设计

土壤含氮量的多少及其存在状态，常与作物的产量在某一条件下有一定的正相关，从目前我国土壤肥力状况看，80%左右的土壤都缺乏氮素。因此，了解土壤全氮量，可作为施肥的参考，以便指导施肥达到增产效果。目前进行全氮测定主要有杜氏法和开氏法。

杜氏法也称为杜马法，是 1931 年瑞典人杜马创立的干烧法，其基本原理是使样品燃烧转变成为氮，再测定 N_2 体积以计算样品全氮含量的方法。但杜氏法虽然结果准确，但仪器装置及操作复杂、费时费力，在全氮分析中采用较少。而开氏定氮法，由于仪器设备简单易得，操作也简便，准确度较高而常为实验室采用，本研究采用开氏定氮法进行全氮测定。

1）方法原理

凯氏法是 1883 年丹麦人凯道乐创立的湿烧法，其主要原理是将供试样品（含氮有机物）在催化剂作用下，与浓硫酸高温共煮，使有机氮转化为 NH_4-N[$(NH_4)_2SO_4$]，然后在碱性溶液中蒸馏出 NH_3 采用氨用硼酸吸收，再用标准酸溶液滴定，最终根据酸的用量计算出氮含量的方法。

2）所用仪器

试验所用的仪器主要有天平、500mL 锥形瓶、烧杯、滴定管和移液枪、凯氏定氮仪、配套消煮仪器、配套大试管等。

3）试剂和溶液

试验主要采用的试剂和溶液有氢氧化钠溶液、混合指示剂、催化剂、浓硫酸、盐酸标准溶液和硼酸溶液等。

（1）氢氧化钠溶液（ρ=400g/L）：在天平上称取 400 克氢氧化钠并把它倒入大烧杯中，随后定容到 1L。

（2）硼酸指示剂溶液：称取 0.1g 甲基红和 0.5g 溴甲酚绿于玛瑙研体中研磨，用 95%乙醇定容至 100mL。使用前，每升 2%硼酸中加 20mL 指示剂，pH 调节至 4.5。

（3）催化剂：硫酸铜和硫酸钾以 1∶10 的比例混合。

（4）浓硫酸：密度为 1.84g/cm^3。

（5）0.01mol/L 的盐酸标准溶液：取密度 1.19g/cm^3 的浓盐酸 0.84mL，用蒸馏水稀释至 1000mL，用基准物质标定。

（6）硼酸溶液：称 20g 硼酸溶于 1000mL 水中，再加入 2.5mL 混合指示剂（按体积比 100∶0.25 加入混合指示剂）。

4）试验步骤

（1）样品的制备：在天平上称取通过 0.149mm 筛孔的风干试样 2.00g 左右置于大试管内，逐一将称取的样品质量记录下来，以备计算，当样品不足 2.00g 时，取它的最大值并加以标记，随后加入比例为 1∶10 硫酸铜与硫酸钾固体混合颗粒 5g，随后加入 10mL 浓硫酸溶液放置。

（2）空白溶液的制备：加入比例为 1∶10 硫酸铜与硫酸钾固体混合颗粒 5g，随后加入 10mL 浓硫酸溶液放置，空白试验 2 个。

（3）高温消煮定氮：将准备好的试管里的样品进行的消煮，在消煮仪器中加热消煮 3 小时后冷却，将氢氧化钠溶液制备好加入到凯氏定氮仪中开始蒸馏，使消化液中的铵银转化为氨后馏出，为过量的硼酸吸收。

（4）滴定：样品和空白实验蒸馏完毕后，一起进行滴定。用酸式微量滴定管以 0.100mol/L 的标准盐酸溶液对锥形瓶内溶液进行滴定。本实验是由硫酸制备的滴定溶液，因此本实验中酸离子浓度为 0.1772mol/L。滴定过程中，一边滴定一边不停地进行振摇，发现滴至一定体积时，锥形瓶内溶液的颜色由绿色变为暗灰色时，停止滴定，继续摇晃锥形瓶，若瓶中的暗灰色不变，则代表滴定结束，记录下滴定酸的体积；若瓶中溶液暗灰色在摇晃的过程中又变为了绿色，则继续一滴一滴地进行滴定，在振摇的同时观察瓶内颜色，直到出现暗灰色时，结束滴定记录数据。倘若滴定时，溶液突然变为红色，继续摇荡后，若溶液由红色又变为绿色，继续一滴一滴地进行滴定，在振摇的同时观察瓶内颜色，直到出现暗灰色时，一段时间不变色，则结束滴定，记录下来；若溶液在放置一段时间后还是呈现红色，则说明滴定过量，可在已滴定耗用的酸溶液中减去 0.02mL 的滴定体积，具体视滴定情况而定。空白对照实验锥形瓶中出现绿色溶液的话，按照以上方法继续滴定，并记录数据，得出平均值。

（5）结果计算。土壤全氮的计算公式为

$$土壤全氮（\%）=\frac{(V_0-V)\times C_{\mathrm{H}}\times 0.014}{m}\times 100 \tag{7.1}$$

式中，V_0 为空白滴定酸标准溶液体积，mL；V 为样品滴定酸标准溶液体积，mL；C_{H} 为酸标准溶液的浓度，mol/L；m 为烘干土样质量，g。

7.2.2　速效磷测定方案设计

土壤有效磷，缩写为 A-P，也成为速效磷，在植物生长期内能够被植物根系吸收的土壤磷[4]。根据《土壤有效磷的测定碳酸氢铵浸提-钼锑抗分光光度法》（HJ 704—2014）测定土壤速效磷。

1）方法原理

用碳酸氢钠溶液浸提土壤中的有效磷。浸提液中的磷与钼锑抗显色剂反应生成磷钼蓝，在波长 880nm 处测量吸光度。在一定范围内，磷的含量与吸光度值符合朗伯-比尔定律[4]。

2）仪器与设备

速效磷测定所需的仪器主要有天平（感量 0.01g 和 0.0001g）、酸度计、紫外-可见分光光度计、往复式振荡机、烧杯、100mL 和 150mL 锥形瓶、1L 容量瓶等。

3）试剂和溶液

（1）氢氧化钠溶液（ρ=100g/L）：在天平上称取 10g 氢氧化钠溶于 100mL 水中，制备成密度为 100g/L 的氢氧化钠溶液。

（2）碳酸氢钠浸提剂：在感量度为 0.01g 的天平上称取 42.0g 碳酸氢钠（$NaHCO_3$）溶于约有 950mL 水的大烧杯中，然后进行 pH 调试，由于碳酸氢钠呈弱碱性，在不影响碳酸氢钠溶液的条件下，用氢氧化钠溶液调节 pH 至 8.5，用水稀释至 1L，贮存于聚乙烯瓶或玻璃瓶中备用，放置随后使用。

（3）酒石酸锑钾溶液（ρ=3g/L）：在感量度为 0.01g 的天平上称取酒石酸锑钾（$KSbOC_4H_4O_6\cdot 1/2H_2O$）0.30g 溶解至水中，定容到 100mL，注意尽量不要粘在手上。

（4）钼锑贮备液：在大约为 60℃ 300mL 的水中溶解在天平上称取的 10.0g 钼酸铵固体，由于制备此溶液会放出大量的热，因此要等待它冷却。在此期间，稀释浓硫酸溶液，注意是将 181mL 浓硫酸缓慢倒入 800mL 的水中，避免浓硫酸溅出，搅拌，冷却。然后将配制好的硫酸溶液缓缓倒入钼酸铵溶液中，注意一定要将硫酸溶液倒入钼酸铵溶液中，而不是反过来避免溅伤，再加入 100mL 酒石酸锑钾溶液，冷却后，用水定容至 2L，摇匀，贮于棕色试剂瓶中，遇光会发生化学反应。

（5）钼锑抗显色剂：在 100mL 钼锑贮备液溶液 0.5g 的抗坏血酸，此溶液现配现用。

（6）磷标准贮备液［ρ（P）=100mg/L］：用水溶解在感量度为 0.0001g 的天平称取的经 105℃烘干 2h 的磷酸二氢钾（优级纯）0.4394g，加入 5mL 硫酸，定容至 1L，用于制备磷标准曲线。

（7）磷标准溶液［ρ（P）=5mg/L］：在 100mL 的容量瓶中加入 5mL 磷标准贮备液，用水定容到 100mL，使得密度为 5mg/L，摇匀后待用。

4）试验步骤

（1）有效磷的浸提：用天平称取通过 2mm 筛孔的风干试样 2.50g（精确到 0.01g）置于 100mL 锥形瓶内，加入 25℃左右的碳酸氢钠浸提剂 50.00mL，在 25℃左右的条件下振荡 30min［振荡频率（180±20）r/min］。立即用无磷滤纸干过滤。

（2）空白溶液的制备：除了不加上述风干试样外，其他与第一步实验一样。

（3）标准曲线绘制：在小烧杯中的 10mL 碳酸氢钠碳酸溶液中，加入钼锑抗显色剂 5.00mL，然后分别吸取磷标准溶液 0.00mL、0.50mL、1.00mL、2.00mL、3.00mL、4.00mL、5.00mL 于 25mL 容量瓶中，慢慢摇动，排出 CO_2 后加水定容，即得含磷 0.00mg/L、0.10mg/L、0.20mg/L、0.40mg/L、0.60mg/L、0.80mg/L、1.00mg/L 的磷标准系列溶液。在室温高于 20℃条件下静置 30min 后，用 1cm 光径比色皿在波长 880nm 处，以标准溶液的零点调零后进行比色测定，绘制标准线性曲线，曲线大致应为一条直线。

（4）测定：吸取试样溶液 10.00mL 于 50mL 锥形瓶中，缓缓加入钼锑抗显色剂 5.00mL，慢慢摇动，排出 CO_2。再加入 10.00mL 水，充分摇匀，排净 CO_2。在室温高于 20℃条件下静置 30min，在室温 20℃以上的条件下放置 30min，随后根据上述的仪器使用过程，得出试样溶液的吸光度，然后跟标准溶液进行比色测定。一般式样溶液不会超出测量的浓度范围，若测定的磷质量浓度超出标准曲线范围，应用浸提剂将试样溶液稀释后记录稀释溶液的浓度重新比色测定，最后反推出原有溶液的浓度。同时进行空白溶液的测定。

5）结果计算

土壤速效磷的计算公式为

$$\omega = \frac{\left[(A - A_0) - a\right] \times V_1 \times 50}{b \times V_2 \times m \times w_{\mathrm{dm}}} \tag{7.2}$$

式中，ω 为土壤样品中有效磷有含量，mg/kg；A 为材料吸光度值；A_0 为空白试验的吸光度值；a 为校正曲线的截距；V_1 为材料体积，mL；V_2 为吸取试料体积，mL；50 为显色时候定容体积，mL；b 为校准曲线的斜率；m 为试样质量，g；w_{dm} 为土壤的干物质含量（质量分数）。

7.2.3　速效钾测定方案设计

根据《森林土壤速效钾的测定》（LY/T 1236—1999）采用乙酸铵浸提-火焰光度法进行土壤速效钾的测定。

1）方法原理

以中性乙酸铵溶液为浸提液，铵离子与土壤胶体表面的钾离子进行交换，连同水溶性钾离子一起进入溶液，浸出液中的钾可直接用火焰光度测定[5]。

2）仪器设备

速效钾测定所需的仪器主要有天平（感量 0.01g 和 0.0001g）、孔径为 1mm 标准筛、火焰光度计、往复式振荡机、酸度计、100mL 锥形瓶、50mL 容量瓶、1L 容量瓶等。

3）试剂和溶液

（1）1mol/L 中性乙酸铵（CH_3COONH_4）（pH=7.0）浸提液：在天平上称取化学纯乙酸铵 77.08g 溶解于适量水（＜1L）中，用稀乙酸或氨水调至 pH 为 7.0，用水稀释至 1L。该溶液不宜久放。

（2）钾标准溶液的配制［c（K）=100μg/mL］：氯化钾为固体颗粒，为了增加实验的精确度，要用感量度为 0.0001g 的天平称取 0.1907g 氯化钾（110℃烘干 2h）溶于乙酸铵溶液中，并用该溶液定容至 1L。

4）试验步骤

（1）有效钾的浸提：在 21 个锥形瓶中加入在天平上称取通过 1mm 孔径筛的风干土样 5.00g；然后加入 50.0mL 1mol/L 中性乙酸铵溶液（土液比 1∶10），注意在加的过程中，尽量不要使溶液沾到瓶壁上，随后塞紧瓶塞，在 20～25℃下，150～180r/min 振荡 30min，用过滤干网过滤。滤液若土样浓度较大，则必须进行二次过滤，直至过滤溶液为透明溶液，将过滤好的溶液直接放在火焰光度计上测定，同时做空白试验 2 个，方法同上，由于本次试验测量样本较多，得出的空白样本取其平均值。

（2）标准曲线的绘制：分别准确吸取钾标准液体积（mL）0.00、3.00、6.00、9.00、12.00、15.00 于 50mL 容量瓶中，用之前配取好的 1.0mol/L 乙酸铵溶液定容，即得到浓度（μg/mL）0、6、12、18、24、30 的钾标准系列溶液。将得到的标准溶液依次放到仪器中，将钾标准体积为零的溶液作为调节零点，用火焰光度计测定，绘制标准曲线或求回归方程。

5）结果计算

土壤速效钾的计算公式为

$$W_{\mathrm{k}}=\frac{c\times V\times 50}{m\times K\times 10^{3}}\times 1000 \tag{7.3}$$

式中，W_k 为土壤样品速效钾含量，mg/kg；c 为从工作曲线上查得测度液钾的浓度，μg/mL；V 为浸提液体积，mL；K 为将风干土样换算成烘干土样的水分换算系数；m 为风干土样质量，g。

7.2.4 有机质测定方案设计

根据《森林土壤有机质的测定及碳氮比的计算》（LY/T 1237—1999）采用重铬酸钾氧化-外加热法测定土壤有机质。

1）方法原理

重铬酸钾氧化-外加热法是利用加热消煮的方法来加速有机质的氧化，使土壤有机质中的碳氧化成二氧化碳，而重铬酸离子被还原成三价铬，剩余的重铬酸钾用二价铁的标准溶液滴定，根据有机碳被氧化前后重铬酸离子数量的变化，就可算出有机碳和有机质的含量[6]。

2）仪器设备

重铬酸钾氧化-外加热法测定土壤有机质所需的主要仪器与设备有电炉（1000W）、硬质试管（25mm×200mm）、油浴锅、铁丝笼（大小和形状与油浴锅配套，内有若干个小格，每格内可插入一支试管）以及自动调零滴定管温度计（300℃）等。

3）试剂和溶液

（1）0.4mol/L 重铬酸钾-硫酸溶液：在 600～800mL 的水中溶解用天平称取的 40.0g 重铬酸钾，然后通过滤纸将溶液过滤到量筒中，为了保证重铬酸钾溶液的准确性，要用水洗涤滤纸，并把洗涤后的溶液和量筒中的溶液转入 1L 大烧杯中，此过程量筒也需要洗涤，将之前 1L 大烧杯中的溶液再转移到 3L 大烧杯中，注意转入过程中再用水洗涤 1L 小烧杯里的溶液，提高其准确性，另外取 1L 密度为 1.84g/cm^3 的浓硫酸，慢慢倒入重铬酸钾溶液中，不断搅动，过程中溶液会释放大量热，为避免剧烈升温，当温度很高的时候，停止搅拌，待冷却后，继续加入浓硫酸。

（2）0.1mol/硫酸亚铁标准溶液：称取 28.0g 硫酸亚铁溶解于烧杯 600～800mL 的水中，随后缓慢加入 20mL 的浓硫酸并不断地搅拌，待溶液冷却静止后用滤纸过滤到 1L 容量瓶内，每次过滤过程中，都要用蒸馏水洗涤之前所呈溶液的仪器。这种溶液在空气中极易被氧化，因此必须密闭放置，且每次使用时要确定其溶液浓度，避免出现误差。

（3）0.1mol/L 硫酸亚铁溶液的标定：在 150mL 锥形瓶中吸取 0.1000mol/L 重铬酸钾标准溶液 20.00mL，尽量不要沾到锥形瓶壁内，容易让硫酸亚铁浓度变小，再加浓硫酸 3～5mL 和邻菲咯啉指示剂 3 滴，以硫酸亚铁溶液滴定，根据滴的硫酸亚铁溶液消耗量计算硫酸亚铁准确浓度。

（4）重铬酸钾溶液：将橙红色的重铬酸钾固体放入烘干项内加热至准确 130℃，

再用少量的水溶液用天平称取的 4.904g（精确到 0.001g）重铬酸钾，搅拌溶解，溶解到无法用肉眼看到重铬酸钾颗粒，然后无损地倒入量瓶中加水定容到 1L，此标准溶液的浓度为 0.1000mol/L。

（5）邻菲咯啉指示剂：称取邻菲咯啉 1.49g 溶于含有 0.70g $FeSO_4 \cdot 7H_2O$ 的 100mL 水溶液中，该指示剂易变质，应密闭保存于棕色瓶中。

4）试验步骤

（1）称样：将 21 个样本准确由天平称取通过 0.25mm 孔径筛风干试样 0.400g，然后按照顺序依次放入硬质试管中，然后将移液枪调至 10mL，分别在 21 个样本试管和 3 个空白样品试管中加入用移液枪吸取 110.00mL 0.4mol/L 重铬酸钾-硫酸溶液，将试管摇匀确保所有的重铬酸钾-硫酸溶液都在试管的底部。

（2）消煮：管口插上与油浴锅配套的玻璃漏斗，将试管按照一定样品编号（时间：2013～2015 年，取样深度：由小到大）顺序插入铁丝笼中，再将铁丝笼放入与之对应的油浴锅中，确保试管中的液面要低于油面，加热油浴锅，待油浴锅内温度达到能使油沸腾的温度时，开始计时，期间为了使试管内的溶液加热均匀，可将铁丝笼轻轻地在油浴锅中晃动几次，在油面加热沸腾 5min 左右后，将铁丝笼从油中取出，冷却，擦去试管表面上的油液。

（3）滴定：将溶液无损地加到 250mL 锥形瓶中，要用水不断地洗涤试管并加入到锥形瓶中，使锥形瓶中的溶液体积控制在 55mL 左右。加 3 滴邻菲咯啉指示剂，用硫酸亚铁标准溶液滴定剩余的 $K_2Cr_2O_7$ 溶液，在滴定过程中，一边滴定一边不停地进行振摇，发现滴至一定体积时，锥形瓶内溶液的颜色由橙黄变为蓝绿再变为棕红时，停止滴定，继续摇晃锥形瓶，若瓶中的颜色在棕红与蓝绿色之间不变，则代表滴定结束，记录下滴定酸的体积；若瓶中溶液棕黄色在摇晃的过程中又变为了蓝绿色，则继续一滴一滴地进行滴定，在振摇的同时观察瓶内颜色，直到将要出现棕红色时，结束滴定记录数据。倘若滴定时，溶液突然变为棕红色，继续摇荡后，若溶液由红色又变为蓝绿绿色，继续一滴一滴地进行滴定，在振摇的同时观察瓶内颜色，直到将要出现棕红色时，一段时间不变色，则结束滴定，记录下来；若溶液在放置一段时间后还是呈现棕红色，则说明滴定过量，可在已滴定耗用的酸溶液中减一部分滴定的体积，具体视滴定情况而定，空白溶液的滴定按照上述步骤进行。

5）结果计算

土壤有机质的计算公式如式（7.4）和式（7.5）。

$$W_{\mathrm{C.O}} = \frac{c \times (V_0 - V) \times 0.003 \times 1.10}{m \times k} \times 1000 \tag{7.4}$$

$$W_{\mathrm{O.M}} = W_{\mathrm{C.O}} \times 1.724 \tag{7.5}$$

式中，$W_{\mathrm{C.O}}$ 为有机碳含量，g/kg；$W_{\mathrm{O.M}}$ 为有机质含量，g/kg；c 为硫酸亚铁标注

溶液浓度，mol/L；V_0 为空白滴定硫酸亚铁标准溶液体积，mL；V 为样品滴定硫酸亚铁标准溶液体积，mL；0.004 为 1/4 碳原子的摩尔质量，g/mol；1.10 为氧化校正系数；m 为风干土样质量，g；k 为将风干土换算到烘干土的水分换算系数，本章取 1.0；1.724 为将有机碳换算成有机质的系数。

7.2.5 质地析实验设计方案

1）仪器与试剂

质地和结构分析主要的仪器设备有马尔文激光粒度分析仪（Mastersizer 2000）、数显恒温式电沙浴（MT-3A）、研钵及杵、2mm 标准筛、250mL 锥形瓶、漏斗、天平等。主要采用的试剂为六偏磷酸钠。

2）实验步骤

（1）从风干、松散的土样中，按规定用四分法取样，研磨过 2mm 筛。

（2）取过 2mm 筛的风干土样 0.3～0.5g（根据土壤质地决定，沙土取样量大一些，黏土取样量小一些），放入锥形瓶中，加入 5mL 六偏磷酸钠对土样进行分散，浸泡 24 小时。

（3）加入 100mL 纯净水，将锥形瓶放在数显恒温式电沙浴上加热，待液体沸腾后开始计时，沸腾 1 小时，加热时需在锥形瓶瓶口放漏斗，让蒸馏水回流。

（4）待样品冷却后方可上机进行样品测定。

7.3　土壤肥力指标检测结果

7.3.1 取样与肥力指标分级

1）供试土壤取样

本次土壤样品来自榆林市榆阳区小纪汗镇大纪汗村试验小区，试验小区种植的主要作物为玉米和马铃薯，复配土的比例分别为 1∶1、1∶2 和 1∶5 共 3 种，本次试验因种植年份较短，仅对砂砒岩与沙复配比例为 1∶2、种植作物为玉米的小区进行取样分析。取样时间分别为 2013 年、2014 年和 2015 年玉米收割后，取样深度为地表以下 10cm、20cm、40cm、60cm、80cm、100cm、120cm 共 21 个土样，按前述的实验方案分别对这三年的土壤样本进行肥力指标的分析。

2）土壤肥力指标分级标准

根据 7.2 节实验方案的选定，对所选取的不同年份样本进行相应的土壤肥力指标测定实验，根据郭兆元等所著《陕西土壤》[7] 中的土壤养分含量分级标准（表 7.2）进行不同肥力指标的等级判定，并依据有限的实验结果对土壤肥力进行趋势分析。

表 7.2　土壤养分含量分级标准

分级	有机质/%	全氮/%	速效钾/（mg/kg）	速效钾/（mg/kg）
1	＞4	＞0.2	＞40	＞200
2	3～4	0.16～0.2	30～40	150～200
3	2～3	0.126～0.15	20～30	120～150
4	1.5～2	0.11～0.125	15～20	100～120
5	1.2～1.5	0.076～0.1	10～15	70～100
6	1～1.2	0.06～0.075	5～10	50～70
7	0.8～1	＜0.05	3～5	30～50
8	0.6～0.8	—	＜3	20～30
9	＜0.6	—	—	＜20

7.3.2　全氮测定实验数据及分析

根据 7.2.1 小节全氮的测定方案进行试验，通过使用开氏定氮仪得到土壤内全氮含量，得到的 2013～2015 年 21 个土壤样本的全氮实验结果如表 7.3 所示，表 7.3 为实验所需样品一定质量内土壤内的全氮含量，反映了土壤全氮的年际变化，样品质量统一为 2.0g，实验室配置酸时用的为硫酸，因此滴定酸硫酸内氢离子的浓度为 0.1772mol/L。氮元素是植物生长的必须养分，对植物生长发育的影响十分明显，当土壤内全氮含量高时，农作物通过大量的氮素合成蛋白质以供农作物吸收。由表 7.3 可知，所有供试样品全氮含量平均值为 0.015%，最大值为 0.027%，最小值为 0.009%，均未达到土壤养分含量分级标准七类标准，全氮的肥力水平低。

将检测结果绘制成图 7.1，并对全氮随时间空间变化情况进行分析。

表 7.3　土壤样本全氮实验结果（氢离子浓度 0.1772mol/L）

年份	取样深度/cm	土质量/g	硫酸滴定体积/mL	全氮含量/%	全氮含量/（g/kg）
2013	10	2.00	0.12	0.010	0.10
	20	2.02	0.17	0.016	0.16
	40	2.02	0.13	0.011	0.11
	60	1.99	0.16	0.015	0.15
	80	2.01	0.19	0.019	0.19
	100	2.01	0.20	0.020	0.20
	120	2.02	0.17	0.016	0.16

续表

年份	取样深度/cm	土质量/g	硫酸滴定体积/mL	全氮含量/%	全氮含量/（g/kg）
2014	10	2.00	0.26	0.027	0.27
	20	2.00	0.19	0.019	0.19
	40	2.00	0.16	0.015	0.15
	60	1.77	0.14	0.014	0.14
	80	2.01	0.12	0.010	0.10
	100	2.00	0.15	0.014	0.14
	120	2.01	0.17	0.016	0.16
2015	10	2.00	0.20	0.020	0.20
	20	2.00	0.16	0.015	0.15
	40	2.01	0.13	0.011	0.11
	60	1.99	0.12	0.010	0.10
	80	2.00	0.14	0.012	0.12
	100	2.00	0.11	0.009	0.09
	120	2.01	0.11	0.009	0.09

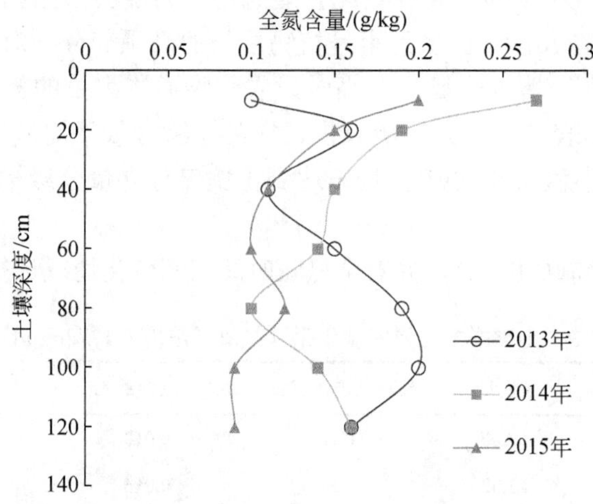

图 7.1　不同土壤深度样本全氮含量对比

土壤中的全氮分为有机氮与无机氮，土壤中的氮素大多以有机氮为主，土壤无机态含量低，一般在土壤中不会超过全氮的 1%～2%，因此全氮的含量变化趋势与土壤中有机质的变化趋势有着密切的关系。而有机氮又分为水溶性有机氮，水解性有机氮，还有非水解性有机氮。根据图 7.1 可得出如下结论：①0～20cm 表土层氮含量大于 20～60cm 深度土壤，这是由于表土层施肥所形成的，随着土层深度不断增大，氮含量逐渐减少，2014 年与 2015 年均表现出此规律；②2014 年到 2015 年 10～20cm 时的全氮含量分别从 0.27g/kg、0.20g/kg 减少到 0.19g/kg、0.15g/kg，减少的幅度远远大于 20～60cm 深度全氮减少的幅度，这是由于土壤根系一般在 10～20cm 土壤深度，土壤试样是在作物成熟期后获得的，大量养分被作物所吸收利用，因此在这个深度土壤内的全氮含量降低较快；③2013 年 0～10cm 表面土壤的有机氮含量达到了 0.10g/kg，而在 10～20cm 土壤深度下，全氮的含量不但没有减少，还有了显著地提高，达到了 0.16g/kg，分析表明是由于在作物成熟后，试验田有一场降雨，导致水溶性的有机氮和非水解性的有机氮从表土通过土壤到达 20cm 深度，导致 10～20cm 深度的全氮含量变高；④全氮的含量在 20～60cm 土层持续下降，2014 年与 2015 年分别从 0.19g/kg、0.15g/kg 降低到 0.14g/kg、0.10g/kg，表明随着土壤深度增加，土壤中的氧含量降低导致发生反硝化反应，因此基本越深层的土壤全氮含量越低，但是 2013 年土壤内 N 的含量先升高后降低，这就是在降水的冲刷下，硝酸盐会发生下行淋洗，在上层积累的氨氮在硝化细菌作用下转化为了硝氮不断向下冲刷，导致了这一现象。

由图 7.1 可以看出，2014 年各土层的氮含量相比 2015 年和 2013 年均较高，土壤各层含氮量随着时间（年份）的变化并没有表现出明显的向好或是变差的趋势，这主要是因为耕作及监测的年份较少，受偶然因素的影响较大，还不能呈现出明确的趋势性。

7.3.3 速效磷测定实验数据及分析

土壤速效磷的含量水平是土壤提供磷能力的重要指标之一，根据《陕西土壤》[7] 研究结果，陕西绝大部分的土壤是缺磷的得到的。根据 7.2.2 小节速效磷的测定方案进行试验，通过使用钼锑抗分光光度法得到土壤内速效磷含量。2013～2015 年 21 个土壤样本的速效磷实验结果如表 7.4 所示，表 7.4 为实验所需样品一定质量内土壤中的速效磷含量，反映了土壤速效磷的年际变化，样品质量统一为 2.0g。由表 7.4 可知，所有供试样品速效磷含量平均值为 1.39mg/kg，最大值为 2.364mg/kg，最小值为 0.531mg/kg，仅达到土壤养分含量分级标准八类的较低标准，速效磷的肥力水平低。

将检测结果绘制成图 7.2，并对速效磷随时间空间变化情况进行分析。

表 7.4 不同年份样本速效磷实验结果 （单位：mg/kg）

取样深度/cm	2013 年	2014 年	2015 年
10	1.163	1.413	2.364
20	1.816	0.531	0.945
40	1.700	1.254	1.708

续表

取样深度/cm	2013 年	2014 年	2015 年
60	1.152	1.077	1.706
80	1.284	1.181	1.512
100	0.813	1.238	1.695
120	2.106	1.160	1.337

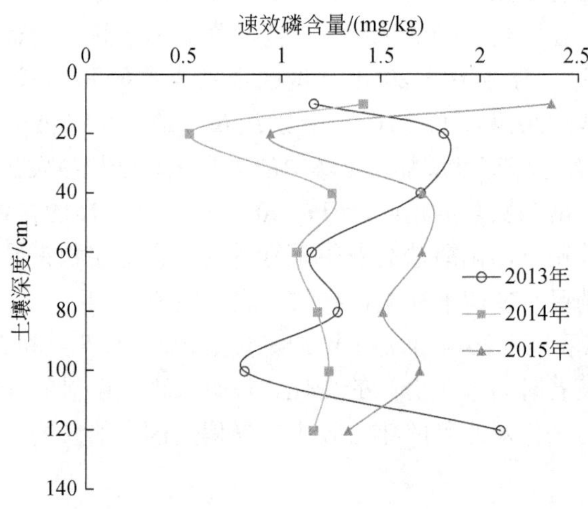

图 7.2　不同土壤深度样本速效磷含量对比

本次实验所测的数据均为玉米收获期时的土壤，从图 7.2 中可得出如下结论：①整体来看，0～20cm 表土层磷含量大于 20～60cm 深度土壤，这是由于表土层施肥所形成的，随着土层深度不断增大，磷含量逐渐减少，2014 年与 2015 年均表现出此规律；②0～10cm 土层 2014 年和 2015 年速效磷含量最高，2014 年土壤速效磷含量达到 1.413mg/kg，2015 年土壤磷的含量达到 2.36mg/kg，10～20cm 土层 2014 年突然降低到 0.531mg/kg，2015 年降低到 0.945mg/kg，这个土壤深度的速效磷的含量是土壤深层最少的速效磷含量，经分析认为是由于在表面施肥，靠近土壤表面速效磷的含量较高，且数据是已经收成后速效磷的含量，作物的根茎一般在 20～30cm，磷是通过根毛、根尖和最外层根细胞进入植株，以有机形态在植株里移动并参与各种化学反应，因此 20cm 处的速效磷含量比较少；③无机态的磷几乎都是正磷酸盐，一般分为水溶态、吸附态和矿物态三类，由于土壤内保水性能差，2013 年 10cm 的速效磷含量较低而 20cm 的速效磷含量较高，经分析认为水溶态的磷可由于一场降雨在土壤表面随着水分渗透吸附到下层土壤，致使 2013 年 10～20cm 处的土壤速效磷含量较高，速效磷含量达到 1.816mg/kg；④2014 年和 2015 年的大于 40cm 小于 100cm 的速效磷含量趋于稳定，且基本相似，并未随着土壤深度的增加而增加，由于有效磷主要是磷酸氢根和磷酸根，吸附在不同的土壤里，不能游离于土壤溶液中，因而松散的土壤团粒结构有利于其吸收吸附，使 40～100cm 土壤质地较为稳定，而大于 100cm 土层团粒结构越紧密，土壤中的有效磷含量变少。

从土壤不同年份同一土层深度的有效磷变化趋势上看，有效磷的整体趋势为 2013～2014 年含量降低，2014～2015 年速效磷的含量升高。通过一年的耕作情况，得知土地的有效速效磷含量降低，2014～2015 年通过一定的措施，如多施磷肥，从而达到了使有效磷的含量升高这样的情况。

7.3.4　速效钾测定实验数据及分析

钾是植物生长发育所需的大量营养元素，在生长代谢的过程中发挥着重要的作用，缺乏土壤钾素会造成作物因生理失调而减产。由于钾素的含量与土壤黏土矿物类型和黏粒的组成有着密不可分的关系，对于钾元素吸附力强的土壤，其土壤钾素的含量一般较高，本次实验的数据是由砒砂岩与风沙在 1∶2 比例下所形成的复配土，土壤本身间隙较大，吸附能力不是很乐观。根据钾存在的形态和作物吸收利用的情况，可分为水溶性钾、交换性钾和黏土矿物中固定的钾三类，前两类可被当季作物吸收利用，被称为速效钾。速效钾可以很容易地被植物所吸收，土壤速效性钾的 95%左右是交换性钾，水溶性钾仅占极少部分。

根据 7.2.3 小节速效钾的测定方案进行试验，通过乙酸铵浸提-火焰光度法得到土壤内速效钾含量。2013～2015 年 21 个土壤样本的速效钾实验结果如表 7.5 所示，表 7.5 为实验所需样品一定质量内土壤内的速效钾含量，反映了土壤速效磷的年际变化，样品质量统一为 2.0g。由表 7.4 可知，所有供试样品速效钾含量平均值为 23.42mg/kg，最大值为 47.3mg/kg，最小值为 15.2mg/kg，按平均值处于土壤养分含量分级标准八类标准，速效钾的肥力水平低。

将检测结果绘制成图 7.3，并对速效钾随时间空间变化情况进行分析。

表 7.5　不同年份样本速效钾实验结果

年份	取样深度/cm	速效钾含量/（mg/L）	速效钾含量/（mg/kg）
2013	10	1.8	18
	20	2.21	22.1
	40	2.3	23
	60	2.65	26.5
	80	2.27	22.7
	100	2.22	22.2
	120	4.13	41.3

续表

年份	取样深度/cm	速效钾含量/（mg/L）	速效钾含量/（mg/kg）
2014	10	2.66	26.6
	20	1.93	19.3
	40	2.13	21.3
	60	1.56	15.6
	80	2.33	23.3
	100	2.49	24.9
	120	2.13	21.3
2015	10	1.57	15.7
	20	1.52	15.2
	40	1.54	15.4
	60	1.64	16.4
	80	2.35	23.5
	100	3.02	30.2
	120	4.73	47.3

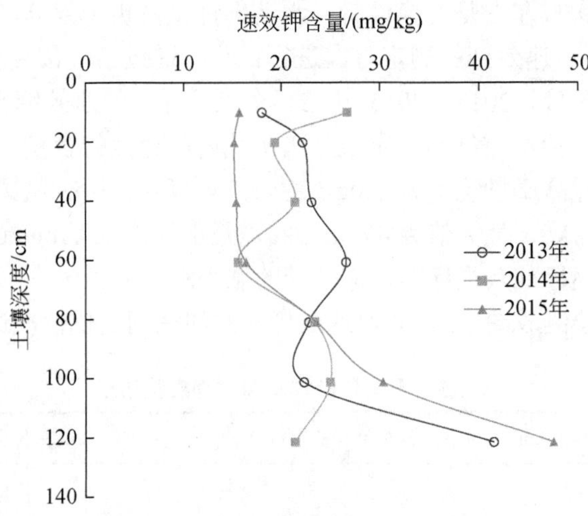

图 7.3　不同年份样本速效钾含量对比

本次实验所测的数据均为玉米收获期时的土壤，从图 7.3 中可得出如下结论：①2014 年和 2015 年 10～20cm 土壤深度的速效钾含量在减少，由 2014 年的 26.6mg/kg、2015 年的 15.7mg/kg 分别降低到 19.3mg/kg 和 15.2mg/kg，经分析为施肥技术原因导致的这种状况，靠近土壤表面钾的含量较多，且植物吸收钾离子是主动运输，既需要载体蛋白的协助，又需要腺苷三磷酸（adenosine triphosphate，ATP）的供应，有氧呼吸释放能量，因此根细胞会吸收更多的钾离子。②2013 年 0～20cm 土壤深度的速效钾含量增多，从 18mg/kg 增加到 22.1mg/kg，钾肥施入土壤不能马上被作物吸收，多余的钾被土体吸附固定，但也有一部分的钾元素会受到降雨径流的影响随时淋溶至深层，与 2013 年作物收割后有一次降雨导致水溶性的钾元素渗透到土壤下层导致 20cm～60cm 土壤里钾元素不断在升高的情况相符合。③2013～2015 年 20～40cm 土层深度的钾元素含量都较平稳，由于土质稀松，吸附在土壤的有效钾比较稳定。2014 年钾素的含量趋于稳定，2013 年与 2015 年 100～120cm 深层的钾元素含量迅速提高至 41.6mg/kg 和 47.3mg/kg，经分析认为速效钾受到土体淋溶的影响，移动到了最下层，因此后期需要平衡施肥，设法提高速效钾的后备库存量，以提高速效钾含量的稳定性。

从土壤的不同年份同一土层深度的速效钾变化趋势上看，0～80cm 土层内速效钾的整体趋势为三年内含量逐年降低，80cm 以下土层速效钾含量逐年增高，表明随着灌溉和降雨速效钾在短时间内产生淋洗。

7.3.5　有机质测定实验数据及分析

土壤有机质是土壤的重要组成部分，其含量虽少，但对土壤肥力的作用巨大，它不仅可以给土壤微生物活动提供必要的能源，而且对土壤物理性质和化学性质起着重要的调节作用。一般情况下，在土壤中施用有机肥、种植绿肥、秸秆还田和套种轮作等措施都可能增加土壤中有机质的含量，只施用化肥和单一作物连作则会耗竭土壤有机质。

根据 7.2.4 小节有机质的测定方案进行试验，通过重铬酸钾氧化-外加热法得到土壤内有机质含量。2013～2015 年 21 个土壤样本的有机质实验结果如表 7.6 所示，表 7.6 为实验所需样品一定质量内土壤内的有机质含量，反映了土壤有机质的年际变化。由表 7.6 可知，所有供试样品有机质含量平均值为 1.186g/kg，最大值为 3.0183g/kg，最小值为 0.2380g/kg，按平均值处于土壤养分含量分级标准六类标准，有机质的肥力水平低。要提高有机质的含量，就应该使有机质的含量大于有机质的降解量，倘若该有机质含量不能满足实际农业生产的需要，后期必须通过施用有机肥、种植绿肥、秸秆还田等措施来提高它的含量。

表 7.6　不同年份样本有机质实验结果

年份	取样深度/cm	土质量/g	硫酸亚铁体积/mL	有机质含量/（g/kg）
2013	10	0.4018	43.84	0.9382
	20	0.4017	43.89	0.8684
	40	0.401	44.15	0.5051

续表

年份	取样深度/cm	土质量/g	硫酸亚铁体积/mL	有机质含量/（g/kg）
2013	60	0.4028	43.85	0.9219
	80	0.3995	43.91	0.8450
	100	0.4019	44.34	0.2380
	120	0.401	44.45	0.0842
2014	10	0.4023	43.29	1.7063
	20	0.4015	43.57	1.3173
	40	0.4038	43.81	0.9754
	60	0.3946	43.81	0.9981
	80	0.3986	43.88	0.8893
	100	0.4067	44.14	0.5119
	120	0.4017	43.84	0.9385
2015	10	0.4008	42.36	3.0183
	20	0.394	42.92	2.2706
	40	0.4045	43.11	1.9474
	60	0.3983	43.04	2.0766
	80	0.3972	43.17	1.8982
	100	0.3981	43.87	0.9046
	120	0.4078	43.75	1.0486

将检测结果绘制成图 7.4，并对有机质随时间空间变化情况进行分析。

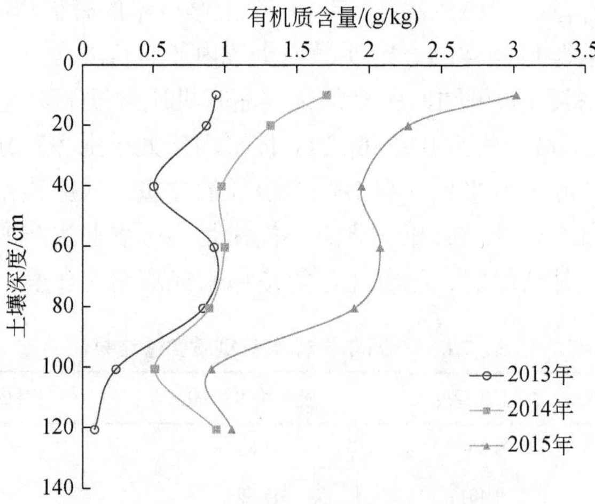

图 7.4　不同年份样本有机质含量对比

本次实验所测的数据均为玉米收获期的土壤，从图 7.4 中可得出如下结论：①有机质含量随着年份的增加，是不断增加的，这是由于采取了秸秆还田、作物留茬等合理的治理措施，使有机质的含量不断增加，但是试验田有机质含量仍然较小，肥力水平低。②随着土层深度的增加，有机质的含量逐渐减少，有机质含量在 0～10cm 的土壤深度含量最高，在作物收成后，将吸收的有机质还给了土壤，土壤的有机质含量积累多，10～40cm 土层有机质的含量逐渐递减，表明合理的耕作措施在表土层中形成了有效的有机质积累。③40～80cm 土层有机质的含量趋于稳定，随着土层深度增加，有机质含量略微呈减少趋势，表明下层土层（即原状沙地）中好氧微生物的含量急速下降，这是由于土壤中的分解微生物的生存需要氧气、水分等一系列所需要的养分，而没有了这些有利条件，微生物无法降解有机质，从而引起有机质含量变少。④2013 年 40～60cm 土层的有机质含量与 2014 年、2015 年略有不同，呈现升高是由于降雨径流的原因，导致土壤内水分和氧气的含量发生改变，温度也发生了改变所致。

7.3.6　质地实验数据及分析

土壤质地是在土壤机械组成基础上的进一步归纳，反映着土壤内在肥力的特征。根据 7.2.5 小节质地和结构测定方案进行试验，采用激光粒度仪进行质地分析，激光粒度仪是根据颗粒能使激光产生散射这一物理现象测试粒度分布。2013～2015 年 21 个土壤样本的有机质实验结果如表 7.7 所示。

表 7.7　不同年份样本有机质实验结果

年份	深度/cm	黏粒/%	沙粒/%	质地
2013	10	9.390796	89.406869	壤质砂土
	20	1.985382	98.014618	砂土
	40	1.632996	98.367004	砂土
	60	3.910123	96.089877	砂土
	80	2.711027	97.288973	砂土
	100	1.672667	98.327333	砂土
	120	1.824017	98.175983	砂土
2014	10	10.738968	88.204575	壤质砂土
	20	12.583105	85.250537	壤质砂土
	40	22.180006	73.856442	砂质黏壤土
	60	1.249119	98.750881	砂土
	80	2.651021	97.348979	砂土
	100	1.526863	98.473137	砂土
	120	3.113968	96.886032	砂土

续表

年份	深度/cm	黏粒/%	沙粒/%	质地
2015	10	11.116234	87.75818	壤质砂土
	20	1.485318	98.514682	砂土
	40	1.225515	98.572887	砂土
	60	1.427113	98.572887	砂土
	80	1.51347	98.48653	砂土
	100	1.897134	98.102866	砂土
	120	1.487626	98.512374	砂土

由表 7.7 可以看出，2013～2015 年所取样本均表现出表层为壤质砂土，再往下为砂土。表明砒砂岩与沙复配成土对于改善土壤质地有明显的效果。并且，在对砒砂岩与沙进行复配并进行数次耕作后土壤质地基本保持了复配后的质地，表明复配土物理性状基本稳定，从质地角度看具有持续耕作能力。

7.4　土壤肥力综合评价及应对

7.4.1　土壤肥力的综合评价及其动态

对不同肥力指标作图分析之后，发现同一区域上不同年份不同深度的土壤肥力显示出明显的差异，具体如下：

（1）土壤有机质变化较为规律，随着年份的增加，土壤内有机质的含量逐渐增高，在外界条件不变的情况下，土壤内的有机质含量会逐渐增加，但是所测定的土壤有机质含量平均值为 1.186g/kg，仅处于土壤养分含量分级标准六类标准，有机质的肥力水平低。

（2）对于土壤中的速效钾含量，2013～2015 年土壤中速效钾缺乏，有效钾含量为（23.4±5.8）mg/kg，经过 3 年的耕作，有效钾含量的变化是先变高再变低，由于有效钾溶于水，特别受气候天气的影响，虽然这 3 年钾肥的推广应用增加，农作物的产量也大大提高了，但是消耗了土壤中大量的钾素，而土壤中的钾素积累并不是很多，钾元素的缺失，仍是沙土地解决土壤肥力的一大问题，而在土壤肥力发展过程中，若不注重从配施作物吸收等量钾素的能力上施钾肥，速效钾的含量会逐年降低，因此至少应配施作物吸收钾素的 120%以上，才能保证作物增产、土壤肥力可持续性发展。在 2015 年作物成熟后测得的钾素含量降低，这是由于土壤内全钾含量降低，就必须消耗土壤钾库来满足作物的需要，但是施入的钾素量依然不能满足作物对钾的需求，土壤内的钾素含量依然很少，一直这样不增加钾素库内的含量，钾元素的含量会越来越低。

（3）相比于土壤内的钾元素，土壤中有效磷的含量也非常低，《陕西土壤》指出，陕西省内土壤有效磷的含量十分低，虽然土壤中有效磷的含量很低，但是过度地施配磷肥可能会造成土壤内富营养化。2013～2015 年，土壤表层有效磷的含量逐年增加，但有机质含量低时，有效磷利用效率非常低，需要将土壤内累积磷转化为有效磷，就必须要提升有机质含量与合理施用氮肥，有机质在表层含量与有效磷在表层的含量有着密切的关系。

（4）土壤内的全氮量与有机质的含量呈现出正相关关系，氮肥的施用对土壤氮素含量影响明显，尤其是在全氮含量较低的沙土地上，而在以后的土壤肥力发展过程中，土壤中全氮的含量应该会增加，氮肥的施用对土壤氮素含量影响很明显，长期施用氮肥，可以提高土壤全氮含量，可增加根茬、系、根分泌物的含量，增加了归还土壤的有机氮量。而在氮素的变化趋势中，2014～2015 年土壤全氮含量减少，由于土壤主要作物氮肥使用量低于理论产量对氮素的要求，作物没吸收的铵离子被土壤胶体吸附，残存于土壤中，全氮含量下降；而 2014～2015 年土壤有机质的含量提高，作用抵消之下土壤速效氮的含量反而上升。有机质随着年份的增长而增加，增强了土壤保水保肥能力和缓冲性，改善了土壤物理性质，促进了微生物的生命活动，促进植物的生理活性，降低了土壤中农药与重金属的污染，如吸附作用与还原作用。

（5）2013～2015 年表层 0～10cm 土壤砒砂岩与沙复配土黏粒占比相对于其他深度，黏粒所占比例较高，所以表层土壤为壤质砂土，砒砂岩与沙复配成土后，土壤质地发生了较大的变化。

综上所述，在玉米种植收获后的样品土中，全氮，速效磷，速效钾等化学指标变化趋势仍不太清晰，整体保持在一定范围内波动，指标演进较为不稳定。有机质含量呈现明显上升趋势，在表层土上升幅度更大，这对于土壤肥力的提升有很大的作用。而质地与结构保持稳定，没有太大变化。上述结果表明，在合理施用 N、P、K 肥的基础上，复配土仍具有持续耕作的能力，有机质的稳步提高一定程度上表明了土壤肥力增加和土地生态系统的正向演替。

7.4.2　土壤肥力可持续发展中存在的关键问题

1）砒砂岩和风沙土配比比例

本次实验采用的是砒砂岩与沙 1∶2 比例复配成土，而在不同的复配比例下，土壤的肥力变化也有很大的不同。随着风成沙的比例降低，砒砂岩的比例增高，复配土的砂粒含量逐步降低，粉粒含量和黏粒含量不断增大；随着砒砂岩比例的增大，土壤质地呈现“砂土-砂壤-壤土-粉壤”的变化趋势；复配土的有机质的含量随着砒砂岩比例的增大而增加，其中，当砒砂岩比例不高于 1∶1 时，各比例间有机质含量无显著差异；当础砂岩的比例大于 1∶1 时，有机质含量得到了显著提升；风成沙的保水能力差，随着础砂岩比例的提高，饱和导水率显著降低[8]。因此在进行复配土时选取适当的础砂岩和风沙土的配比比例十分重要。

2）施肥对于土壤肥力的改良

实验过程中，由于土壤中础砂岩与沙复配土存在水分渗漏、氮素淋失等一系列问题，使得土壤中的各肥力指标虽然较单项础砂岩或者沙子有所提升，但是肥力还是比较低，在进行土壤改良的过程中，要重视土壤的各低含量肥力指标的补充。因此，按照测定得到的各指标的肥力水平，进行针对性及合理的施肥，保证作物生长的同时应尽可能减少化学肥料在土壤中的残留[9]。提高外来有机质的数量，常见的措施有秸秆还田，发展饲养业，发展沼气业拓宽有机肥肥源，施用绿肥、粪肥、厩肥、沤肥、饼肥和荷塘泥等[10, 11]。由单一施肥变为氮、磷、钾配合使用，有机-无机肥料配合使用，可以提高土壤有机质[10]。生物制剂或生物肥料含有大量的微生物，是以微生物生命活动的产物来改善作物营养条件，发挥土壤潜在肥力，刺激作物生长发育，抵抗病菌危害，提高农作物产量，根据其性质和特点，必须含有足够数量的有效微生物，并配合有机肥料和无机肥料共同使用；另外，要在使用后，保证这些微生物进行活动的适宜环境条件，并调整作物和微生物相互间的关系，促进有益微生物的大量繁殖，只有这样，才能充分发挥其肥效和增产作用[10]。

3）不同作物适宜的复配土改良方法不同

针对不同的植物，其所需要的养分，所需要的土壤质地环境都有所不同，因此在复配土改良过程中，对于当地不同种类的植物要实施不同的土壤配比以及施肥措施。还可以采取轮作和套种来改良土壤。例如，改变小麦-玉米禾本科作物单作的习惯种植方式，增加豆科作物的种植面积，花生、大豆等豆科作物由于有根瘤菌共生，所需的氮素总量大约只有 1/3 来自土壤，同时对难溶性磷的吸收利用能力较强，能将土壤中部分难溶性磷转化为有效磷；豆科作物榨油后的饼肥可用作饲料和直接还田，以达到用养结合的目的[11]。

4）提升复配土的蓄水力和保水力

提高有机质的含量可以有效增加复配土的保水性。改变复配土中础砂岩和沙土配比比例也可以对复配土的保水效果产生很大的影响。还可以采取秸秆覆盖和地膜覆盖的方式来提高保水性能、减少地表水分蒸发，有效提高土壤含水率[10]。

7.4.3　土壤肥力可持续发展的应对策略

本次试样土壤肥力水平不高的主要原因是土壤的质地，础砂岩与沙混合复配成土本身由于自身的理化性质导致土壤肥力低下。本次试验表明，础砂岩与沙复配土虽然一定程度上改善了沙地的物理化学性质，复配土各项肥力指标都大于原状沙土地营养物质含量，但仍存在着水分渗漏、氮素淋失等一系列问题。复配土及其耕作过程在提高氮素和肥料利用方面有了显著作用，土壤内磷以及有机质有了显著的提升，但是复配土的肥力还是较低，在农业生产上要注意培肥，以提升钾与全氮的含量满足农作物的生产。为了改善这一情况，保持改良沙土地土壤肥力可持续性发展，采取以下措施提高土壤肥力。

1）合理施肥

正确地针对土壤的理化性质对土壤施加肥料，能够使土壤长期保持一定的肥力，保证土壤内农作物对各种营养物质的需求，促进作物的生长以及高产。人们对于氮、磷、钾这三种肥料的认识比较完整，但是对于其他微量元素的认知还不太完善，农家肥内不仅含有氮、磷、钾，而且含有钙、镁、硫、铁以及一些微量元素，这些营养元素多呈有机态，难以被农作物直接吸收，必须经过土壤中的化学物理作用和微生物的分解发酵，因而肥效长效稳定。如何将这三种肥料有效地结合起来，避免造成滥用肥料的现象，对于肥料的配比进行科学测量，严格坚持与之相关的技术标准因地制宜地科学施肥，提高肥料的利用率，将土壤肥料的利用价值最大化，促进土壤肥力的可持续发展是十分必要的。2.3 节检测结果表明榆林市榆阳区小纪汗镇大纪汗村试验小砒砂岩与沙 1∶2 复配土壤有机质平均含量处于急缺水平，而全氮、有效磷、速效钾等的含量也需要进一步提升，因此在复配土壤上种植作物时须采取一定的培肥措施，提高复配土的土壤肥力水平，并采取综合性措施改良土壤结构稳定性。

（1）培肥原则。施用无害化处理的农家有机肥，施用符合国家标准的商品有机肥、化肥等；提倡平衡施肥；合理使用农药和除草剂。坚持“测土配方，平衡施肥”的土壤施肥原则，做到作物必需的各种营养元素的合理供应和调节，以便满足作物生长发育的需求，达到提高产量，改善作物品质，减少肥料开支，防止环境污染的目的。

（2）增施有机肥，迅速培肥地力。秸秆中含有农作物生长需要的氮、磷、钾、镁、钙和硫等营养元素，秸秆还田后能有效提高土壤有机质含量和肥料利用率，改良土壤结构和物理性状，综合改善土壤水、肥、气、热等方面的生态效益。每 50kg 稻草含钾量相当于 1.5～2.25kg 氯化钾，稻田每年亩施稻草 200kg，土壤有机质可增加 0.03%～0.05%，土壤中全氮含量可提高 0.007%～0.011%；经研究表明，给复配土施用了一定量的有机肥，复配土有机质含量可增加了 90%～400%，土壤结构的稳定性增强。农家肥能提高磷酸酶活性，增加水稻土耕层土中有机碳、全氮、全磷、碱解氮、速效磷的含量。

沼渣和沼液含有腐殖酸 10%～20%、有机质 30%～50%、全氮 1.0%～2.0%、含磷 0.4%～0.6%、全钾 0.6%～1.2%。利用沼液、沼渣作肥料，不仅能大大减少化肥的用量，而且能增强农作物的抗病能力，减少病虫害的发生；商品有机肥释放缓慢，氮磷释放量分别占加入量的 94.7%～79.5%和 88.7%～99.6%，能在作物的全生育期内进行供肥；绿肥可以提高土壤碱解氮的含量，活化土壤磷，但对土壤速效磷、速效钾的影响不大。因此应与化肥进行合理配施。

（3）优化施肥结构，推广应用测土配方施肥技术。测土配方施肥是有针对性地合理施肥技术，可以做到缺什么、补什么，缺多少、补多少，提高肥料利用率，增加施肥效益，减少因盲目施用化肥对土壤造成的酸化和污染。由于榆林市榆阳区小纪汗镇大纪汗村砒砂岩与沙复配土壤缺氮、缺磷和缺钾，也存在一定的不平衡性，可根据各田块土壤肥力、营养元素和作物吸肥特性的不同，按照测土配方施肥原理，合理施用氮、磷、钾肥，注重多元复合肥、专用配方肥的施用，以促进土壤养分的均衡发展，并提高肥料利用率。

（4）合理采用追肥措施。追肥是指在植物生长期间为补充和调节植物营养而施用的肥料，其主要目的是补充基肥的不足和满足植物中后期的营养需求。追肥施用比较灵活，要根据作物生长的不同时期所表现出来的元素缺乏特点进行对症追肥。在作物生长的过程中，某些作物在某个时期对特别的营养物质有大量的需要，这个时候就要在基肥的基础上实施追肥。

本章中试验小区复配土土壤肥力水平低，作物成熟所取的样本全氮、速效钾、速效磷的含量极低，在后续作物种植中不同生育阶段所对应的不同对营养物质的需求，还可以通过追肥措施实现作物高产，提升土壤养分环境，促进肥力得以持续提高。

2）优化耕作制度，合理轮作倒茬

榆阳区的部分复配土常年耕作方式和种植作物单一，对于土壤的可持续性利用可能存在不利，应对耕作制度进行改良优化，以实现复配土的长期利用。相关土壤的监测研究表明：连作对氮素的维持不利，轮作换茬、秸秆还田对土壤氮素消耗的缓解作用非常明显；加之增施磷肥及水旱轮作，使得土壤速效磷、速效钾含量逐年提高。研究发现轮作对土壤肥力的影响与耕作制度存在密切关系。用地与养地应有机统一，既能够改善土壤理化性状，又能提高土壤养分的有效性，从而提高土壤肥力。

3）施用土壤改良剂，增强土壤稳定性

生物炭含速效钾、磷、钙、铁、镁、硫等有效养分，能缓解土壤板结，防止土壤水、肥流失，有助于土壤团粒结构的形成。郑瑞伦等[12]在北京郊区沙化土上的研究证明，生物炭可在短期内改善沙化地土壤的理化性质、提高养分有效性和恢复植被：生物炭使沙化土容重显著减小 11.5%～11.6%，田间持水量和总孔隙度分别增加 9.1%～10.3%和 7.6%～11.3%，土壤总氮、有机碳含量和氮、磷、钾、锌的有效含量分别增加 10.3%～25.8%、52.8%～71.7%、12.7%～23.5%、141.7%～233.3%、47.7%～81.1%、94.2%～95.2%，同时增加地上部分作物的生物量。但是过量施用生物炭可能导致土温过高、作物生长受限，因此应该适量施用生物炭。

灌施稀释的木醋液能够显著提高土壤有机碳的含量，利于大团聚体的形成，对于农作物具有显著增产作用。微生物改良剂能使土壤有益菌迅速繁殖，激活土壤中缓效磷、钾及微量元素，解决土壤板结、重茬问题，改善土壤环境。具有“保水、增肥、透气”性能，并能增强作物的抗病性和抗逆性。

4）秸秆还田等保护性耕作措施

秸秆还田是将不宜直接做饲料的秸秆直接或堆积腐熟后施入土壤中的一种方法。秸秆中含有大量的新鲜有机物料，在施入土壤中后，通过腐解作用，就可以转化成有机质和速效养分，可以有效地改善土壤的理化性质。秸秆还田一般作基肥用，通常因为其养分释放慢，一定要提前给农作物吸收利用。秸秆还田补充了土壤养分，促进了有机质以及营养物质的增加，对改善土壤理化性质有着很好的可持续性发展，在改变理化性质的同时，也增加了作物产量。秸秆还田也减少了化肥施用量，避免出现滥用肥料现象，也可以杜绝氮磷钾配比不合时宜所对土壤肥力造成伤害的现象，同时改善了农业生态环境。秸秆还田有机质含量较多，对于缺乏有机质含量的土壤的土壤肥力有很大的提高，但是由于有机质中的碳多氮少，在施肥时一定要考虑碳氮平衡，微生物从土壤中吸取氮素补充不足，造成了氮素的缺失，在秸秆还田时，要注重氮肥的应用，合理施配氮肥以保持土壤肥力。

5）持续研究策略

本章对研究区砒砂岩与沙复配土的土壤肥力进行了试验测定，但是由于取样时间的限制，还有待于进一步深入研究，通过试验测量更多与土壤肥力有关系的指标，更长时间的跟踪测定，更加全面系统地分析沙土地土壤肥力水平，这对于沙土地土壤肥力的改良有着重要现实意义，后续主要的土壤肥力管理及可持续发展应对策略如下：

（1）作物适宜的复配比例研究策略。本次试验限于时间问题，只对 1∶2 复配比例下玉米种植 3 年所获得的土壤样品，进行了测量，这使得实验结果有一定的偶然性与不确定性，对于土壤内化学指标元素的分析存在一定的误差。事实上，不同作物有其适宜的土壤环境要求，针对同一类作物，应该增加其他配比的复配土种植后作物产量及土壤肥力演变分析，为确定作物的适宜种植条件及复配土壤肥力走向研究提供依据。

（2）由结果到过程的持续监测策略。本章所使用的样本是成熟期时的样本，只根据 3 年作物成熟后土壤 N、K、P 以及有机质的含量就确定其肥力水平，代表性不强，未考虑作物生育过程中肥力的时间变化特征。加强对作物全生育过程中肥力水平的持续监测，有利于为作物短期追肥提供依据，有效的追肥策略对于土壤肥力的整体提升也是十分有效的。

（3）组合方案研究策略。目前的研究可对砒砂岩与沙复配土的土壤肥力可持续发展有一定的了解，但是，仍然没有考虑不同复配比例、不同作物类型、不同保护性耕作方案组合对土壤肥力的影响。如何在此基础上，通过作物的种植、合理的施肥、适宜的灌溉手段，将砒砂岩与沙复配土的理化性质进一步加强，以及结合土壤质量可持续发展中存在的关键问题，提高其土壤内营养物质的含量是十分必要的。在后续研究中应针对不同类型的作物，寻找适宜的复配比例区间，制订合理的施肥和耕作措施、研究各肥力因子含量与当地的作物产量间的关系，全方位的分析该研究区的土壤肥力，才能有目的地促进土壤的熟化与正向演替。

7.5 小　结

（1）本章对表征土壤肥力的物理、化学与生物指标进行了梳理，参照前人的研究成果，对榆林市榆阳区小纪汗镇试验小区砒砂岩与沙 1∶2 的比例复配成土后种植玉米的土壤作为研究对象，选取全氮、速效磷、速效钾和有机质和土壤质地作为土壤肥力代表性监测指标，从 2013～2015 年进行了试验小区土壤肥力分析。

（2）对全氮、速效磷、速效钾、有机质和土壤质地共 5 个指标分析试验方案进行了分别设计，主要包括试验原理、试验设备、试剂溶液、实验步骤和实验结果计算方法。

（3）在试验小区种植的主要作物玉米和马铃薯中选择耕作玉米的土壤进行分析，取样时间分别为 2013 年、2014 年和 2015 年玉米收割后，取样深度为地表以下 10cm、20cm、40cm、60cm、80cm、100cm、120cm 共 21 个土样，按 7.2 节的实验方案分别对这三年的土壤样本进行肥力指标的分析。

（4）统计分析表明，耕作后三年的总体土壤肥力水平较低；全氮、速效磷、速效钾变化趋势不太清晰，整体保持在一定范围内波动，受较大降水影响较明显；有机质含量呈现明显上升趋势，在表层土上升幅度更大，这对于土壤肥力的提升有很大的作用；土壤质地保持稳定，没有太大变化，表明以复配土的形成改善沙地实现耕作具有一定的可持续性。

（5）最后，依据土壤肥力综合评价的结果，总结了复配土肥力可持续发展中存在的关键问题，提出了包括合理施肥、优化耕作制度、施用土壤改良剂、秸秆还田以及各类组合性的应对策略，以期土壤肥力能够可持续发展，实现土地熟化及土地生态系统的正向演替。

参考文献

[1] 全国科学技术名词审定委员会.《土壤学名词》[M]. 北京：科学出版社, 1999.

[2] 杨瑞吉，杨祁峰，牛俊义. 表征土壤肥力主要指标的研究进展[J]. 甘肃农业大学学报, 2004, (1)：86-91.
[3] 董秋瑶，石建省，叶浩，等. 陕北黄土区不同土地利用方式的土壤肥力研究[J]. 南水北调与水利科技，2010, 8(6)：133-137.
[4] 环境保护部. 土壤有效磷的测定碳酸氢铵浸提-钼锑抗分光光度法: HJ 704—2014 [S]. 北京: 中国环境科学出版社, 2014.
[5] 国家林业局. 森林土壤速效钾的测定 LY/T 1236—1999[S]. 北京: 中国林业科学研究院, 1999.
[6] 国家林业局. 森林土壤有机质的测定及碳氮比的计算 LY/T 1237—1999[S]. 北京: 中国林业科学研究院, 1999.
[7] 郭兆元，黄自立，冯立肖. 陕西土壤[M]. 北京：科学出版社, 1992.
[8] 张卫华，韩霁昌，王欢元，等. 砒砂岩对毛乌素沙地风成沙的改良应用研究[J]. 干旱区资源与环境，2015, 29(10)：122-127.
[9] 农业部农民科技教育培训中心. 测土配方施肥技术[M]. 北京：中国农业科学技术出版社, 2008.
[10] 董越，王君玲. 陕西省渭北地区农田土壤肥力提升研究[J]. 北京农业, 2016, (4)：77-78.
[11] 杜华婷，顾洪瑞，何国庆，等. 邯郸市耕地土壤肥力状况及提升对策[J]. 河北农业科学, 2015, 19(4)：34-38.
[12] 郑瑞伦，王宁宁，孙国新，等. 生物炭对京郊沙化地土壤性质和苜蓿生长、养分吸收的影响[J]. 农业环境科学学报, 2015, 34(5): 904-912.

第 8 章　调控模式与生态环境响应

陕北农牧交错带是典型的资源短缺与生态脆弱的耦合区域，该区域在地貌、气候、植被等景观格局以及经济活动上具有明显的地带过渡性。正是多种过渡特性的叠加，决定了生态环境的多样性、复杂性和脆弱性，生态问题历来比较突出，干旱、沙化、水土流失等脆弱的生态环境条件已成为制约区域可持续发展的瓶颈。任何不合理的资源开发，均会严重破坏植被和草原，进而引发更加强烈的风蚀沙化，直接影响着区域社会经济的可持续发展和生态环境的良性循环。可见，如何协调研究区内资源开发与生态保护间的关系对于实现地区农业经济的可持续发展具有决定意义。

沙地改造及农业利用的过程，在打破原有沙地生态系统格局的基础上建立了新的农田生态系统，与原有的生态环境相比，因砒砂岩对沙地的改造形成可以耕作的土壤，使保水性能增强、地表覆被盖度增加，且在施肥及其他保护性耕作手段的影响下，其抗风蚀能力从理论上来讲是总体增强的。但如何定量的表明生态环境对水资源调控下的农业开发利用的响应关系是明确水土资源利用与生态环境发展的关键问题。

本章以陕北农牧交错带生态环境中最为关键的固沙效应作为主要聚焦点定量分析沙地农业开发利用的生态环境效应。土壤起沙与诸多因素相关。首先，土壤质地、植被覆盖度、地形条件、地表风速等与风蚀量关系密切；其次，不同类型的土壤对水分的保持能力不相同，尤其表层土壤水分与吹蚀量密切相关。为进一步研究砒砂岩与沙复配成土及其农业利用对区域生态环境的有利与不利影响，通过一定的监测手段，从土壤结皮、植被效应、土壤表层含水所形成的冻结、冬季积雪覆盖等多个方面对耕作期与非耕作期所产生的固沙效应分别进行研究，各角度定量化的分析生态效果，探索促进区域沙地农业利用模式下生态环境良性发展的措施与手段。

8.1　沙地农业利用的水资源调控模式

8.1.1　水资源调控模式机理

水资源是制约沙地农业发展的主要因素，也是调控模式中的核心。如果研究区水资源量无法满足灌溉需水的要求，即使改造再多的沙地，也无法实现农业种植的目的。因此水资源在对沙地的整治和利用过程中起着决定性的作用。以水定发展，充分考虑水资源对沙地农业利用的支持能力是水资源调控模式的一个重要思路。另外，研究区为特征鲜明的生态脆弱区，任何经济活动的开展均应以生态环境的可持续发展为根本原则，建立沙地农业经济活动过程中的生态环境的响应机制，并以水资源对可能的生态环境的不利影响进行调控是水资源调控模式的另一个重要思路。

以理论分析、实验数据与数学建模为支撑，本章在构建以砒砂岩与沙复配成土工程节水、基于灌溉实验的灌溉制度与灌溉方式节水和保护性耕作节水为核心的节水技术体系的基础之上，定义了剩余水资源可利用量作为沙地农业利用的主要调控因子对沙地农业开发利用的规模及结构进行约束，并对沙地农业开发利用条件下生态环境响应中不相适应的部分进行调节，解决水土资源发展过程中不相适应的状况，消除产生的可能不利生态影响，构建了沙地农业利用的水资源调控模式。该模式以对沙地开发利用中产生的水资源胁迫问题为驱动，建立沙地农业节水灌溉制度，并通过区域水资源的支持力对沙地农业利用规模加以调控，在补充耕地、实现水土资源协调发展的同时，有效地提高了土地质量及持续发展能力，并为生态环境良性循环做出重要的尝试，为地区经济发展和生态环境保护的同步发展提供思路。该模式的运行机制见图 8.1。

8.1.2　调控模式的驱动机制与应对机制

按照研究区域沙地农业利用存在问题的驱动以及研究过程中如何针对问题和驱动力进行应对的主要思路，将水资源调控模式分为如图 8.1 所示的内核区（灰色部分）与应对区（灰分部分以外区域）两个部分。

1. 模式的驱动机制

内核区，即问题发生区，也是模式的驱动机制。由无序的沙地农业利用开始，使水资源在不断增长的用水压力下形成压力响应，地表水资源的枯竭和地下水水位的持续下降不但直接影响着生态环境，还通过改造后的耕地难以持续的灌溉用水及覆被减少引发新的荒漠化问题，进而造成新建农田失耕及逆转，形成生态系统恶化的正反馈机制。图中所示的灰色区域是沙地农业利用所面临的核心问题，也是该模式建立的驱动机制。

2. 模式的应对机制

水资源调控模式的应对机制包括以下几部分内容：①以成土节水、灌溉节水和耕作节水为主要手段，延伸水资源对沙地农业利用的支持力；②通过有限的水资源支持力，即剩余水资源可利用量约束性的调控沙地农业的开发利用规模，在保证其他已有产业及其发展用水的基础上，以适宜的保护性耕作措施确保沙地在水分和养分上的可持续性；③通过沙地农业利用增加地表覆盖促进植物固沙生态效应的发展，对无地表覆被时土壤表层含水量的有效补充调控休耕期产生的生态影响，促进结冰固沙效应的发生；④在一定的调控及保护性耕作措施的干预下，使复配土土壤肥力不断积累、区域生态环境良性发展，生态效应又会反过来对涵养水源产生巨大的推进作用，促使水资源承载能力的提高。

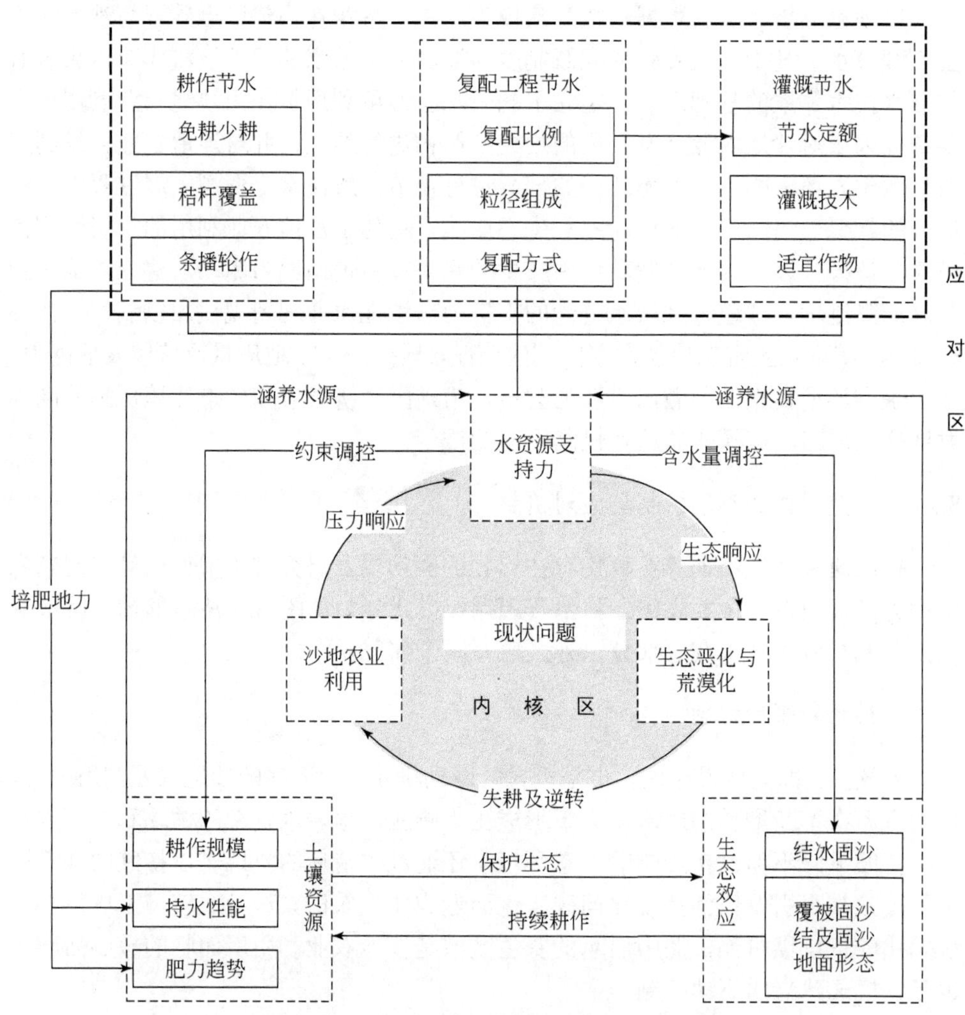

图 8.1　陕北农牧交错带沙地农业水资源调控模式机理

本书前几章主要详细阐述了水资源调控模式产生的节水效应和以适应性开发规模所表现的水土资源可持续开发效应，确保了区域资源与经济的协调发展。本章主要对沙地农业利用过程中的生态效益与效果进行调查，定量化的分析该模式下的生态效益，为确保生态环境保护与区域资源开发与经济发展之间形成良性循环提供依据，为模式的推广及应用提供依据。

8.2　调控模式应用前的生态环境调查

陕北农牧交错带的自然资源有着鲜明的特点，这些特点是资源利用决策、农业发展决策的现实依据。通过对调控模式应用前交错带内生态环境进行调查分析，评价生态环境对沙地农业开发利用的响应状况，并对作物试种后的固沙效果进行对比分析。若生态响应状态良好，表明按照提出的水资源调控下的沙地农业开发利用模式具有生态环境可持续及良性循环的能力，即区域水-土-生物共同构成良性的生态系统；若生态响应状态较差，则需要对现有的开发利用模式进行改进，寻找可行的方法和途径增强固沙效果，以保证生态环境的健康及该模式在区域内的应用示范与推广。

8.2.1　地表起伏及地貌形态

陕北农牧交错带地处毛乌素沙漠东南缘，属鄂尔多斯高平原向陕北黄土高原的过渡地带（在地质构造上为鄂尔多斯地台向斜的南部），区内海拔高度一般在1200～1500m，红柳河以西的定边县平原是南北高、中间略低的封闭式内流盆地，海拔 1325～1480m；红柳河以东是西北高、东南低的外流区，海拔 1070～1370m。总趋势为由西向东缓缓下降的长槽状地形，地势起伏平缓，相对高差 10～50m。区内新月形、波状沙丘链起伏连绵，96.4%的土地已经沙化，65%的地区被风沙覆盖[1]。

陕北农牧交错带的地貌特点是：①风力侵蚀是地貌形成的主要原因，也是现代地貌作用的主要动力；②水系网稀少，地面起伏较小，相对高差一般不超过 30～50m，很少超过 100m；③地面组成物质多为第四系松散的沙粒、亚沙土、沙质黄土，基岩仅在局部河谷地段出露；④地表形态以固定、半固定的各种沙丘、沙滩、沙地、湖盆滩地为主；⑤交错带以南、以东邻近的黄土地貌特点是：分布在靖边县、定边县以南的黄土梁状低山，即白于山区，地势较高，黄土梁顶海拔 1500～1800m，相对切割深度 300～400m，梁长沟深，沟坡陡峻，顶面较平缓，是洛河、延河、无定河、清涧河等较大河流的发源地；分布在神木市、府谷县、榆阳区、横山区等境内临近风沙区的片沙黄土梁峁，梁峁顶部海拔 1000～1300m，相对切割深度 100～150m，一些梁、峁坡面上有薄层沙，或为低缓的沙丘断续覆盖，坡面流水侵蚀减弱，而沟谷侵蚀显著。

该地类所属土地亚类有沙丘地、滩地、梁地三种类型[1, 2]。

1. 沙丘地

沙丘地面积 117.47 万 hm^2，主要分布在长城以北，以靖边县北部的小毛乌素沙地纳林河以东的 25km 沙区、榆溪河与无定河三角地区沙丘以及神木市西北部的大保当、瑶镇、尔林兔周围的沙丘尤为密集。这些沙丘链绵延起伏，并呈东北-西南向排列。这类土地是草原植被遭到不同程度破坏之后，细土及营养物质被吹蚀，并以 1～5m/a 的速度向东南方向移动。土壤以风沙土为主，质地沙壤，部分宜于农牧业利用。以其植被覆盖率小和地形差异分为流动沙丘、半固定沙丘、固定沙丘和平缓沙地四个单元。以榆阳区孟家湾村为例，该地区地质构造属鄂尔多斯地台，受侵蚀切割和堆积作用，形成了不同的地貌景观。在以风力作用为主，以流水、重力作用为次的侵蚀和堆积下，形成了新月形沙丘和波状沙丘链为主的风沙堆积地貌（图 8.2）。丘间有为数众多的蝶形洼地和形状不一、大小不等的沙丘涧地，孟家湾乡为典型的风沙草滩地区，海拔 1200m 左右，区域地势总体平缓开阔，起伏变化不大，地势西高东低，北高南低，最大高差约 15m。

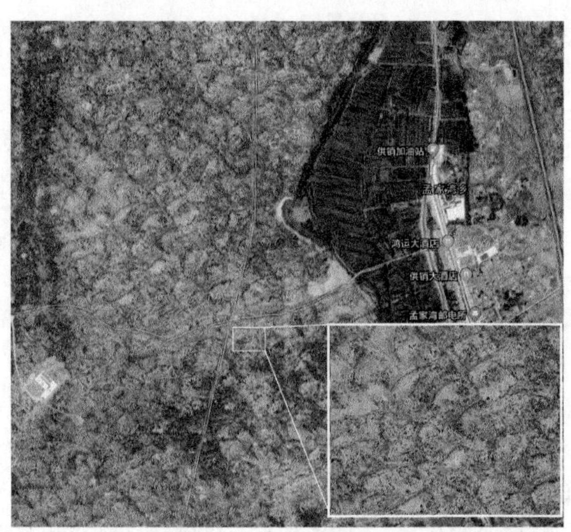

图 8.2　孟家湾项目区治理前遥感影像概貌图

2. 滩地

滩地面积 20.24 万 hm^2，主要分布在长城以北沙地的纵深区域，位于地势低洼的沙丘间，沟滩地则位于河流沟谷阶地。这类土地多为古湖泊和古河道的沉积盆地，地势平坦，总的趋势是海拔由滩地边缘向中心逐渐降低。有的滩地中心低洼、常积水形成大小不等的湖沼。地下水位较浅，有不同程度的盐渍化现象，多是硫酸盐氯化物盐土。土壤多为新积土、沼泽土、盐土、潮土等，较为肥沃。依其地下水位高低和小地形差异分为干滩、湿滩、沟滩和湖泊四个单元。

3. 梁地

梁地面积 3.50 万 hm^2，主要分布在北部沙丘区黄土出露的低缓丘岗、低丘或紫色砂岩残丘。地势较高，地下水位较深，土地干旱瘠薄，植被稀疏，风蚀强烈。背风坡多被流沙覆盖。迎风坡多风蚀为光板地或残丘，难以耕作，该类型土地以营造草灌植被、发展林牧业为主要改良利用措施。

8.2.2　土壤水分含量

沙土壤由于具有特殊的结构与组成，其含水率往往较低，因此水分是制约沙地植被正常生长的一个重要因素。孙建华等[3]对陕北毛乌素沙地流动、固定、半固定沙丘的土壤水分进行的长期动态观测结果表明，含水量排序为流动沙丘大于半固定沙丘大于固定沙丘，随着深度的变化土壤含水率大都呈现先增加再减少的趋势。毛乌素沙地东南缘风沙活动区的流动沙丘平均土壤水分含量 2.3%～4.8%，总平均土壤水分含量为 3.44%；半流动沙丘平均土壤水分含量 2.4%～4.6%，总平均土壤水分含量为 3.48%；固定沙丘平均土壤水分含量 2.1%～5.6%，总平均土壤水分含量为 3.56%[4]。随着气候的变化，沙地土壤水分具有明显的季节变异性，春秋季降水期土壤水分达到最大补给量，土壤含水率明显高于其他季节[3]。

在沙地土壤水分的空间分布上，地形部位对表土层土壤水分含量影响较大，而对心土层和底土层影响不大[5]。固定和半固定沙丘大部分背风面的含水量比迎风面的含水量高，而流动沙丘却恰恰相反，迎风面的含水量明显高于背风面[3]。也有研究发现流动沙丘土壤含水率为背风坡大于迎风坡[6]，固定、半流动沙丘迎风坡大于背风坡[6, 7]。

8.2.3　土壤结皮

土壤结皮是干旱半干旱地区普遍存在的地被物，它是在表层土壤的物理、化学或生物作用下，形成比原始土壤致密的薄土层，其存在对降雨入渗、水蚀风蚀以及植物生长等产生极大影响[8]。土壤结皮包括物理结皮和生物结皮。物理结皮是在雨滴冲溅和土壤黏粒理化分散作用下，土表孔隙被堵塞后形成，或挟沙水流流经土表时细小颗粒沉积而形成的一层很薄的土表硬壳。生物结皮是由藻类（包括蓝藻）、地衣、苔藓、真菌和细菌等先锋植物同土壤颗粒相互作用，在土壤表面发育形成的复合土壤层[9]。一般来讲，在雨滴打击作用下物理结皮率先形成，随着土壤微生物、藻类、苔藓等的入侵和繁殖，生物结皮逐渐发育[10]。土壤结皮是衡量地面固定标准的重要因素，生物结皮的出现是固定沙丘形成的重要标志，有效地阻止了流沙移动，也对以后的植被演替起到了积极的作用[11]。人类活动的加剧，破坏固定沙丘表层结皮和植被，结皮的碎裂导致沙面直接出露地表，为风蚀提供了“突破口”。

毛乌素沙地南缘的地貌景观以流动、半固定、固定沙丘与湖盆滩地相间，固定、半固定沙丘上生物土壤结皮广泛发育，且以藻类结皮为主，丘间地则以苔藓结皮为主[12]。在毛乌素沙地腹地（属陕西省榆林市榆阳区、神木市，内蒙古乌审旗、伊金霍洛旗境内）生物结皮广泛分布，主要以藻类生物结皮层、藻类苔藓复合结皮层和苔藓类生物结皮层为主，根据形成时间和结皮层所处的坡位，结皮厚度为 0.1～1.5cm[13]。杨建振[14]对陕北毛乌素沙地生物结皮进行监测研究发现，该地区的生物结皮层物质组成以细砂成分为主，蓬草下结皮、沙柳下结皮、沙篙下结皮以及杨树下结皮均在 0.1～0.25mm 含量达到最高峰，稍高于流沙的 30%的细砂含量。而粒径小于 0.25mm 的细颗粒，结皮层总含量在 51.2%～82.8%，明显高于流沙中细颗粒的含量 39.4%。其中，结皮层粗粉粒（0.02～0.05mm）的含量在 7.3%～27.7%，高于流动沙地的粗粉粒含量。付广军等[15]在毛乌素沙地各飞播区及人工栽植林区内对各类生物结皮的种类进行调查表明，毛乌素沙地各类结皮的年龄均在 15 年以下，生物结皮种类单一，只在部分区域有成片的蓝藻结皮和物理结皮，藻类结皮厚度、面积太小。

8.2.4 地表植被覆盖率

植被是生态系统的核心，是维持生态平衡的支柱，在生态环境建设中有极其重要的防风固沙功能。在陕北农牧交错带内，植被分布具有明显的水平分带。由于地质历史的变迁，长城沿线以北第四纪以来被沙漠所覆盖，使得隐育性植被广泛发育，加之人类活动频繁，不合理的土地利用方式，破坏了自然植被，影响了植被的性质和数量以及外貌和结构。隐育性植被在流动沙地上有沙米、沙旋复花、牛心朴、鸡爪芦苇、沙竹半固定风沙土上有籽篙、油篙、泡泡豆，固定风沙土除油篙外，尚有臭柏灌丛、踏榔半灌丛，泡泡豆和苦豆子等，滩地及河滩漫地分布有草甸植被，主要有寸草、苔草、芨芨草、碱茅以及假苇和佛子茅等。盐生植被主要有碱蓬、盐爪爪、白刺等。小河沟、水库及淡碱湖边分布有沼泽植被，主要有香蒲、芦苇、三棱草等[11]。除自然植被外，还分布着各类栽培植被，目前面积广大的黄土残垣、丘陵沟壑、河谷川道以及石山区的低山区大都被开垦，代之以人工栽培的各类农作物、蔬菜、果树和人工林[11]。

资料表明，毛乌素沙地内的流动沙丘上植被覆盖率小于 5%。固定沙地地表有厚约 1.4cm 的苔藓生物结皮层，植被分别由油蒿、柠条、臭柏等建群植物组成，植被覆盖率为 30%～50%。半固定沙地植被介于流动和固定沙地之间[16]。

8.2.5　水蚀风蚀状况

陕北农牧交错带生态环境问题中最严重的两个为水蚀和风蚀。

1. 风蚀

在陕北农牧交错带，人类过度活动是风蚀加剧并诱发土地沙漠化的关键因素。其主要原因是人口增长速度过快，对水土等资源开发利用不合理，植被覆盖度减少，加上气候干旱化的影响，致使较低的土地承载力与巨大的人畜压力之间严重失衡，形成了人口与当地土地承载力不相协调的矛盾。人口的增长增加了对生产的要求，加大了对现有生产性土地的压力，促使潜在沙漠化土地演变为正在发展中的沙漠化土地。根据 20 世纪 80 年代中国科学院兰州沙漠研究所的调查，我国北方现代沙漠化扩大的原因中，94.5%为人为因素所致，其中过度樵采占 31.8%、过度放牧占 28.3%、滥垦占 25.4%、水资源利用不当占 8.3%、工矿交通城市建设破坏植被占 0.7%[17]。齐雁冰等[18]在对 1949～2000 年的人类经济活动和自然因素进行分析得到，陕北农牧交错带沙漠化的发生发展受自然及人为因素的共同作用，气候变化表现为干暖化的趋势，人口、牲畜数量的增加及矿产资源开发带动的工业生产迅速发展均对荒漠化的发生发展具有促进作用，自然因素的贡献率为 13.06%，人为因素与自然因素综合作用的贡献率为 73.51%，而对荒漠化影响较大的因素包括人口数量的增加和耕地面积的减少。综上所述，陕北农牧交错带人为过度活动主要表现为：盲目垦殖、过度放牧、滥采滥伐、滥挖野生中药材等沙生植物，以及水资源利用不合理等（图 8.3）。

土地荒漠化最直接的表象是地表形态、植被盖度等的变化，但其本质是土壤的物理组成、理化性质和生产性能发生变化，并且这种变化随荒漠化的程度不同而异，具体表现为在风沙作用下，正常的成土过程被迫中断，土壤经常处于遭受侵蚀或接受风沙沉积的状态，溶质的淋溶迁移和化学风化非常微弱，剖面的分化发育不明显，趋向均一硅质化，土壤颗粒变大，质地不断粗化，有机质和养分含量持续减少，阳离子交换性能显著下降，致使土壤保水保肥性能衰退，土地生产能力丧失[3]。当前，陕北农牧交错带荒漠化治理形势仍然十分严峻，特别是近些年来大量开发石油和煤炭资源，造成大量耕地被人为破坏和已经固定的荒漠化土地被逆转，使得荒漠化的治理工作更加困难。

2. 水蚀

陕北农牧交错带也是我国水土流失最为严重的地区之一，也是我国水土保持的重点区域。该区域主要降水量集中于 7～9 月，占全年降水量的 60%～70%，尤以 8 月最多。但大强度降雨常集中于几天至十几天，且多以暴雨形式出现。降雨

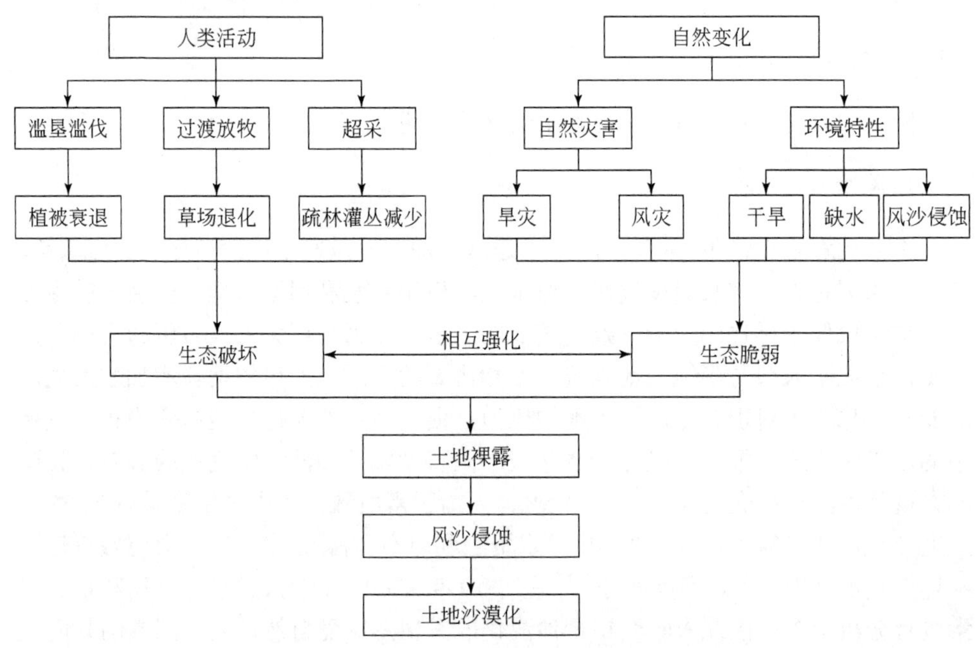

图 8.3　陕北农牧交错带土地沙漠化成因示意图

强度超过入渗强度，超渗产流形成的地表径流强度冲刷，破坏原地表结构，携带大量泥沙直接输入干流，造成水土流失。陕北农牧交错带所在的榆林市为全国水土流失重点治理区，水土流失面积达 4.17 万 km^2。水土流失破坏土地资源，蚕食农田。年复一年的水土流失，使有限的土地资源遭受严重的破坏，地形破碎，土层变薄，地表物质“沙化”和“石化”。水土流失将剥蚀土壤，使其肥力减退。据估算，榆林市每年向黄河输送泥沙 2.9 亿 t，所携带的泥沙中含氮、磷、钾等养分近 1000 万 t，相当于全国化肥总产量的 1/5，是榆林市年化肥使用量的十倍以上。

多年来，党和政府对水土保持工作十分重视，先后实施了“三北”防护林、榆林风沙滩区综合开发、风沙区治沙造林等大型生态环境建设工程；实施了延河、佳芦河等较大流域水土流失综合治理工程及一系列小流域综合治理，遏制了生态环境恶化的趋势，实现了沙退人进的历史性转变。虽然在政府引导和全体民众的参与下，交错带内的水土保持工作取得了很大的成绩，但是由于区域内水土流失面积十分广大，治理任务仍十分艰巨，已得到初步治理的还需巩固提高。要根治几千年历史遗留给人们的严重的水土流失现象，还需要进行长期的艰苦努力[19]。

目前陕北农牧交错带的水土保持研究和治理过程中存在的问题归纳起来主要有：①投入仍然严重不足，治理速度缓慢；②水库、淤地坝工程老化，水毁十分严重；③林草措施保存率低，梯田破坏严重；投入标准低，影响工程质量和效益的发挥；④边治理、边破坏的现象依然存在，人类活动影响下新增水土流失对总水土流失的贡献率逐渐增大；⑤水土保持科技和技术推广工作滞后；⑥经济社会与生态环境发展不协调，过分注重经济效益，忽视社会效益和生态效益，或得到了良好的生态效益和减沙效益，又未能兼顾当地农民脱贫致富的经济效益。

8.3　调控模式下的沙地农业利用的生态响应

8.3.1　防风固沙

陕北农牧交错带处于半干旱气候向干旱气候的过渡地带，具有强烈的过渡性和波动性，区域生态环境十分脆弱，土壤结构疏松而欠发育，生态平衡极易遭到破坏。土地沙漠化、沙尘暴和水土流失是该区域生态环境的主要问题。本节以工程为基础，充分考虑了资源承载力，实现了在剩余水资源可利有量调控下的沙地农业开发利用，但不可避免地对当地生态环境会造成一定的影响，研究并量化生态环境对沙地利用的影响状态，决定着沙地农业的发展方向及大力推广应用的可能性。

为了研究砒砂岩与沙复配成土及进行农业耕作所产生的生态效益，以主要生态退化因子——风沙危害作为主要的生态效益的重要衡量指标，表明其固沙效果。中科院地理所刘彦随团队通过室内风洞试验和在大田中布设集沙仪的方法，从砒砂岩与沙颗粒粒度组成特征及抗风蚀性的角度，分析了沙地农业开发后复配土农田的固沙效应，从固沙的角度为该技术在沙地治理中的应用提供数据支撑[20]。

1. 复配土的防风固沙能力

中国科学院地理科技与资源研究所（简称中科院地理所）通过风洞试验选取了榆林市榆阳区小纪汗镇大纪汗村砒砂岩与沙复配比例为 1∶0、5∶1、2∶1、1∶1、1∶2、1∶5、0∶1 共 7 组样品。其中砒砂岩颗粒采用三种粒径、试验设定了 3 种风速（7m/s、9m/s 和 11m/s）来研究不同风速下的风蚀情况，得出如下结论。

1）风力大小对复配土风蚀的影响

由试验结果可知，风力越大风蚀量越多。三种粒径的不同比例砒砂岩与沙复配土中，除颗粒大小为 2mm 的砒砂岩与沙复配比例为 1∶0 的复配土的风蚀量是 7m/s＞9m/s＞11m/s 外，其余比例复配土风蚀量均是 11m/s＞9m/s＞7m/s。

风沙土在 6m/s 风速下才发生明显的沙粒跃迁现象，而过筛 2mm 的砒砂岩大部分颗粒很细，在 4m/s 左右风速下就已经有明显的土粒跃迁，其风蚀较严重。

2）砒砂岩颗粒大小对复配土风蚀的影响

砒砂岩粒径的大小对复配土的风蚀量有显著的影响。从土壤矿质颗粒角度看，大于 2mm 的颗粒被称为砾石，砾石覆盖是一种有效的固沙措施[21, 22]，因此颗粒大小为 8mm 和 20mm 的样品可等同砾石覆盖沙地表层固沙看待。颗粒大小为 20mm

的不同比例砒砂岩与沙复配土在三种风速下的风蚀量均基本为零，说明该粒径的砒砂岩增加了地表粗糙度，吸收和分解了地表风动量，降低了可蚀床面上的剪切力[23]。而且砒砂岩覆盖风沙土表层，也减少了风和沙的直接作用面积，对地表形成了保护[20, 24, 25]。这种覆盖效应在复配成土初期，其作用甚至往往高于胶体的作用。因此砒砂岩本身被风吹不走，同时又保护风沙土无法被风蚀，最终显著降低了砒砂岩和沙的风蚀。由此可知，进行工程复配时砒砂岩颗粒大小可以相对较大，以增强其冬春多风季的固沙效果，之后在农作物种植时，再用旋耕机与风沙土搅拌均匀，增强表层耕作层的保水保肥性。

3）质地对砒砂岩与沙复配土风蚀的影响

由于不同的土壤质地含有特定的机械组成，有些土壤之间差异非常大，而不同的机械组成预示着不同的土壤中含有可蚀性与不可蚀性颗粒的比重会有所不同[26]。从不同比例砒砂岩与沙复配土粒度组成角度看，不同土壤质地的砒砂岩与沙复配土对风蚀的影响具有不同的规律特征[27]。

单纯的风沙土在不同风速下的风蚀都相对较为严重。风沙土大于 0.09mm 粒度含量超过了 90%，此粒径范围的颗粒持水性差、团聚性弱，其颗粒间主要作用力为惯性力，决定了其抗风蚀性很差[28]。将砒砂岩与沙混合后，改变了两者的粒度组成，形成了具有一定抗风蚀能力的复配土壤。砒砂岩∶沙复配比例为（1∶5）～（1∶2）的复配土的风蚀量显著降低，这是由于风沙土以单独的颗粒存在，加入砒砂岩后，砒砂岩中的黏粉粒填充了砂粒间的空隙，黏粉粒的增加将风沙土颗粒间以惯性力为主的抗风蚀作用力改变为内聚力也逐渐起作用的抗风蚀作用力。而且由于此类复配土中砂粒含量高，少量黏粉粒可以将砂粒间的空隙充分填充，颗粒间接触较为紧实，风力将表层颗粒间松散的颗粒风蚀后，表层不可蚀性颗粒比重增大，土层表面的粗糙度也就增大，对细小颗粒的覆盖保护作用就越大，因此下层风蚀量就减少了[29]。砒砂岩∶沙比例为（1∶1）～（5∶1）的复配土的风蚀量由于砒砂岩（黏粉粒）含量的增加，黏粉粒对砂粒间空隙的填充相比于比例为（1∶5）～（1∶2）复配土中砂粒间空隙的填充形式发生了改变，除了填充砂粒颗粒间的空隙外，可风蚀的粒径范围颗粒缺少颗粒间作用力的保护，颗粒间的作用力相对较弱，可风蚀的颗粒较多。这说明土壤在干燥的情况下，由于土壤颗粒间少了水分子的拉力，土壤粒度组成中高含量的黏粉粒未必会使得内聚力增强、抗风蚀能力增强。因此，土壤粒度组成中，只有各级粒径分布合理，才能增强抵御风蚀的能力。

2. 休耕期复配土固沙效应研究

结合野外调查和试验，通过第 7 章分析土壤相关肥力指标发现，砒砂岩对休耕期毛乌素沙地具有显著的固沙效果，利用砒砂岩对毛乌素沙地进行复配成土，改变了沙地开发利用区域的土壤条件和地形条件，降低了项目区的风沙水平，究其原因，主要有以下几方面：①砒砂岩具有保水作用，能够延缓沙地土壤水分损失，提高土壤含水率，提高起沙风速，增强了土壤的抗蚀性能。土壤含水率高，地表开始形成冻层，积雪盖度大，达到 85%以上。内聚力增大，形成了积雪层和土壤冻层两层保护层，以减少风蚀作用。②土壤水分流失速度降低，含水量增加了 3 倍以上。条件改善后，有利于促进生物固沙措施的实施效果，防护林成活率提高，达到 85%，能够有效降低风速，从而降低风力侵蚀。③毛乌素沙地土壤整治后，通过种植作物，土壤水稳性团聚体含量增加，土壤结构稳定性得到改善，也为砒砂岩的固沙作用提供了有利条件。土地整治后，土地平整度提高，减弱了坡面侵蚀的地形因素。④砒砂岩与沙复配土的土壤结皮厚度和土壤冻层深度均大于原状沙地，显现出显著的防风固沙优势。

当寒冷的休耕期因降雪少复配土壤表层的水分含量不足时，可通过人工方法补充休耕期土壤表层的含水量从而调控沙地开发利用的生态响应，进一步丰富水资源对沙地农业的调控模式。

3. 复配土农田的固沙效应研究

复配土农田的固沙效应研究中科院地理所在实验小区周边的大田采用集沙仪获取复配农田、原状沙地、普通农田野外实测起沙量数据，比较分析砒砂岩与沙混合形成的复配农田、原状沙地以及普通农田在不同月份、不同方位上的输沙量差异，探究砒砂岩与沙复配成土的固沙效应，得出如下结论：①复配土农田与原状沙地进行了 2015 年 1 月到 2016 年 6 月共 18 个月的输沙量对比得出，复配农田不同月份输沙量波动较大，除在 2015 年 4～6 月份受翻地影响输沙量较大，超出原状沙地外，其余月份输沙量明显小于原状沙地；原状沙地输沙量整体相对稳定，但输沙量维持在较高水平。②2015 年全年固沙系数为 14.99%，而 2016 年上升到 94.07%；如果不考虑 2015 年 4～6 月。复配农田具有较强的固沙效应，不考虑前期春季翻地带来的输沙效应，固沙系数超过 90%，仅为原状沙地的 10%左右，固沙效应明显。

8.3.2　植被状况

归一化植被指数（normal difference vegetation index，NDVI）是目前最为常用的表征植被状况的指标。它与植被覆盖度、生物量、叶面积指数、土地利用等密切相关。植被覆盖的时空变化是自然和人类活动交互作用的结果，从长时间来看，气候对植被的生长和分布起着主要作用，但短期内植被覆盖的变化更多地受人类活动的影响[30]。植被覆盖度可由遥感影像反演的 NDVI 充分反映，并与 NDVI 呈正相关，即植被覆盖度越好，NDVI 值越大。

中科院地理所以陕北农牧交错带内榆阳区、神木市、横山区、靖边县为例，对其 2000～2014 年 NVDI 年平均变化趋势进行分析，如图 8.4 所示。从图 8.4 可以看出，4 个县（市、区）的植被覆盖情况和生态状况均呈现出逐渐上升趋势，以年均 0.0076/a 的速度明显增加。神木市和榆阳区沙地、戈壁和裸地转变为低覆盖度草地的面积分别占土地利用/覆被变化的 66.93%（605.05km^2）和 74.22%（490.45km^2）。究其原因，4 个县（市、区）NDVI 增加的有两个主要影响因素，一个是植树造林等生态环境保护工程的建设实施，使得类似草地提升转变为灌木林地的土地覆被变化；还有一种是农业剧烈发展驱动下的土地利用变化，使得区域内农作物覆盖度显著增加而引起的地表植被覆盖度的改变。

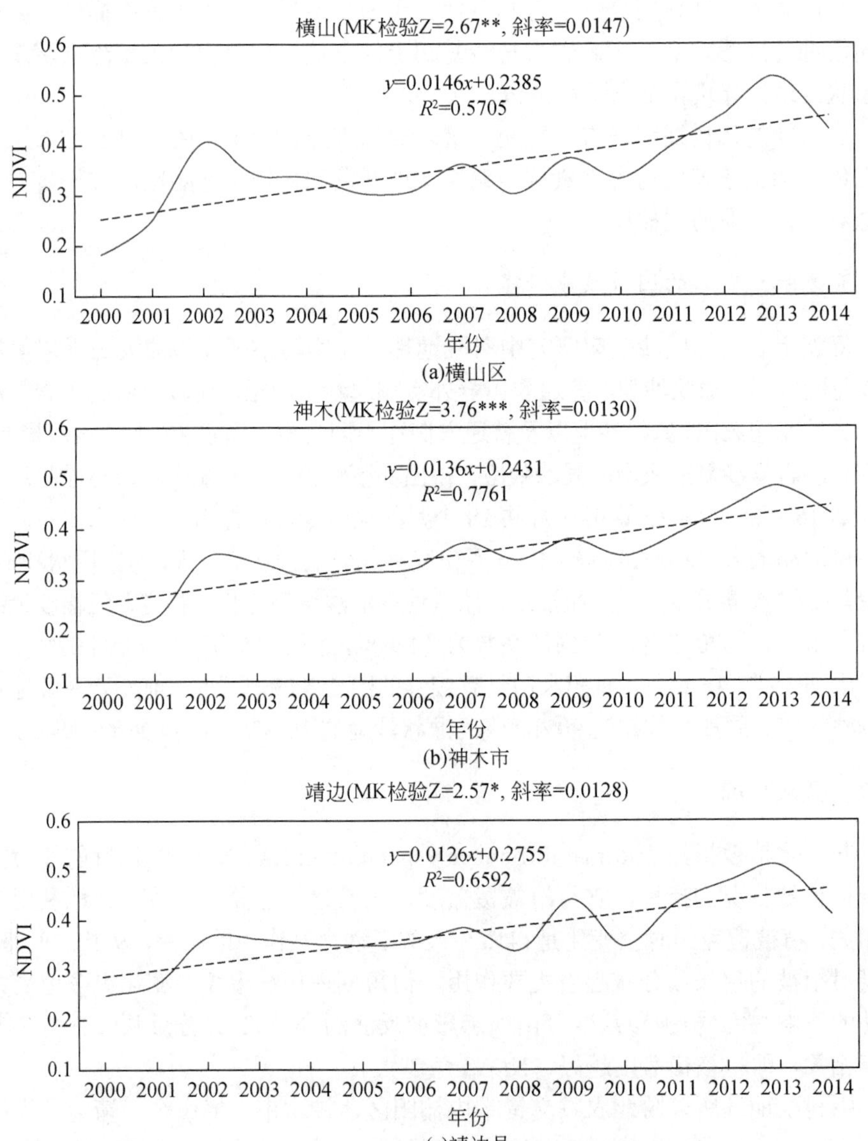

(a)横山区

(b)神木市

(c)靖边县

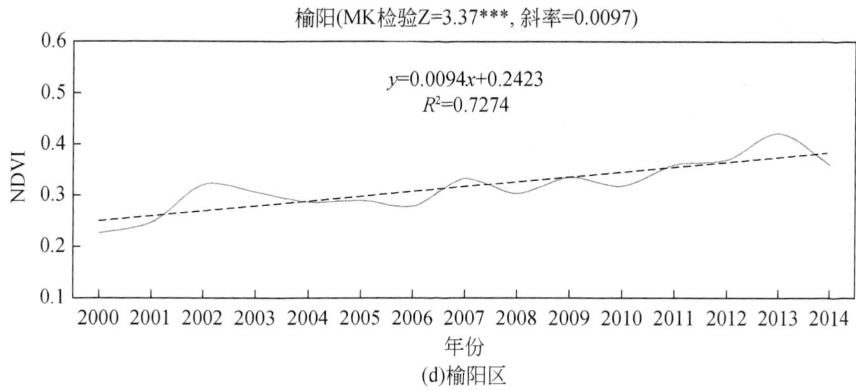

(d)榆阳区

图 8.4　各县（区、市）NDVI 变化趋势

*表示显著性水平 a =0.05；**表示显著性水平 a =0.01；***表示显著性水平 a =0.001

8.3.3　土壤水分含量

土壤水分是植被生长的最大障碍，水分不足会导致植被提前衰弱。砒砂岩本身具有天然保水剂的作用，利用砒砂岩与沙混合整治毛乌素沙地，沙地土壤表层吸湿水增加，形成膜状水，水分条件得到改善，生物固沙措施能够持续发挥作用。沙土含水量是很重要的抗风蚀因子。表层土壤含水率增加，沙粒的起动风速增大。当气流吹过由疏松颗粒组成的下垫面时，沙粒受迎面阻力和重力的作用；对粒径小于 0.1mm 沙粒而言，还必须考虑内聚力和黏滞力的作用。沙子在含有水分情况下，水分子与沙粒颗粒之间的拉张力增加了颗粒间的内聚力，使之不易被风起动。2%的沙土含水量是重要的转折点，当含水量小于 2%时，沙土的抗风蚀能力差，且变化较大；当含水量大于 2%时，抗风蚀能力趋于稳定；当含水量达到饱和持水量时，抗风蚀极限风速稳定在 14m/s 左右，可抗御 6～7 级大风。

通过把砒砂岩、砒砂岩与沙混合物和沙三者分别饱和后，观察在 342h 内土壤含水率随时间的变化并绘制图 8.5 后发现，砒砂岩及砒砂岩与沙混合物随时间变化幅度小，分别为 1.59%和 4.38%，且最低含水量分别为 17.49%和 11.57%，均超出了沙的饱和含水量，因此最少能够经受 14m/s 风速的侵蚀。沙在 294h 时，含水量为 1.39%，低于 2%，抗风蚀能力已经很差。因此，砒砂岩与沙复配即可通过增加土壤表层的含水量提高了沙地的抗风蚀能力。

另外，研究区域冬季气候寒冷，若此时土壤含水率高，会产生土壤冻层；若水分含量低，则难以形成冻层。一方面，水结冰后，冰中具有四面体的晶体结构，氢键把这些四面体联系起来，成为一个整体；另一方面，在冰的作用下，单粒沙子胶结成一层保护壳，以此隔开气流与松散沙面的直接接触，从而起到了防治风蚀的作用。

沙土颗粒表面的水分赋存状态也发生了改变。沙土中水分以水膜不连续的触点水状态存在，这时的颗粒表面较粗糙，更易受到风力扰动。一方面砒砂岩中黏粒、氧化物胶体等吸附在砂粒表面后，形成水膜连续的膜状水，增加了颗粒表面光滑度，有利于风力流通，以此减小风力扰动；另一方面，植被根系在土壤中延伸时，没有水膜就需要自身产生大量分泌物，这会阻碍根系生长，而膜状水的存在有利于根系更好延伸，促进植被生长，这也有利于土壤中团粒结构的形成，增强生物固沙效应。

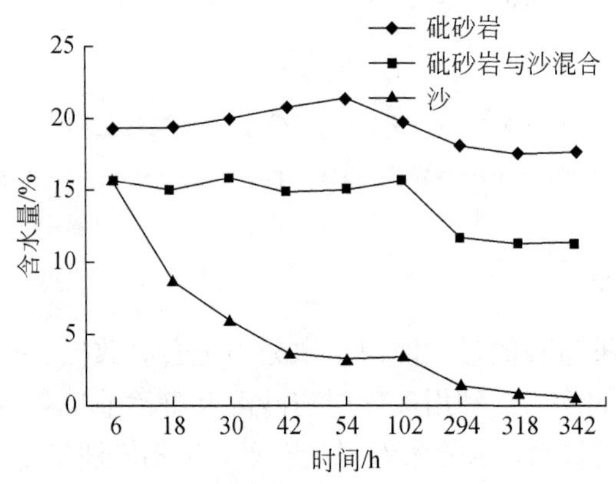

图 8.5　含水量随时间的变化

8.3.4　土壤结皮

随着复配土中砒砂岩复配比例的增高，土壤结皮不仅能够形成，而且厚度逐步增大。陕北农牧交错带原始沙地结皮厚度一般小于 2.0mm。砒砂岩与沙复配比例为 1∶5 时，土壤结皮厚度可达 3.3mm，当复配比例为 1∶1 时，土壤结皮厚度最大可达为 9.0mm，如表 8.1 所示；验证了前人研究所表明的土壤的黏粉粒含量与结皮厚度呈正相关关系[31]工作，由于砒砂岩中粉粒含量高达 58.09%，为土壤物理结皮的形成提供充足的物质来源。同时，随着固沙年限的增加，结皮土壤的颗粒组成中黏粒和粉粒含量呈明显增加的趋势。究其原因，生物结皮中的隐花植物截留水分，细土粒优先被固定，在冻融过程中，将细土粒黏聚，且发育良好的生物结皮能够捕捉风积物，防止风蚀，逐渐使土壤表层颗粒组成变细[32, 33]。土壤物理结皮的存在可以显著提高沙尘的起动风速和土壤的抗剪切能力，能有效防止风蚀，对于流沙固定以及土壤改良等均有非常重要的意义[34]。

表 8.1　不同比例砒砂岩与沙复配土结皮厚度

原始沙地	1∶1	1∶2	1∶5
＜2.0mm	9mm	5.8mm	3.3mm

8.4　调控模式下土地利用变化及其生态服务价值

生态系统服务（ecosystem service）的概念是在 20 世纪 60 年代由 King 和 Helliwell 提出的，经过十多年的发展完善，最后由 Ehrlich 将其定义为“生态系统服务功能”[35, 36]。生态系统服务功能是指生态系统与生态过程所形成的及所维持的人类赖以生存的自然环境条件与效用[37]。其内涵可以包括有机质的合成与生产、生物多样性的产生于维持、调节气候、营养物质储存与循环、土壤肥力的更新与维持、环境净化与有害有毒物质的降解、减轻自然灾害等诸多方面[38, 39]。由于生态系统服务和功能的多面性，生态系统服务也就具有多价值性。

人类在从生态系统获得越来越多的效益和福利的同时，对生态系统的干扰强度也越来越大。生态系统在对人类干扰产生响应和反馈时，为人类社会提供的服务和产品也产生响应的变化[40]。土地利用是人与自然生态系统交叉最为密切的环节，由此导致的土地覆盖变化对维持自然生态系统服务功能与自然资源可持续利用起着决定性作用[41]，农业生态系统尤为如此。

陕北农牧交错带内沙地面积分布广泛，根据 2015 年榆林市土地利用现状，交错带内沙地总面积达 64274.54hm^2，占未利用土地面积的 58.8%，占交错带所在榆林市沙地总面积的 97.6%。虽然沙地生态系统的自然环境相对退化，土地生产力和农牧业效益低下，但是在天然植被的调节下，保持沙地生态系统相对平衡状态，不会引起生态系统剧烈退化，然而一旦人为地过度干扰，沙性土壤潜在的自然因素便会激化与活化，从而产生土地沙漠化[42]。不科学地对待自然、盲目地去开发，会造成土地的沙漠化；过度开发利用土地资源，如过渡垦荒耕种也会造成土地沙漠化。

因此，面对交错带内生态环境的脆弱性和敏感性，任何不合理的资源开发，均会引起植被和草原的严重破坏，进而引发更为强烈的风蚀沙地。在进行沙地农业开发时，对区域进行生态环境响应的研究是十分必要的。基于对沙地农业利用模式前后生态系统服务价值大小及其变化的分析，可定量化地评价土地利用变化活动对交错带生态脆弱区生态系统环境及其服务功能的影响，同时反映出模式应用后对区域产生的时空差异性，为建立区域可持续发展的土地利用模式、制订沙地农业开发利用策略提供理论支持。

8.4.1　交错带土地利用的动态演变及结构变化

一直以来，林地和草地都是陕北农牧交错带内主要的土地构成类型。2009 年土地调查表明，交错事业内林地、草地面积分别为 1131067hm^2、1155445hm^2，各占总面积比的 33.97%、34.70%。根据 2015 年交错带 6 县（市、区）土地利用现状，交错带内土地利用类型以草地、林地、耕地三种类型为主，三种用地类型各占总土地面积的 33.97%、33.14%和 22.15%，合计占交错带总面积的 89.26%，也符合农牧交错带的生态系统结构特性。与 2009 年相比林地和草地占总面积比相比分别下降了 0.83%和 0.73%，随之产生的变化是耕地面积增加了 0.31%，城镇村及工矿用地增加了 0.44%，其他用地增加了 0.68%，交通运输用地增加了 0.17%，显示出了城镇发展过程中城镇建设用地对原有传统林草地的挤占，对原有土地类型结构的改变。同时，水域及水利设施建设用地面积也有了微小变动，相较 2009 年下降了 0.02 个百分点。2009 年、2012 年和 2015 年陕北农牧交错带土地利用类型及其变化见表 8.2。

表 8.2 交错带土地利用构成类型及面积变化

项目		耕地	园地	林地	草地	城镇村及工矿用地	交通运输用地	水域及水利设施用地	其他	沙地
2009 年	面积/hm^2	727055.50	51465.10	1131067.20	1155445.20	89649.70	41759.60	47231.20	85773.00	68492.80
	占比/%	21.84	1.55	33.97	34.70	2.69	1.25	1.42	2.58	2.06
2012 年	面积/hm^2	730750.10	51393.10	1122901.50	1149204.40	98223.30	44450.40	47002.70	112424.10	67822.10
	占比/%	21.77	1.53	33.46	34.24	2.93	1.32	1.40	3.35	2.02
2015 年	面积/hm^2	743398.60	51392.90	1112416.60	1140161.90	105167.60	47652.90	46865.10	109294.00	64274.50
	占比/%	22.15	1.53	33.14	33.97	3.13	1.42	1.40	3.26	1.92
增减面积/hm^2		16343.10	72.30	−18650.60	−15283.30	15517.90	5893.40	−366.1 0	23521.10	−4218.20
增减占比/%		0.31	−0.01	−0.83	−0.73	0.44	0.17	−0.02	0.68	−0.14

注：“-”表示该项目减少或降低。

据相关统计，1950～2005 年陕北农牧交错带耕地面积整体上处于持续下降的趋势，2005 年以后为快速增加时期。随着国民经济建设的快速发展和农业结构的调整，2005 年前交错带内耕地面积持续减少，而在今后相当长一个时期内，随着人口不断增长，城市与农村争地、工业与农业争地、生态建设与经济发展争地现象仍将持续，人地矛盾日趋凸显，耕地补充需求依然迫切。为保证粮食安全、补充耕地资源，挖掘沙地的耕地潜力、坚守耕地保护红线和粮食安全底线是沙地农业开发利用的先决条件。

交错带内沙地面积一直保持占总面积 2%左右的规模。在调控模式应用前，未利用沙地面积保持着年均约 0.02%的速度递减；调控模式应用后，由于加大了对沙地开发利用，将未利用沙地建设开发为农牧耕地和其他面积（主要为田间道路和生产道路），2015 年、2020 年和 2030 年为交错带新增耕地面积分别为 15253.6hm^2、19985.9hm^{2}和 47268.0hm^2，新增牧草面积分别为 368.6hm^2、1573.0hm^{2}和 1714.5hm^2，详见表 8.3。从总体上看，沙地农业的开发利用为交错带内补充后备耕地资源、满足粮食需求提供了保障。同时，牧草地的增加减缓了交错带内草地面积逐年降低的现象，为保持农牧交错带的生态结构多样性提供了支撑。

表 8.3　沙地农业开发后土地利用类型及面积变化　　（单位：hm^2）

土地利用类型	2015 年	新增沙地利用		
		2015 年	2020 年	2030 年
耕地	743398.6	15253.6	19985.9	47268.0
园地	51392.9	*	*	*
林地	1112416.6	*	*	*
草地	1140161.9	368.6	1573.0	1714.5
城镇村及工矿用地	105167.6	*	*	*
交通运输用地	47652.9	822.2	1081.8	2574.5
水域及水利设施用地	46865.1	*	*	*
其他	109294.0	*	*	*
沙地	64274.5	47831.1	38679.1	3434.5

注：“*”表示该项目维持原状。

8.4.2　县（市、区）土地利用结构演变

陕北交错带各县（市、区）不同土地利用类型在 2009～2015 年的面积变化如图 8.6 所示。从整体上看，所有县（市、区）均有大幅提升的土地利用类型是城镇村用地和交通运输用地，城镇村用地增长幅度表现为：横山区＞榆阳区＞府谷县＞靖边县＞神木市＞定边县，交通运输用地增长幅度表现为：榆阳区＞神木市＞府谷县＞靖边县＞横山区＞定边县；所有县（市、区）均有不同程度减少的土地利用类型是林地和沙地，林地的变化幅度表现为：横山区＞神木市＞榆阳区＞定边县＞府谷县＞靖边县，沙地的变化幅度表现为：靖边县＞定边县＞榆阳区＞横山区＞府谷县＞神木市。其中，县（市、区）内土地利用类型结构变化幅度最大的是榆阳区，榆阳区在 2009～2015 年耕地增加 9417.65hm^2，增长率达 13.4%，而草地和林地分别减少了 7549.05hm^{2}和 3071.22hm^2，约占各自的 3.8%和 0.97%；除耕地外，榆阳区提升幅度最大的是交通运输用地和城镇村用地，分别提高了 10.9%和 8.9%。

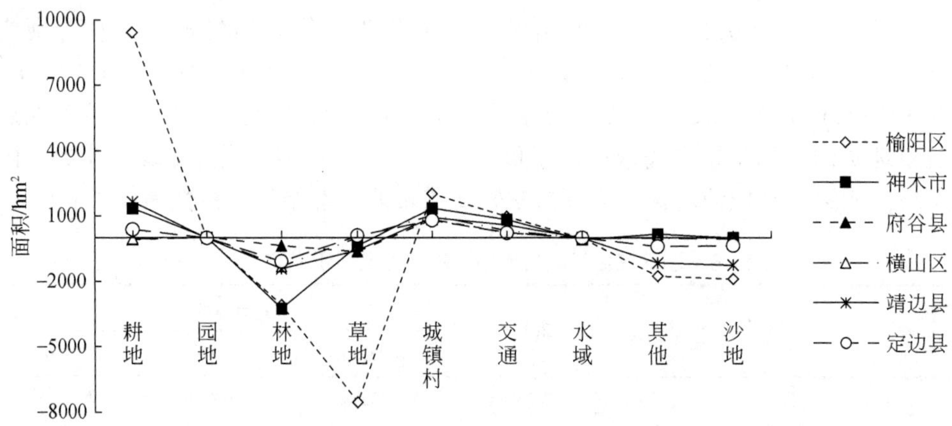

图 8.6　2009～2015 年各县（市、区）各土地利用类型面积增减

同时，对 2015 年、2020 年和 2030 年水资源调控模式下不同土地利用类型的面积变化进行分析，由于沙地农业开发利用过程主要为耕地、草地、交通和沙地带来变化，因此本小节仅讨论这四种土地利用类型，如图 8.7 所示。沙地农业开发过程将交错带内的未利用沙地通过土地整治形式开发为耕地、草地和交通用地，在图中可以看出，在调控模式下，沙地面积逐年下降，至 2030 年仅榆阳区仍保有少部分未利用沙地；从 2015～2030 年，草地的面积仍保持主导地位，然而耕地面积大幅增加逐渐接近了草地面积，尤其以定边县最为显著；靖边县耕地面积在调控模式应用前小于草地面积，2015 年分别为 110236.16hm^2 和 11563.26hm^2，在调控模式应用后耕地小幅超过草地面积。

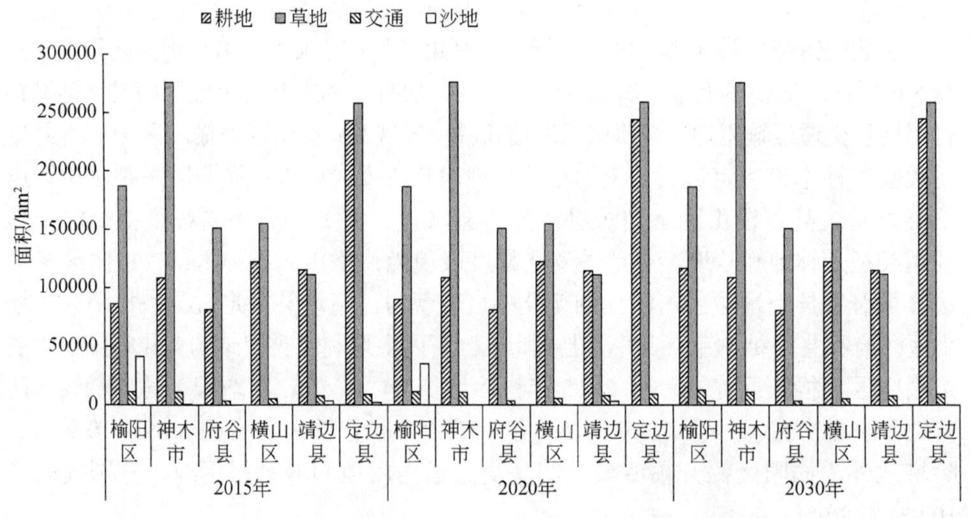

图 8.7　三个典型年沙地农业引起的土地利用类型变化

8.4.3　交错带生态服务价值的构成变化

在第 5 章水资源适应性调控建模与方法中，已介绍过基于生态绿当量的生态服务价值核算方法。第 5 章中的计算主要是针对沙地农业开发利用对整个交错带的生态服务总价值的提升，本小节为更好的研究调控模式前后区域生态服务不同功能价值的变化，参考前人的部分研究成果[43-45]，将生态服务价值类型按照功能区分为供给服务（supporting service，SS）、调解服务（adjusting service，AS）、支持服务（holding service，HS）和文娱服务（entertainment service，ES）四大类。其中调节服务包括气体调节、气候调节和水源涵养；支持服务包括土壤形成与保护、废物处理和生物多样性保护；供给服务包括食物生产和原材料；文娱服务包括娱乐文化，详见表 8.4。

表 8.4　中国不同陆地生态系统单位面积生态服务价值表　（单位：元/hm²）

服务类型	服务功能	森林	草地	农田	湿地	水体	沙地
调节服务（AS）	气体调节	3.97	707.9	442.4	1592.7	0	0
	气候调节	2389.1	796.4	787.5	15130.9	407	0
	水源涵养	2831.5	707.9	530.9	13715.2	18033.2	23.5
	合计	5224.57	2212.2	1760.8	30438.8	18440.2	23.5
支持服务（HS）	土壤形成与保护	3450.9	1725.5	1291.9	1513.1	8.8	17.7
	废物处理	1159.2	1159.2	1451.2	16086.6	16086.6	8.8
	生物多样性保护	2884.6	964.5	628.2	2212.2	2203.3	300.8
	合计	7494.7	3849.2	3371.3	19811.9	18298.7	327.3
供给服务（SS）	食物生产	88.5	265.5	884.9	265.5	88.5	8.8
	原材料	2300.6	44.2	88.5	61.9	8.8	0
	合计	2389.1	309.7	973.4	327.4	97.3	8.8
文娱服务（ES）	娱乐文化	1132.6	35.4	8.8	4910.9	3840.2	8.8

基于生态绿当量的生态系统服务价值受到土地利用类型面积和构成比例变化的直接影响。根据式（5.10）计算出的陕北农牧交错带内调节模式应用前后的生态服务价值变化，其中交错带内园地主要种植作物为经济果树，在这里一并计入耕地进行计算，结果如表 8.5 所示。同时，绘制了 2009 年、2012 年及 2015 年交错带生态服务价值构成及变化图（图 8.8）以及调控模式下 2015 年、2020 年、2030 年交错带生态服务价值构成及变化图（图 8.9）。

表 8.5 各类生态系统服务功能价值及调控模式前后变化

状态	年份	服务类型	林地/亿元	草地/亿元	农田/亿元	水体/万元	沙地/万元	小计/亿元
调控前	2009	AS	104.26	16.58	5.16	2440.00	3.27	126.25
		HS	76.81	25.27	21.97	2420.00	45.51	124.30
		SS	6.18	7.30	7.00	10.00	1.22	20.48
		ES	0.71	0.07	3.32	510.00	1.22	4.14
	2012	AS	102.76	16.41	5.21	2410.00	3.20	124.61
		HS	75.71	25.00	22.17	2400.00	44.62	123.12
		SS	6.09	7.22	7.07	10.00	1.20	20.38
		ES	0.70	0.07	3.35	500.00	1.20	4.16
	2015	AS	100.85	16.15	5.38	2400.00	2.88	122.62
		HS	74.30	24.61	22.89	2380.00	40.07	122.05
		SS	5.98	7.11	7.30	10.00	1.08	20.38
		ES	0.68	0.06	3.46	500.00	1.08	4.26
调控后	2015	AS	100.85	16.16	5.59	2400.00	1.59	122.83
		HS	74.30	24.63	23.78	2380.00	22.19	122.95
		SS	5.98	7.11	7.58	10.00	0.60	20.67
		ES	0.68	0.06	3.59	500.00	0.60	4.39
	2020	AS	100.85	16.19	5.65	2400.00	1.04	122.93
		HS	74.30	24.68	24.06	2380.00	14.51	123.28
		SS	5.98	7.13	7.67	10.00	0.39	20.77
		ES	0.68	0.06	3.64	500.00	0.39	4.43
	2030	AS	100.85	16.20	6.04	2400.00	0.008	123.32
		HS	74.30	24.68	25.70	2380.00	0.114	124.92
		SS	5.98	7.13	8.19	10.00	0.003	21.30
		ES	0.68	0.06	3.88	500.00	0.003	4.68

由于调控模式下各类生态系统服务价值构成大小的变化与不同土地利用类型的面积变化趋势呈正比，则表现出随各种土地利用类型面积增加或减少，其生态服务价值构成也相应增加或减少。本节以 2015 年为基准年，2020 年和 2030 年分别为近期规划年和远期规划年。由于基于复配土的沙地农业开发利用对交错带内土地利用类型的改变仅包括耕地（农田）、草地、沙地三种类型，假设在规划年其他类型土地依然保持 2015 年的状态，用以对比和突出沙地农业利用过程对交错带生态服务价值的改变。

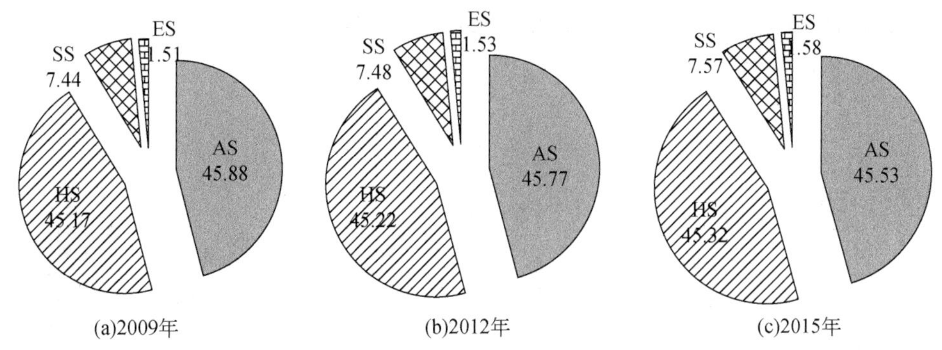

图 8.8 典型年交错带生态服务价值构成及变化（单位：%）

从表 8.5 和图 8.8 可以看出，调节服务价值和支持服务价值在交错带生态系统服务价值中所占比重最大，二者均占区域总价值的 45%以上。其中，调节服务价值随时间变化略有下降，占比从 2009 年的 45.88%下降至 2015 年的 45.53%，价值从 126.25 亿元下降至 122.62 亿元，减少了 3.63 亿元；支持服务、供给服务、文娱服务价值占比均有不同程度的提升，但仅有供给服务价值的始终保持提升状态，从 2009 年到 2015 年提升了 0.12 亿元；支持服务价值在 2009～2015 年逐渐减少，从 124.30 亿元下降至 122.05 亿元；供给服务价值在 2009～2012 年小幅下降了 0.1 亿元，在 2012～2015 年保持稳定在 20.38 亿元。从总体上看，交错带内四种生态系统功能价值分布基本处于稳定状态，部分价值出现微调改变，主要是调节服务价值和支持服务价值的下降，以及文娱服务价值的提升，供给服务价值较为稳定。

从表 8.5 和图 8.9 可以看出，调控模式下交错带生态服务价值的构成发生了趋势性的改变，主要表现在调节服务价值、支持服务价值、文娱服务价值供给服务价值的上升趋势。调控模式应用前调节服务价值持续下降，2015 年调控模式应用后即从 122.62×10^8 元提升至 122.83 亿元，2015 年至 2030 年又提升至 123.32 亿元，扭转了之前一直处于下降趋势的状态。2015 年到 2030 年，支持服务价值和供给服务价值分别提升了 0.47 亿元和 0.63 亿元，占比也分别提升了 0.16%和 0.14%。文娱服务价值在 2015 年调控模式应用前后从 4.26 亿元提升至 4.39 亿元，到 2030 年提升至 4.68 亿元，占比也提升至 1.71%。从总体上看，模式应用后，交错带内四种生态服务功能价值均有不同程度的提升，但其所占比发生了微小变动，即结构变化，主要是调节服务价值占比的下降和支持服务、供给服务、文娱服务价值占比的提升。

同时，将 2009 年、2012 年和 2015 年各不同土地利用类型的生态服务价值进行绘图如图 8.10，经对比分析可得，从 2009～2015 年，对各种土地利用类型的生态服务价值进行排序，生态服务价值均表现为：林地＞草地＞农田＞水体＞沙地。

其中随着时间变化，生态服务价值呈下降趋势的有林地、草地、水体和沙地，呈上升趋势的有农田，这与土地利用面积呈明显的正相关。

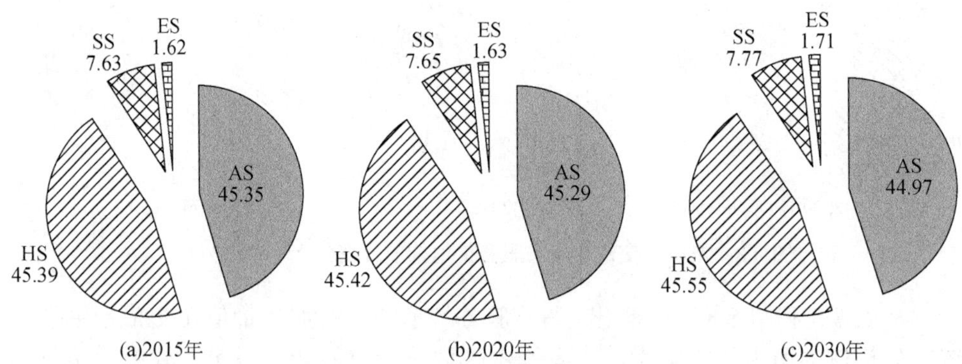

图 8.9　基于水资源调控的交错带生态服务价值构成及变化（单位：%）

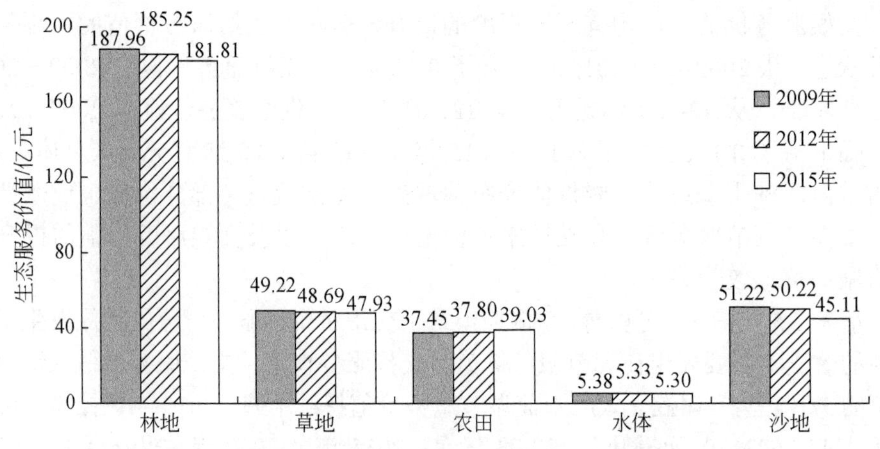

图 8.10　2009～2015 年不同土地利用类型的生态服务价值变化

调控模式下不同土地利用类型的生态服务价值变化如图 8.11 所示。整体来看，在调控模式应用后，从 2015～2030 年，各种土地利用类型的生态服务价值依然呈现出林地＞草地＞农田＞水体＞沙地的状态。其中，林地和草地的生态服务价值依然占据前位。然而，农田的生态服务价值呈现出显著增加趋势。以 2015 年模式应用前后进行对比，应用前交错带农田生态服务价值为 39.03 亿元，应用后为 40.54 亿元，这一数字在 2020 年和 2030 年分别增长至 41.02 亿元、43.81 亿元，接近草地的生态服务价值。沙地生态服务价值快速减少，至 2030 年仅为 0.13 万元。

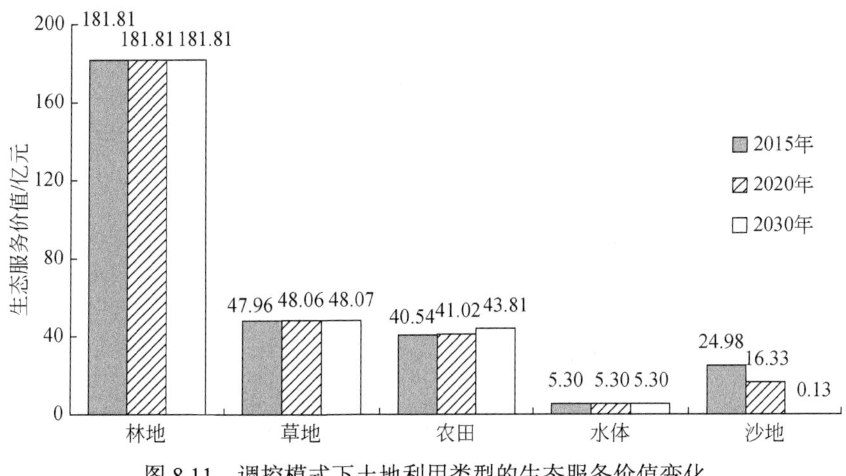

图 8.11　调控模式下土地利用类型的生态服务价值变化

8.4.4　交错带生态服务价值的动态演变

生态服务总价值的变化是区域生态服务价值提升与否最直观的说明。陕北农牧交错带生态系统服务总价值的变化趋势见图 8.12。交错带内土地利用方式的改变一直影响着区域整体的生态服务价值水平，自 2009 年以来，呈现出明显的下降趋势，从 2009 年的 275.17 亿元下降至 2015 年的 269.30 亿元。这与区域内林地和草地面积减少有关，同时体现出城镇发展过程中城镇建设用地对原有传统林草地的挤占不仅影响着区域内土地利用类型和结构，同时对城镇化发展过程中整个区域的生态服务价值产生影响，大量植被用地和生态用地的减少，明显拉低了整体生态价值水平。

调控模式下，2015 年的生态服务价值总量上升了 1.54 亿元，提升至 270.84 亿元。同时，2015～2030 年一直保持上升趋势，2020 年达到 271.42 亿元，2030 年达到 274.22 亿元，扭转了之前生态服务价值总量持续走低的态势，表现出稳定增长势头。

从不同类型生态服务功能价值的变化来分析交错带对沙地农业开发利用的生态响应，见图 8.13。可以看出，四种功能价值变化幅度都不大。调节服务价值在 2009～2015 年有轻微下降趋势，在调控模式下，2015～2030 年下降趋势转变为保持稳定在 1.23 亿元；支持服务价值在 2009～2015 年出现小幅下降，从 1.24 亿元下降至 1.22 亿元，调控模式下 2015～2030 年下降趋势转变为小幅上升趋势，从 1.23 亿元上升至 1.25 亿元；供给服务价值在 2009～2015 年保持在 20 万元稳定状态，调控模式下 2015～2030 年上升了 10 万元，保持稳定在 21 万元；文娱服务价值在 2009～2015 年持续上升，从 0.41 万元上升至 0.43 万元，在调控模式下继续保持上升趋势，从 0.44 万元提高至 0.47 万元。

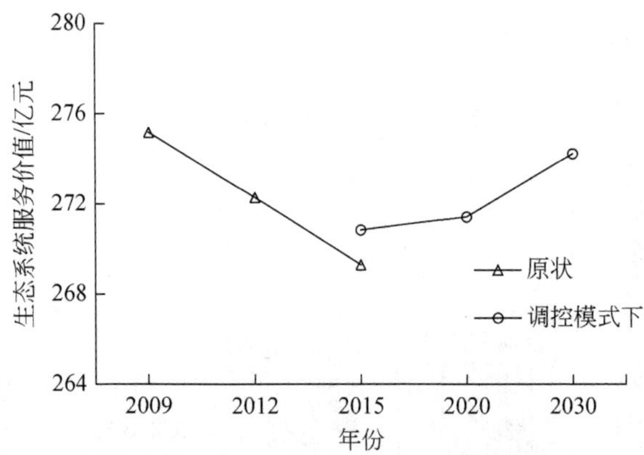

图 8.12　交错带内农田生态系统服务价值变化

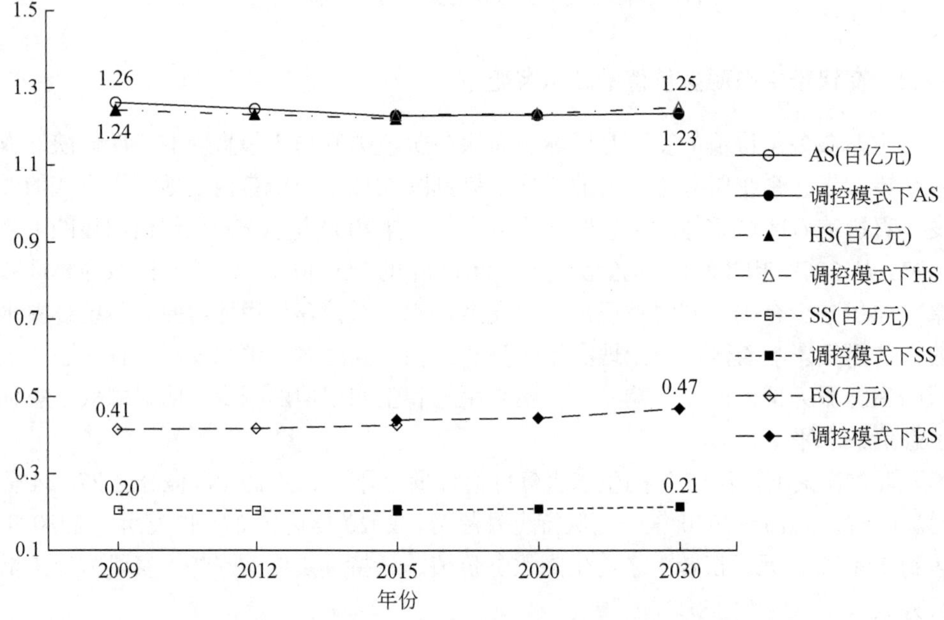

图 8.13　交错带不同生态系统服务功能价值变化趋势

总体来看，调控模式下交错带内生态服务价值的提升效果明显，交错带生态服务总价值明显提升，四种生态功能价值均保持上升或保持稳定，因此沙地农业开发的水资源调控模式对交错带的生态响应是正向的。

8.4.5　各县（市、区）生态服务价值的构成变化及动态演变

生态系统服务价值的变化是同期土地利用类型变化的直接反映。如图 8.14 可知，在调控模式应用前，各县（市、区）的生态服务总价值均处于减少状态，其

中以榆阳区在 2009～2015 年年均减少幅度最大，年均达到了 1177.01 万元，其次是神木市，年均达到了 709.96 万元；以 2015 年调控模式应用前后为界，各县（市、区）生态服务价值除靖边县在 2015～2020 年年均 33.33 万元的小幅下降以外，其他县（市、区）总体均保持上涨趋势。在 2015 年调控模式应用前后，榆阳区、神木市、府谷县、横山区、靖边县和定边县的生态服务价值增长量分别为 136.7 万元、45.9 万元、5.11 万元、135.6 万元、302.8 万元和 337.9 万元。表现尤为突出的是，在 2020～2030 年生态服务总价值年均增长幅度最大的榆阳区，增长量达到了 1200.0 万元，也是价值量变化幅度最大的阶段。

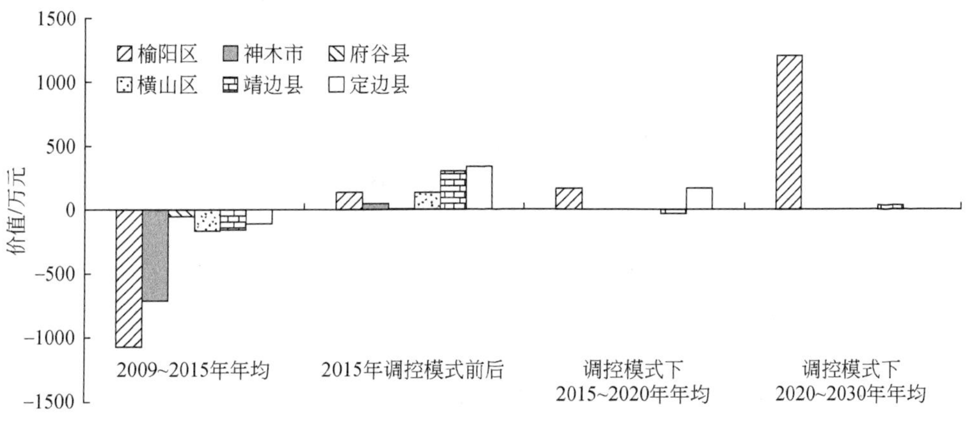

图 8.14　各县（市、区）生态系统服务总价值变化情况

从不同生态服务功能价值来分析各县（市、区）生态服务价值的构成及变化，如图 8.15 所示。总体上，6 个县（市、区）的生态服务价值均是以调节服务价值和支持服务价值为主，文娱服务价值最小。在调控模式应用前，满足 AS＞HS＞SS＞ES 价值的县（市、区）有：榆阳区、神木市 2 个县（市、区），满足 HS＞AS＞SS＞ES 价值的县（市、区）有：府谷县、横山区、靖边县、定边县 4 个县（市、区）；在调控模式应用后，满足 AS＞HS＞SS＞ES 价值的县（市、区）有：

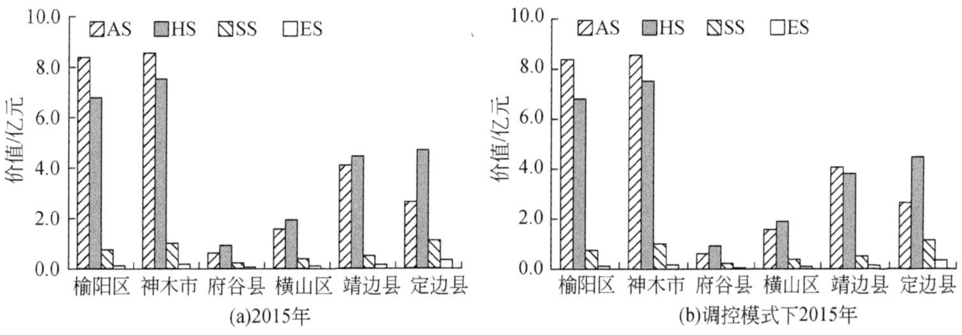

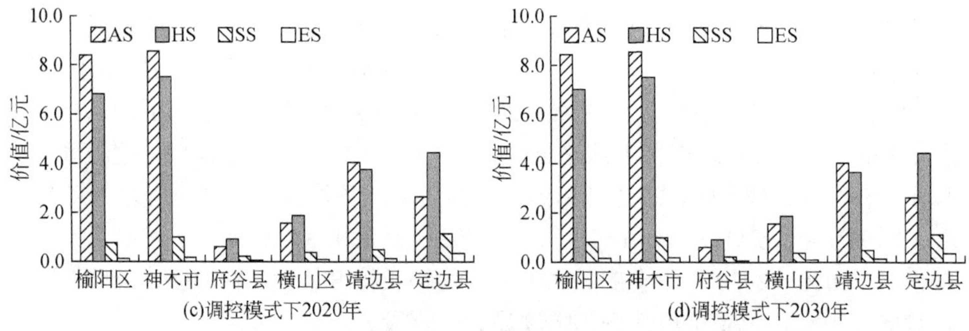

图 8.15 调控模式前后不同生态服务功能价值变化

榆阳区、神木市、靖边县 3 个县（市、区），满足 HS＞AS＞SS＞ES 价值的县（市、区）有：府谷县、横山区、定边县 3 个县（市、区）。其中，靖边县结构变化较为明显，调控模式下调节服务价值增长较多，且进一步在 2020 年和 2030 年继续保持了增长势头，也表明了调控模式应用后生态系统对调节服务功能的加强。

8.4.6 生态服务价值的空间分布

生态系统服务价值的空间分布在一定程度上反映了区域土地利用的合理程度及生态系统结构的良好状况。图 8.16、图 8.17 为交错带内各县（市、区）生态系统总服务价值的空间分布和单位面积生态系统服务价值的分布，可以看出，榆阳区和神木市的生态价值总量是最大的，在交错带整个生态系统占据主导地位，其单位面积生态价值在 2015 年分别达到了 2247.13 元/hm^2 和 2194.67 元/hm^2。另外，2009～2015 年各县（市、区）的生态服务总价值和单位面积价值均呈现逐步缩小的态势，图中所示各县（市、区）包围面积逐渐减小，以榆阳区减少幅度最大，从 2009～2015 年生态服务总价值从 16.49 亿元下降至 15.85 亿元。

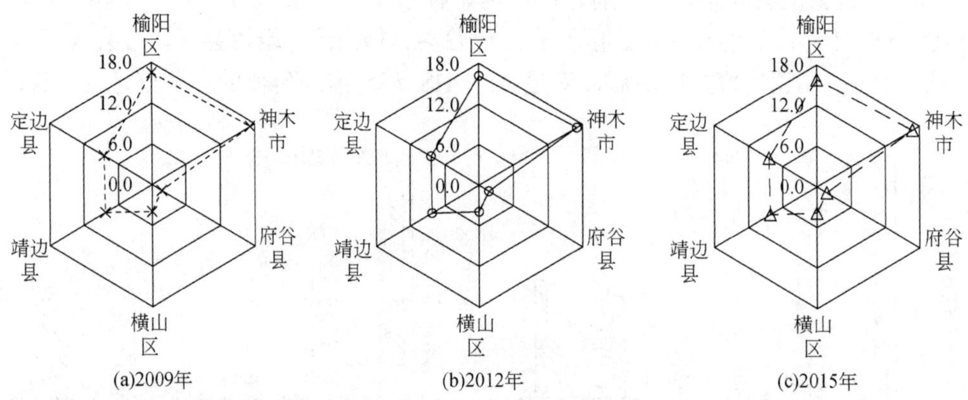

图 8.16 各县（市、区）生态系统总服务价值的空间分布动态（单位：亿元）

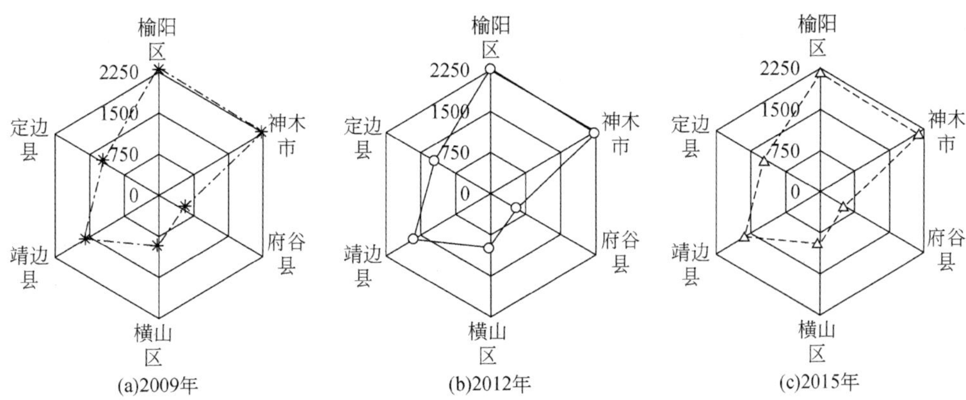

图 8.17　各县（市、区）单位面积生态系统服务价值空间分布动态（单位：hm^2）

与前期情况不同的是，调控模式下各县（市、区）的生态服务总价值呈现出逐步上升或保持稳定的状态，其中榆阳区在 2015 年、2020 年、2030 年生态服务价值总量分别为 15.89 亿元、15.94 亿元、16.30 亿元，定边县价值总量分别为 8.51 亿元、5.56 亿元、5.56 亿元，均有不同程度提升，其余各县均保持稳定。单位面积生态价值趋势与总价值相似，榆阳区在 2015 年、2020 年、2030 年单位面积生态价值分别为 2252.94 元/hm^2、2260 元/hm^2、2311.07 元/hm^2，定边县分别为 1229.77 元/hm^2、36.99 元/hm^2、1236.99 元/hm^2。调控模式下各县（市、区）生态服务价值总量和单位面积生态价值均有不同程度提升，详见图 8.18 和图 8.19。

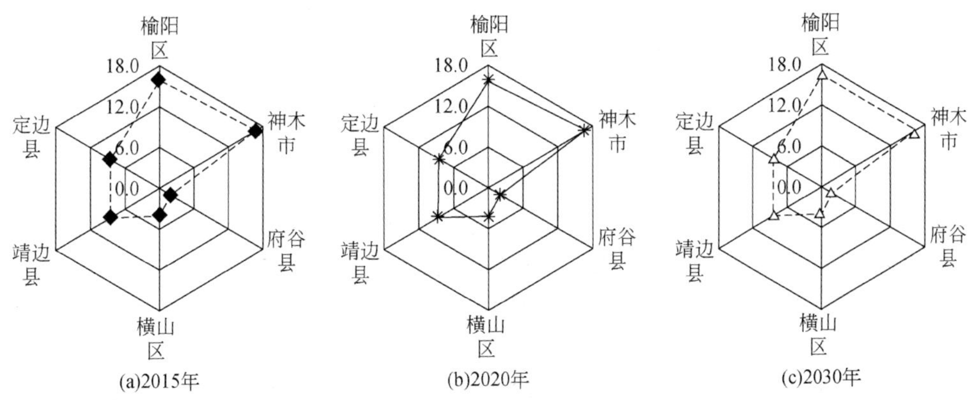

图 8.18　水平年各县（市、区）生态系统总服务价值空间分布动态（单位：亿元）

各县（市、区）生态系统总服务价值的排序是：神木市＞榆阳区＞定边县＞靖边县＞横山区＞府谷县，单位面积生态价值的排序是：榆阳区＞神木市＞靖边县＞定边县＞横山区＞府谷县；榆阳区、神木市、府谷县为交错带提供了大部分的生态系统服务功能。其中，靖边县的单位面积生态价值较大使得其所在次序发生改变，这与靖边县土地利用现状也有关系，靖边县林地面积占土地总利用面积的

42.04%，草地和耕地面积分别占22.04%和21.77%，可见，林地、草地、耕地等植被覆盖度较高的土地利用类型是改善生态环境、使生态系统良好运行发展的保障。

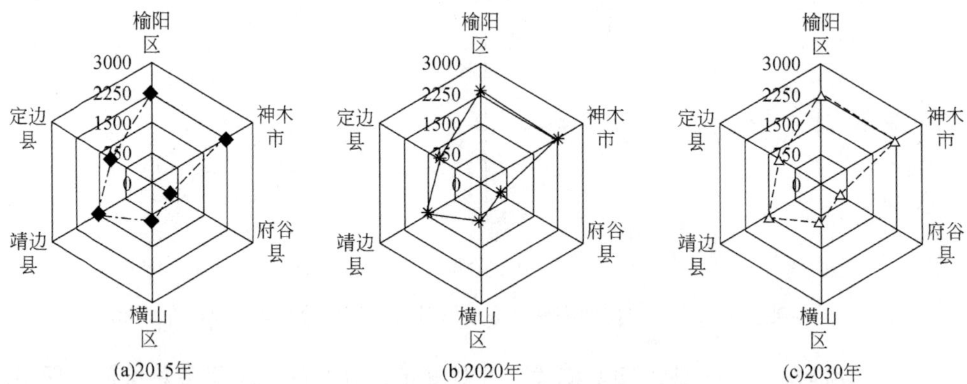

图 8.19　水平年各县（市、区）单位面积生态系统服务价值空间分布动态（单位：元/hm²）

8.5　水-土-生物负反馈生态系统构建

负反馈生态系统是系统中各要素达到动态平衡，即围绕着平衡状态在有限的范围内波动的情况，达到负反馈效应则要求区域所形成的生态系统中人类生产活动与生态环境和资源环境能够协调发展。本书提出的水资源调控模式既考虑了生产活动带来的经济发展，又充分考虑了资源的承载能力以及生产活动所产生的生态效益。因 8.4 节对调控模式下的沙地农业利用的生态响应与生态服务价值进行了详细说明，以下仅总结沙地利用的经济效应和社会效应。

8.5.1　沙地利用的经济效应

陕北农牧交错带自身生态环境的脆弱性和水资源的紧缺性使得该地区的生态环境保护和资源的节约利用成为沙地开发利用过程中应该首要关注的问题。生态环境与经济效益之间的关系首先表现在相互依存方面，良好的生态环境为经济发展提供必要的物质基础和资源条件，也可承纳经济发展过程中产生的更多的废弃物，从而促进经济的发展；而经济发展为生态环境的改善提供经济动力和外部条件。在生态与资源总体上并不占优势的陕北农牧交错带，要对现有生态环境与自然资源进行保护必须正确处理生态资源与经济发展的矛盾，使生态资源和经济相互促进，相互协调和协调发展。

本章的沙地农业开发利用，以交错带内紧缺的水资源作为主要资源限制条件，在剩余水资源可利用量的约束下进行适度的沙地农业开发利用活动，将有限的资源最大限度地开发利用，实现效益最大化。开发利用过程所取得的经济效应除了传统农业耕作所带来的粮食贸易产生的直接经济效应，也有因沙地农业产业发展所带来的间接经济效应。

1. 直接经济效应

（1）农产品贸易的直接经济效益。基于复配土沙地农业开发利用，按照国家提倡的“经济作物+粮食作物+饲草作物”的多元化种植结构，满足农业多样性产品要求，并且复配土上种植作物相比于当地传统农作物产品产量更高且更稳定，同时结合品种优选提高作物单价，由此参与农产品贸易而产生直接经济效益。

（2）改善农业产业结构，加快特色农业发展速度。2017 年中央一号文件启动马铃薯主粮化战略，用产业化手段推进马铃薯主粮化，为陕北农牧交错带马铃薯产业发展提供了新的契机。沙地因其特有的土壤结构适宜马铃薯块茎生长，块茎大、产量高，是当地最具特色的优势种植作物。同时，交错带土地广阔、土质疏松、土壤富含钾元素、光照充足、雨热同季、昼夜温差大、海拔高、环境无污染，具备发展壮大马铃薯产业得天独厚的自然优势，是全国马铃薯五大优生区之一。近年来，榆林市政府下达文件，马铃薯被作为全市发展现代特色农业的主导产业来抓，初步形成北部风沙草滩区以脱毒种薯繁育、早熟外销和加工专用薯为主，西部白于山区以鲜薯外销型品种为主，南部丘陵沟壑区以抗旱鲜食和淀粉加工型品种为主各具特色的区域布局。其中，定边县被确定为西北旱作地区马铃薯主粮化示范基地，已具备马铃薯主粮化的产业基础。交错带基于复配土的沙地农业开发将马铃薯作为主要作物进行推广，与地区发展规划相契合。同时，沙地的开发对于提高马铃薯种植面积，进一步改善当地农业种植结构具有促进作用，为加快当地马铃薯特色产业发展提供了耕地基础和技术基础以及得天独厚的种植环境。

（3）改良农业种植技术，提高作物单价。相比于传统农业种植技术，沙地农业开发过程中选用优良作物品种，精细化农业生产，基于实验支撑改良农业生产过程中土壤质量、耕作技术和灌溉技术，使得沙地农作物产品具有亩产更多、单产最大、品种最优的优势，进而提高作物单价，形成沙地特色经济。

2. 外部经济效应

（1）沙地特色农业的示范带头作用。研究过程中基于复配土的沙地农业开发利用在交错带内榆阳区建成了第一个大规模马铃薯现代特色农业示范基地，将对整个地区及周边区域的现代农业发展起到良好的示范带动作用。同时建立全新的经营管理模式，对水资源的高效利用，对土地的集约经营，经营管理的现代化和自动化，农业新技术、新品种的应用以及巨大投资收益，将为当地农业发展探索一条可持续高效发展的道路，对推动区域规模农业、现代农业、特色农业、生态农业的全面发展起到积极作用。

（2）农业经营的产业化和标准化。传统的自给自足的小农经济下，农牧交错带是生态脆弱、产业单一、广种薄收、乡村贫困的特殊问题区域。随着社会经济发展水平的提高，社会消费者对农产品的需求逐渐转型，对高品质特色杂粮、果蔬的消费需求明显增多，这为农牧交错带的农业和农村发展带来了新的机遇。沙地农业充分利用了交错带内传统农业优势条件，依据区域地形地貌特点与水土流失规律，重视旱作农业与节水灌溉技术、示范推广马铃薯特色种植技术，同时结合当地传统畜牧业发展大力推广牧草种植，实现相互适应与协调的农牧一体化发展，通过标准化生产、产业化运营，注重品牌创建，可带来较好的经济效益。

（3）带动相关产业，促进区域经济快速发展。基于复配土的沙地农业开发技术一经推出，已在农牧交错带内吸引大量农业生产企业的投资建设，以沙地特色农业产业化的发展形成的品牌效应，带动了区域内产品加工业、物流运输业等相关产业的发展，榆林有马铃薯加工企业 16 家、专业加工村 20 多个，年加工转化能力 40 万吨，主要生产淀粉、粉条、粉皮、粉丝等产品，远销国内外，有力带动了区域经济的快速发展。

8.5.2 沙地利用的社会效应

（1）增加农民经济收入，加快脱贫致富奔小康步伐。陕北交错带内沙地分布广泛，过去这些沙地大多为无人管理、无人种植的荒地，农民以每亩 10 元租金将沙地进行外包出租，甚至完全撂荒不租、无心打理，在进行沙地农业开发利用时由于成效良好，许多农业种植公司看中沙地农业前景优势高价租用。例如，实验区所在的榆阳区大纪汗村集体将新造出的2300多亩地以每亩200元的价格租给专业农业种植公司——大地种业公司，一下子平地提高 20 倍的租金，对农民吸引力很大。大地种业公司一次性付了三年租金，共计 167 万元，农民利用这个资金，投资建设养猪场，形成了农畜循环经济。同时，增强了党和政府的凝聚力，对农村经济、社会持续发展和小康建设起到重要作用。

（2）增加优质耕地资源，提供区域发展新平台。提高了土地利用率，扩大了环境容量，增加了大量的优质高产基本农田，对确保区域粮食安全做出了积极贡献，为推进现代高效农业的持续、快速发展拓展了新空间、搭建了新平台。同时，响应国家政策，为保障粮食安全，坚守 18 亿亩耕地红线做出贡献。

（3）改善环境质量，提高居民生活水平。对交错带内广泛存在的荒废农田进行开发利用，减少荒沙分布，改善了土地的内在质量，优化了土壤理化性状，增强了区域环境抵御自然灾害的能力，减轻了水土流失，抑制了土地沙化，改善居民生活环境，提高了居民生活水平。

（4）提供就业机会，增加劳动力安置数量。交错带以其传统农业生产优势，适宜建立规模化的优质马铃薯生产基地，引种大量优质高产的商品薯、专用薯，促进马铃薯产业的优化升级，目前当地已引进大地种业公司等多个优质农业生产企业，为大量农村劳动力提供就业机会。同时，沙地特色农业产业化的发展形成的品牌效应，对带动区域内产品加工业、物流运输等相关产业的发展起到积极作用，为当地居民提供了新的发展契机和就业机会。

（5）带动产生新兴产业，形成农畜循环经济一体化。在整治后开发利用的沙地上建设大规模现代化农业，将改变传统小农生产效益低的现实。为落实设计中的现代农业模式，在沙地农业开发建设期间，施工方均根据现代设施农业的要求进行，并和后期农业种植公司实现"无缝对接"，沙地开发过程中产生的农作物废料及沙地牧草行业的发展，可以为农民发展畜牧业提供材料，形成农畜循环经济。

（6）完善农业基础设施建设，提高农业生产效率。沙地农业开发过程中，对区域发展进行了因地制宜的详细规划，在增加农业耕地的同时，增加了区域内农村公路建设、防护林网建设、基础电网布设及农业水利基础设施建设，提高了区域农业生产效率。农村水利基础设施通过减小农业成灾面积、保障农业用水、提高农业用水资源的生产配置效率三个方面保障了农业生产的快速发展和人民基础生活的基本保障。

（7）培养技术型人才，提高农民科技文化水平。沙地农业开发过程中将农业现代化生产作为基础要求进行建设，在后期的农田管理及农业生产过程中需要大量的技术人员参与，当地企业为该类农业从事人员提供免费的专业技术培训，对当地培养技术型人才，提高农民科技文化水平起到了促进作用。

8.5.3 水-土-生物良性协调的负反馈生态系统构建

在本章中，沙地农业开发过程以当地紧缺的水资源为刚性约束条件，对沙地农业开发利用的适度性进行约束，同时构建了以沙地复配工程节水、灌溉制度与技术节水以及保护性耕作、提升土地质量及用水效率节水为核心的沙地农业节水技术体系，以砒砂岩与沙复配成土技术为核心，改良沙土的土壤性质，提高土地质量，促进土地资源的可持续发展，在保护资源与环境安全的条件下发展农业经济。在保证水土资源协调发展的同时，以交错带内脆弱的生态环境为重点，任何的开发利用均以生态环境的可持续发展作为先决条件，时刻关注沙地农业开发过程总的生态响应状况，通过对比原状沙地与作物试种后的环境状况和固沙数据，及时调整沙地农业开发方向，寻找可行的方法和途径增强固沙效果，保证水资源调控下的沙地农业开发利用模式具有生态环境可持续及良性循环的能力，形成区域水-土-生物共同构成的负反馈生态系统。

8.6 小　　结

（1）建立了以水资源为主要调控因子的沙地农业开发利用模式，以沙地开发利用过程中的水资源胁迫问题为驱动因素，建立了工程节水、灌溉节水和保护性耕作节水构成的节水技术体系，并通过剩余水资源可利用量的支持力对沙地农业利用规模加以调控，在补充耕地、实现水土资源协调发展的同时，有效地提高了土地质量及持续发展能力，并为生态环境良性循环做出重要的尝试，为地区经济发展和生态环境保护的同步发展提供思路。

（2）通过水资源调控模式下的沙地农业利用前后的生态环境状况的对比分析，从防风固沙、植被覆盖、土壤水分、土壤结皮和水土保持与沙漠化防治五个方面表明了模式的应用的生态环境响应。

（3）通过计算并对比调控模式实施前后的交错带生态服务价值，发现在调控模式前，区域生态服务价值一直处于缓慢下降趋势，在调控模式后，2015 年的生态服务价值总量上升了 1.54 亿元，提升至 270.84 亿元。同时，自 2015～2030 年一直保持上升趋势，2020 年达到 271.42 亿元，2030 年达到 274.22 亿元，扭转了之前生态服务价值总量持续走低的态势，表现出稳定增长势头。

（4）构建了水-土-生物良性协调的负反馈生态系统，形成水资源-土壤-生态环境良性循环的发展模式，并为该模式的实施提出了保障机制与措施，同时基于区域生态环境特点，提出了水资源承载力外的沙地利用思路。

参考文献

[1] 任建宏. 陕北长城沿线风沙区农业自然资源与土地承载力分析[D]. 杨凌: 西北农林科技大学, 2005.

[2] 尚爱军. 陕北长城沿线风沙区农业可持续发展研究[D]. 杨凌: 西北农林科技大学, 2003.

[3] 孙建华, 刘建军, 康博文, 等. 陕北毛乌素沙地土壤水分时空变异规律研究[J]. 干旱地区农业研究, 2009, 27(2): 244-247.

[4] 伍永秋, 张健枫, 杜世松, 等. 毛乌素沙地南缘不同活性沙丘土壤水分时空变化[J]. 中国沙漠, 2015, 35(6): 1612-1619.

[5] 张友焱, 周泽福, 程金花, 等. 毛乌素沙地不同沙丘部位几种灌木地土壤水分动态[J]. 东北农业大学学报, 2010, 41(6): 73-78.

[6] 符超峰, 赵景波. 毛乌素沙地东南缘不同类型沙丘土壤水分分布特征[J]. 干旱区研究, 2011, 28(3): 377-383.

[7] 石莎, 冯金朝, 邹学勇. 不同地形条件对沙漠植物生长和沙地土壤水分的影响[J]. 干旱区地理, 2007, 30(6): 846-851.

[8] 卜崇峰. 表土结皮的发育机理及其侵蚀效应研究[D]. 北京: 中国科学院地理科学与资源研究所, 2006.

[9] 童伟, 韩霁昌, 王欢元, 等. 毛乌素沙地砒砂岩与沙复配成土技术固沙效应[J]. 中国沙漠, 2015, 35(6): 1467-1472.

[10] 卜崇峰, 蔡强国, 张兴昌, 等. 黄土结皮的发育机理与侵蚀效应研究[J]. 土壤学报, 2009, 46(1): 16-23.

[11] 齐雁冰. 陕北农牧交错带荒漠化土壤发生特性与演变机制研究[D]. 杨凌: 西北农林科技大学, 2006.

[12] 吴永胜, 哈斯, 李双权, 等. 毛乌素沙地南缘沙丘生物土壤结皮发育特征[J]. 水土保持学报, 2010, 24(5): 258-261.

[13] 昝国盛. 毛乌素沙地生物土壤结皮与沙化土地的关系研究[J]. 水土保持通报, 2012, 32(4): 27-31.

[14] 杨建振. 陕北毛乌素沙地生物结皮的土壤水分效应及其人工培育技术初探[D]. 杨凌: 西北农林科技大学, 2010.

[15] 付广军, 廖超英, 孙长忠. 毛乌素沙地土壤结皮对水分运动的影响[J]. 西北农林大学学报, 2010, 25(1): 7-10.
[16] 韩霁昌. 础砂岩的固沙作用[M]. 陕西科学技术出版社, 2014.
[17] 尚爱军. 陕北长城沿线风沙区农业可持续发展研究[D]. 杨凌: 西北农林科技大学, 2003.
[18] 齐雁冰, 常庆瑞, 刘梦云, 等. 陕北农牧交错带 50 年来土地沙漠化的自然和人为成因定量分析[J]. 中国水土保持科学, 2011, 9(5): 104-109.
[19] 刘啸. 陕北多沙粗沙区水土保持与区域经济可持续发展研究[D]. 西安: 陕西师范大学, 2004.
[20] 李裕瑞, 范明灿, 曹智, 等. 毛乌素沙地石比矿岩与沙复配农田的固沙效应及其微观机理[J]. 中国沙漠, 2017, (3): 421-430.
[21] 王志强, 何艺峰, 富宝锋, 等. 砂砾土风蚀可蚀程度的风洞实验研究[J]. 环境科学与技术, 2013, 36(12): 103-105.
[22] 薛娴, 张伟民, 王涛. 戈壁砾石防护效应的风洞实验与野外观测结果[J]. 地理学报, 2000, 55(3): 375-383.
[23] RAUPACH M R, GILLETTE D A, LEYS J F. The effect of roughness elements on wind erosion threshold[J]. Journal of Geophysical Research Atmospheres, 1993, 98(D2): 3023-3029.
[24] 董治宝, 高尚玉, FRYREAR D W. 直立植物-砾石覆盖组合措施的防风蚀作用[J]. 水土保持学报, 2000, 14(2): 7-11.
[25] 黄翠华, 王涛, 张伟民, 等. 沙质地表与砾质戈壁风沙运动对比研究[J]. 干旱区研究, 2007, 24(4): 556-562.
[26] MICHELS K, SIVAKUMAR M V K, ALLISON B E. Wind erosion control us-ing crop residue I. Effects on soil flux and soil properties[J]. Field Crops Research, 1995, 40: 101-110.
[27] ALFARO S C. Influence of soil texture on the binding energies of fine mineral dust particles potentially released by wind erosion[J]. Geomorphology, 2008, 93(3): 157-167.
[28] 顾成权, 孙艳. 土体内聚力随含水量、黏粒含量及干密度变化关系探讨[J]. 水文地质工程地质, 2005, 1: 34-36.
[29] 哈斯. 坝上高原土壤不可蚀性颗粒与耕作方式对风蚀量的影响[J]. 中国沙漠, 1994, 14(1): 92-97.
[30] 白建军, 白江涛, 王磊. 2000～2010 年陕北地区植被 NDVI 时空变化及其与区域气候的关系[J]. 地理科学, 2014, 34(7): 882-888.
[31] 肖巍强, 董治宝, 陈颢, 等. 生物土壤结皮对库布齐沙漠北缘土壤粒度特征的影响[J]. 中国沙漠, 2017, 37(5): 970-977.
[32] 郭轶瑞, 赵哈林, 赵学勇, 等. 科尔沁沙地结皮发育对土壤理化性质影响的研究[J]. 水土保持学报, 2007, 21(1): 135-139.
[33] 闫德仁, 季蒙, 薛英英. 沙漠生物结皮土壤发育特征的研究[J]. 土壤通报, 2006, 37(5): 990-993.
[34] 刘利霞, 张宇清, 吴斌. 生物结皮对荒漠地区土壤及植物的影响研究述评[J]. 中国水土保持科学, 2007, 5(6): 106-112.
[35] 张正偲, 赵爱国, 董治宝, 等. 藻类结皮自然恢复后抗风蚀特性研究[J]. 中国沙漠, 2007, 27(4): 558-562.
[36] 谢高地, 肖玉, 鲁春霞. 生态系统服务研究: 进展、局限和基本范式[J]. 植物生态学报, 2006, (2): 191-199.
[37] 谢高地, 鲁春霞, 成升魁. 全球生态系统服务价值评估研究进展[J]. 资源科学, 2001, 23(6): 5-9.
[38] 欧阳志云, 王效科, 苗鸿. 中国陆地生态系统服务功能及其生态价值的初步研究[J]. 生态学报, 1999, 19(5): 607-613.
[39] 谢高地, 甄霖, 鲁春霞, 等. 一个基于专家知识的生态系统服务价值化方法[J]. 自然资源学报, 2008, 23(5): 911-919.
[40] 陈仲新, 张新时. 中国生态系统效益的价值[J]. 科学通报, 2000, 45(1): 17-22.
[41] 张华, 张爱平, 杨俊. 科尔沁沙地生态系统服务价值变化研究[J]. 中国人口·资源与环境, 2007, 17(3): 60-65.
[42] 董永义, 宫永梅, 郭园. 内蒙古科尔沁沙地腹地 G304 国道两侧沙漠化生态修复措施[J]. 安徽农业科学, 2008, 36(1): 194-196.
[43] 王晓峰, 任志远, 谭克龙. 陕北长城沿线地区生态系统服务价值变化研究[J]. 干旱区地理, 2006, 29(2): 83-87.
[44] 谢高地, 鲁春霞, 肖玉, 等. 青藏高原高寒草地生态系统服务价值评估[J]. 山地学报, 2003, 21(1): 50-55.
[45] COSTANZA R, CHARLES P, CUTLER J C. The development of ecological economics [M]. Washington D C: E. Elgar Pub. Co. 1997.

第9章　研究展望

本书通过总结目前情况下无序的沙地农业利用中存在的水资源胁迫问题，明确水资源是陕北农牧交错带这一生态脆弱区建设、保护与发展的关键性资源。以水资源胁迫问题及复配土壤连续耕作时肥力的可持续问题为驱动，通过成土节水、灌溉节水及耕作节水三个基本手段，延伸区域水资源的对沙地农业开发的支持力，以补充休耕期土壤表层的含水量调控沙地开发利用的生态影响，以有限的水资源支持能力为约束，构建适宜的沙地农业利用规模进行水土资源协调性调控，提出沙地农业利用及生态环境响应的水资源调控模式。模式以区域水资源的支持力为约束，通过建模与求解，定量地计算农牧业交错带各分区沙地农业利用的合理规模，有效地促进地区水土资源的协调发展。在沙地资源化、促进地区经济增长与资源有序开发的同时，由于地表覆被增加、作物根系与秸秆残留、土壤结皮及土壤持水性能的变化，保持了土壤肥力的可持续增长及土地可持续利用，同时可大大增强固沙作用的能力，取得显著的生态、经济与社会效益。对地表覆被消失的休耕期间，通过对土壤表层含水量的补充，以地表结冰有效地实现固沙效应。

本书摒弃了与农业发展相脱离的传统生态保护模式，将开发利用与生态环境保护并举，并以固沙效应为主要的生态环境监测要素进行量化的生态效益分析。实现沙区生态环境保护从“被动的单一化”向“主动的综合化”模式的转变与战略转型，将陕北农牧交错带沙地的开发利用方式由传统的“重开发、轻利用、弱保护”转变为“适度开发、科学利用、强化保护”模式。由思想方法到工程实现，融合资源利用、经济发展与生态环境治理三个目标于一体，系统地分析研究区域治理及开发中迫切存在的问题，引入资源约束的理念，将生态脆弱区内环境保护这一重要目标通过沙地农业利用及生态环境响应的水资源调控模式的应用得以实现，在发展中寻求保护，取得资源利用与环境保护并举，经济效益与生态效益兼顾的双赢局面。

陕北农牧交错带是典型的资源短缺与生态脆弱的耦合区域，该区域在地貌、气候、植被等景观格局以及经济活动上具有明显的地带过渡性。正是多种过渡特性的叠加，决定了生态环境的多样性、复杂性和脆弱性，生态问题历来比较突出。在后续的研究当中，进一步深入研究区域生态安全问题仍是今后一段时间内研究工作的重点。因此，应该以生态环境脆弱的陕北农牧交错带在生态恢复和生产发展中存在的矛盾问题的分析、总结与解决为迫切需求，通过生态环境的关键影响因子识别、特征分析，诊断区域生态治理与产业发展过程中的生态安全及资源安全形势及动态，准确量化生态与资源安全风险，提出安全预警阈值和标准，为及时做出预警预报建立快速的反应机制；揭示生态安全与资源开发及产业发展间的互馈关系，甄别互馈系统中的主要影响因素，基于主要影响因子构建有限约束下的系统调控模式；开展资源开发驱动的特殊生境下的生态环境修复技术及应对措施集成技术；同时，融合构建生态安全大数据，实现生态安全综合调控与决策的平台化服务。

9.1 区域生态安全关键要素诊断、特征分析及预警

生态安全是指生态系统的健康和完整情况，是人类在生产、生活和健康等方面不受生态破坏与环境污染等影响的保障程度，包括饮用水与食物安全、空气质量与绿色环境等基本要素。健康的生态系统是稳定的和可持续的，在时间上能够维持它的组织结构和自治，以及保持对胁迫的恢复力。反之，不健康的生态系统，是功能不完全或不正常的生态系统，其安全状况则处于受威胁之中[1]。生态安全问题是一个全球性问题，逐渐引起全人类的重视。我国在“十三五”规划中强调要以提高环境质量为核心，以解决生态环境领域突出问题为重点，加大生态环境保护力度，提高资源利用效率，为人民提供更多优质的生态产品，协同推进人民富裕、国家富强、中国美丽。

生态安全具有整体性、不可逆性、长期性的特点，其内涵十分丰富。

（1）生态安全是人类生存环境或人类生态条件的一种状态。或者更确切地说，是一种必备的生态条件和生态状态[2]。也就是说，生态安全是人与环境关系过程中，生态系统满足人类生存与发展的必备条件。

（2）生态安全是一种相对的安全。没有绝对的安全，只有相对安全。生态安全由众多因素构成，其对人类生存和发展的满足程度各不相同，生态安全的满足也不相同。若用生态安全系数来表征生态安全满足程度，则各地生态安全的保证程度可以不同[3]。因此，生态安全可以通过反映生态因子及其综合体系质量的评价指标进行定量地评价。

（3）生态安全是一个动态概念。一个要素、区域和国家的生态安全不是一劳永逸的，它可以随环境变化而变化，反馈给人类生活、生存和发展条件，导致安全程度的变化，甚至由安全变为不安全[4]。

（4）生态安全强调以人为本。安不安全的标准是以人类所要求的生态因子的质量来衡量的，影响生态安全的因素很多，但只要其中一个或几个因子不能满足人类正常生存与发展的需求，生态安全就是不及格的。也就是说，生态安全具有生态因子一票否决的性质[5]。

（5）生态安全具有一定的空间地域性质。真正导致全球、全人类生态灾难不是普遍的，生态安全的威胁往往具有区域性、局部性，这个地区不安全，并不意味着另一个地区也不安全。

（6）生态安全可以调控。不安全的状态、区域，人类可以通过整治或采取措施加以减轻，解除环境灾难，变不安全因素为安全因素。

（7）维护生态安全需要成本。也就是说，生态安全的威胁往往来自于人类的活动，人类活动引起对自身环境的破坏，导致自己生态系统对自身的威胁，解除这种威胁，人类需要付出代价、需要投入且应计入人类开发和发展的成本。

因此，在今后的工作当中，面向陕北农牧交错带典型脆弱生态环境，进行区域生态安全关键要素诊断、特征分析及预警是进一步的研究方向。从保障生产、生活、生态安全出发，识别并提取影响区域生态安全的关键影响因子，并对其进行特征分析。基于健康生态系统的科学内涵，构建区域生态安全诊断指标体系，开展不同情景模式下的生态安全形势的总体评价与诊断，判定生态安全存在问题及潜在风险；针对典型研究区，采用基于知识的分析方法，准确量化生态安全风险，提出生态安全预警限值标准；同时，水资源是关系到生态环境脆弱的陕北农牧交错带发展与保护的“卡脖子”的要素，在现有研究的基础上，进一步深入研究水资源胁迫问题，提出面向资源开发、生态恢复与综合治理的用水安全诊断技术；融合生态大数据，并依托综合调控平台实现典型区域生态安全与水安全的动态评价与预警，点面结合，兼顾宏观与微观，为保障区域生态治理及资源利用安全提供理论依据和技术支撑。

9.2　资源开发驱动的生态修复技术与应对方案集成

陕北农牧交错带本身的地理位置特点导致了生态环境具有典型的过渡性和脆弱性，加上作为传统的农牧区，人类活动强度大，由人类活动导致的植被破坏、水土流失、土壤沙化等问题突出。面对生态环境系统的退化及破坏，原来受到干扰或者损害的生态系统恢复后使其可持续发展是交错带面临的首要问题。生态修复是指对生态系统减少人为干扰，以减轻负荷压力，依靠生态系统的自我调节能力与自组织能力使其向有序的方向进行演化，或者利用生态系统的这种自我恢复能力，辅以人工措施，使遭到破坏的生态系统逐步恢复或使生态系统向良性循环方向发展；主要指致力于那些在自然突变和人类活动活动影响下受到破坏的自然生态系统的恢复与重建工作。

陕北农牧交错带内农、林、牧、矿等资源丰富，人类社会发展离不开资源开发驱动，在资源开发与生态保护之间寻求平衡是实现区域经济社会与生态环境可持续发展的关键。纵观交错带内历年来经济发展、产业结构与格局、生态治理与资源开发的动态过程，解析资源开发及产业发展与生态安全间的互馈关系。基于宏观视角，以区域农、林、牧、矿等产业发展对水资源与土地资源利用的需求驱动导致水土资源超负荷承载问题为着眼点，以产业发展的适度规模及合理布局为目标，以资源开发为约束，将寻求并控制产业发展的适度规模及合理布局作为经济-生态与资源相协调的重要手段，提出构建资源-经济-生态发展的均衡调控模式，形成一体化布局方案，为保障区域生态治理、资源利用及产业发展的可持续性提供技术支撑。

针对交错带内不同类别人类活动与生态环境存在的互联与反馈关系，研判各类典型人类扰动可能引发的正负面影响及环境突变，分别针对积极和消极影响制订正向引导或遏制机制，并对变化后的特殊生境求解相应的生态保护及综合修复技术，建立突变应对机制；基于微观视角，探索并形成典型人类扰动情景下的规划、工程与管理决策等多层面的应对方案；基于生态修复工程与生态安全的联动机制，集成宏观的调控模式与微观的生态修复技术及方案，总体和局部相结合，重点突出地构建区域生态安全保障体系。按照生态环境对资源开发利用等人类活动的响应状况，提出区域一体化的生态安全保障方案，多元化、多角度进行评价主题描述，运用知识图法快速构建并实现对提出的模式与技术的实施效果的动态及适应性评价，为区域资源与环境全方位发展提供决策支持。

9.3 沙地农业利用的生态补偿制度框架研究

党的十七大报告首次把建设生态文明作为全面建设小康社会奋斗目标提出；党的十八大报告分四个层次把生态文明建设提升到前所未有的高度，并对“大力推进生态文明建设”提出了新要求、新部署，生态文明再次成为当前学术界及社会各方关注的热点。2013 年水利部为贯彻落实党的十八大关于加强生态文明建的重要精神，在《水利部关于开展全国水生态文明建设试点工作的通知》（水资源〔2013〕145 号）中确定了首批 46 个试点城市名单，经过三年多的努力，全国首批水生态文明城市试点完成建设并取得显著成效，探索了不同发展水平、不同水资源条件、不同水生态状况下的建设模式和经验，为全国全面创建水生态文明城市提供引领和示范。

十八大以来，我国在制度上、法律上和实践上均取得了显著成果。2015 年 4 月中共中央、国务院印发了《关于加快推进生态文明建设的意见》（中发〔2015〕12 号）、2015 年 9 月提出了《生态文明体制改革总体方案》；法制建设不断健全，颁发了《大气污染防治行动计划》《水污染防治行动计划》和《土壤污染防治行动计划》，被称为“史上最严”的新环保法从 2015 年开始实施；在近五年的生态修复实践中，全国海域水质优良比例升高了 10.6%，新造人工林比五年前增长 21.3%，治理荒漠化土地 1.26 亿亩，水土流失治理面积增长 24.5%，地表水国控断面Ⅲ类以上水质达 68.7%，年空气优良天数比达 78.8%。

在看到上述成绩的同时，要清醒地认识到目前的生态文明程度与我国严峻的生态环境形势还很不相称，生态文明建设将是一场深刻的社会变革。以前期的努力与成效为基石，还需赋予生态文明建设崭新的内涵，实现管理和机制的创新，将生态文明建设渗透进社会各个层面和领域的实践活动中，在全社会形成生态环境保护的理念和生态环境氛围，才能将十九大提出的“建设生态文明是中华民族永续发展的千年大计”“像对待生命一样对待生态环境”落到实处。

生态补偿作为生态文明建设的重要内容，是当前研究和实践的热点方向。沙地开发利用涉及经济、生态和社会效益的变更，在砒砂岩开挖和地下水开采方面存在着投入与收益不匹配等情况，在该区域内开展生态补偿问题的研究具有重要的理论与现实意义。

经查阅文献可以总结我国的生态补偿工作始于 20 世纪 90 年代初期，随后建设并出台了一系列与生态补偿相关的制度、开展了大量的研究。进入 21 世纪，流域生态补偿逐渐成为研究重点，涌现出大批的研究成果。生态补偿研究中主要存在的问题突出表现为：2006 年起生态补偿制度频繁出台，但缺乏可操作的补偿机制与方案；个别生态补偿试点工作有亮点，但面对生态功能的空间异质性和生态服务水平的变化则无能为力，很难形成一套具有动态适应性的补偿标准与方案。

通过引入管理设计的思想，借助现代信息技术，从生态环境治理行为本身出发，挖掘生态环境外在和内在的影响因素，借助仿真模拟功能诊断生态安全关键要素、识别生态治理行为与经济社会发展间复杂的反馈机理，才能有效地进行生态补偿框架设计，使生态安全的诊断、预警和补偿管理具有可操作性。生态治理是维护生态安全的基础行为，但治理中投入与收益的不匹配问题影响着生态建设的积极性，协调不同利益相关者间的关系、保持公平与效益的生态补偿行为能够调动生态建设的积极性，是生态文明建设工作的核心单元和重要抓手。因此，将典型砒砂岩沙地农业开发利用区作为研究对象，开展以新规制理论为依据、以综合调控平台为支撑的沙地治理利用条件下的生态补偿及其动态适应性评价方法研究，构建可操作的生态安全保障技术是后期研究的一项重要任务。

9.4 基于数字网络的生态安全综合调控服务

信息化是当今世界经济和社会发展的大趋势，也是我国产业优化升级和实现工业化、现代化的关键环节，针对陕北农牧交错带的生态安全综合管理与调控同样需要跟随时代脚步不断发展，充分利用现代信息技术，深入开发和广泛利用生态信息资源，全面提升生态安全综合调控效率和效能的历史过程。

综合调控平台可实现对各类信息、各类业务应用系统及已有系统的整合与集成。平台以组件的方式来组织信息，由此可以实现个性化的快速定制。能够快速将各种信息，如文本、视频、音频及GIS和遥感影像等信息进行集成，从大量信息中选出有用信息，智能化推荐解决方案，为决策者提供辅助。

围绕陕北农牧交错带生态安全保障问题，基于生态安全调控平台，在多元化数据信息的基础上，用云计算技术进行资源整合，用大数据技术开展数据价值化服务；用可视化技术构建一体化数字网络，对实体对象、管理单元、业务逻辑、业务流程进行数字化拓扑化展示。流程可视、逻辑可控、业务可信。用主题服务的方式实现区域生态安全保障业务化服务。通过集成应用、面向关键主题的应用，按照能落实、可操作、实用化，达到生态安全综合调控的目的。

首先，系统收集并整合区域产业发展、生态治理、资源利用与用水需求等数据资源，基于大数据理论对异源、异构数据进行多源融合并构建生态安全保障数据中心；然后，研究开发生态安全诊断、评价、生态安全预警、均衡调控、生态修复、安全保障等相关的方法和模型组件，建立方法库和模型库；并在现有研究基础上，开发生态安全综合调控平台，集成子课题研究成果，以平台为依托，对组件进行封装，综合集成生态数据服务、生态安全保障技术等，最终实现以生态安全为目标的资源调控与决策的主题式服务。

参考文献

[1] 吴豪, 许刚, 虞孝感. 关于建立长江流域生态安全体系的初步探讨[J]. 地域研究与开发, 2001, 20(2): 34-37.
[2] 何建华. 生态安全基本概念和研究内容[J]. 山西水利, 2006, 22(1): 42-43.
[3] 王晓峰, 吕一河, 傅伯杰. 生态系统服务与生态安全[J]. 自然杂志, 2012, 1(5): 273-276.
[4] 肖笃宁, 陈文波, 郭福良. 论生态安全的基本概念和研究内容[J]. 应用生态学报, 2002, 13(3): 354-358.
[5] 彭少麟, 郝艳茹, 陆宏芳, 等. 生态安全的涵义与尺度[J]. 中山大学学报(自然科学版), 2004, 43(6): 27-31.